从宠物到家人

狗的关爱与救援

【美】安德烈·马克维茨
【美】凯瑟琳·克罗斯比　著

李　睿　译

From Property to Family

American Dog Rescue and
the Discourse of Compassion

上海交通大学出版社
SHANGHAI JIAO TONG UNIVERSITY PRESS

内容提要

　　本书主要介绍了一种流行于美国社会的文化现象——犬类动物救援行动。作者对美国特定犬类救援组织进行了深入的分析，包括特定犬类救援组织的起源、发展历程、文化背景、哲学意义等宏观层面的探讨以及女性在这一救援组织中的优势、对于被污名化的狗狗的救援、社交媒体在救援活动中扮演着越来越重要的角色等微观层面的话题。但这本书也并非仅仅是一本关于狗的书，作者在研究品种狗救援的过程中包含这关于"同情"的讨论，这也在改变着人与狗的关系，即让狗从人类的陪伴宠物转变为人类的家庭成员。

图书在版编目（CIP）数据

从宠物到家人：狗的关爱与救援/（美）安德烈·
马克维茨,（美）凯瑟琳·克罗斯比著;李睿译. —上
海：上海交通大学出版社,2020
ISBN 978－7－313－23633－3

Ⅰ. ①从… Ⅱ. ①安… ②凯… ③李… Ⅲ. ①犬一品
种一救援一研究 Ⅳ. ①Q959.838

中国版本图书馆 CIP 数字核字（2020）第 149188 号

FROM PROPERTY TO FAMILY：American Dog Rescue and the Discourse
of Compassion
Licensed by The University of Michigan Press
Copyright © by Andrei S. Markovits and Katherine N. Crosby 2014. All rights
reserved.
上海市版权局著作权合同登记号：图字：09－2020－574

从宠物到家人
——狗的关爱与救援
CONG CHONGWU DAO JIAREN——GOU DE GUANAI YU JIUYUAN

著　　者：[美]安德烈·马克维茨　[美]凯瑟琳·克罗斯比			
出版发行：上海交通大学出版社	地　　址：上海市番禺路 951 号		
邮政编码：200030	电　　话：021－64071208		
印　　制：苏州市越洋印刷有限公司	经　　销：全国新华书店		
开　　本：710 mm×1000 mm　1/16	印　　张：21		
字　　数：260 千字			
版　　次：2020 年 9 月第 1 版	印　　次：2020 年 9 月第 1 次印刷		
书　　号：ISBN 978－7－313－23633－3			
定　　价：49.00 元			

前 言 与 致 谢

　　丰富的灵感是创作一本好书的关键。历经多年的酝酿、停滞和修订，一本真正意义上的好书才得以问世。回想创作之初，那时的我实在难以想象这本书出版的情状。20 世纪 80 年代末，两件毫不相干的小事成了本书的创作灵感：第一件事与我当时的女友和一条金毛寻回犬有关。1987 年，我在《波士顿环球报》(*Boston Globe*) 上看到一则广告，购买了一只金毛。在那之前的一两年，我十分喜爱一条名叫萨沙的金毛寻回犬。萨沙性格活泼，是我在哈佛大学欧洲研究中心的同事饲养的爱犬。那时候的我从未养过狗，家里也没有喜欢狗或者其他小动物的人。再加上当时的我经常出差，没有办法照顾小狗，所以一直没有养。可我无法忽视对萨沙的喜爱。每天在办公室见到它，我的嘴角总是不自主地上扬，抚摸它总能让我感到心情愉悦。长此以往，我在萨沙身上投入时间越来越长，我甚至还带着它在校园里散步。我真想把它带回家！最终，我说服了女友，并且在没做任何功课、没有深思熟虑、没有任何准备的情况下，联系了登广告的人，购买了一条金毛寻回幼犬。当时的想法很天真，只是单纯地想"拥有"一条小狗。对于纯种犬养殖场、养殖人员还有与养狗相关的知识，我和女友一无所知。某个星期六的下午，在去电影院的途中，我们顺道接回了那条小金毛。我给它起名为亚沙，因为这是我能想到的与萨沙发音最相近的名字。再者，小提琴大师亚沙·海菲兹是我和女友共同的偶像。后来，我们决定放弃看电影的计划。回想起来，那是我在这场令人遗憾的回忆中做出的第一个尚且算作负责任的行为。

第二件小事发生在两年之后，且与第一件小事形成了鲜明的对比。那时，我与女友的恋情走到了尽头，她准备去实习，亚沙也已从我的生活中消失。1989年的秋天，亚沙的兽医听说我打算养一条成年犬，便向我提起了洋基金毛寻回犬救援组织，那是我第一次听到"救援"这个词和"狗"联系在一起。兽医也不了解这家组织，建议我参考挂在候诊室里的宣传单。读过传单之后，我简直不敢相信自己的眼睛。申请领养的人需要填写一份冗长的申请表，即便审核通过，也不能立刻领养。你必须接受家访，他们会考察你的家庭环境是否适合养狗，合适的话，他们才会考虑把狗狗交给你，但结果仍然无法确定。如果一切顺利，你还要前往位于新罕布什尔州的犬舍，工作人员会根据你的需求选出小狗，安排你们见面。更让人匪夷所思的是，这场会面只能安排在星期六的上午，要知道那里距离波士顿足有两个小时的车程。但这个规定也是情有可原的，毕竟工作人员都是利用业余时间做公益的志愿者，只有星期六有空闲。我还是坚持了下来，最终通过了艰难的考核。经过层层的严格筛选，洋基金毛寻回犬救援组织了解了我的情况，我也认清养狗将会给我的生活带来怎样的变化。更重要的是，我为新伙伴的到来做好了充足的准备。我购买了最优质的遛狗绳、最时髦的狗食碗以及当地便利店里最好的食物（直到多年以后，我才意识到那份食谱有多糟糕，渐渐开始为我的爱犬提供健康优质的家庭自制狗食。只不过那个时候我还不清楚怎样科学地喂食）。为了照顾好小狗，我阅读了大量书籍，尤其是介绍金毛寻回犬的书。我甚至还请教了这方面的专家，请他告诉我养狗的注意事项。接着，我的生活中又迎来了小狗都维。和布兰迪一样，都维也来自康涅狄格州。原来的主人把它们送去了洋基金毛寻回犬救援组织，它们两个在那里足足待了八年。都维是洋基金毛寻回犬救援组织救助的第548只狗。

从亚沙到都维，我的心境发生了改变，这也正是这本书要讨论的内容。短短两年的时间，我与动物之间的关系发生了深刻的变化。我买下亚沙,是因为我需要一只宠物。我领养都维,是希望像家人一样守护它。无论我走到哪里,都维一直陪在我身边,就连1996年我飞去奥地利的时候,它也陪伴在我左右。那时,因斯布鲁克大学授予我富布莱特教授职称,在飞越大西洋的协和飞机上,都维就坐在我旁边,给它买机票花掉了我近一半的月薪,但我很开心。除了这一次光荣的学术任命,都维和我去奥地利还有另一个理由,那就是和当时居住在维亚纳的琪琪共度六个月的时光。自1991年起,我便和琪琪保持着稳定的恋爱关系。1997年,我们结婚了。我深深地爱着她,同时也非常尊敬她。琪琪是个责任感非常强的人,而且富有爱心,总之,她身上有数不清的优点。我把我的许多作品都献给琪琪,因为有了她,我的生活才得以这样精彩。也是因为她,我才能安心地创作。在我所有的作品中,唯有这一本与琪琪如此紧密地联系在一起。简单来说,如果没有琪琪对狗和其他动物的关爱,这本书就不会诞生。1996年,都维去世。1997年秋天,我和琪琪互赠了一份结婚礼物,那就是从洋基金毛寻回犬救援组织领养了凯丽。凯丽也和都维一样,陪我们走南闯北。1998年,凯丽也乘坐了协和飞机。1999年,我有幸成为柏林高级研究学院的研究员,凯丽作为我们挚爱的伙伴,陪我们在柏林待了十个月。某个阴雨连绵的午后,在我的办公室里,凯丽伏在我的脚边酣睡,不知怎的,我突然谈起动物及其社会地位的转变,参与这场讨论的不是别人,正是传奇人物尤尔根·哈贝马斯,他肯定不会记得这件事,但我却不会忘记。

离开柏林后,我们返回美国,我开始在密歇根大学任教。从那以后,密歇根大学成了我心爱的家。刚到安娜堡时,我们遇到的第一批人中就有家庭兽医贝蒂·简·哈勃。我们在一本手册上看到了她的名字和电话号码,那是一本介绍如何与狗狗一起旅行的手册,上面提供了实用的小贴士,比如犬类友好型的旅馆资料以及狗狗的住宿安排、吃食、健康和安全等信息。十五年过去了,贝蒂医生仍是我们最信赖的兽医。凯丽和它的三个后代都接受过贝蒂的照料。在这个过程中，贝蒂已经成为深受我家所有成员喜爱和敬佩的密友。这本书能够顺利完成，贝蒂功不可没。我们亲爱的朋友波莱特·勒曼也是一样，她是密歇根金毛寻回犬救援组织的中流砥柱。通过这个救援组织，我们又领养了两只金毛寻回犬，斯特米和克莱奥罗斯。也许没有人比波莱特更能向我说明参加特定犬类救援组织的意义究竟是什么、职责有哪些、需要付出多少心血。波莱特的名字没有出现在收录了 60 位受访者的附录 D 中，但波莱特的想法和观念对本书影响深远。我非常感激她的慷慨相助，也感谢她对救援事业的无悔付出。我很感激让我们收养了科迪的密歇根州敖德萨湖麦肯兹动物收容所，同样感激洋基金毛寻回犬救援组织和密歇根金毛寻回犬救援组织，感激他们把两只金毛托付给我们，每一只都为我们的生活增光添彩。我要特别感谢汤米·福特，感谢她致力于为无数无家可归的狗狗提供温馨的家、丰盛的饭食、舒适的床铺，给予它们安全、爱和尊严。我知道，科迪会永远感激她。

在密歇根大学任教的十五年非常开心。毫无疑问，无论是在学术研究、图书出版还是在教学方面，这十五年都是我学术生涯中最高产的时期。于我而言，"教学与研究不分家"的老生常谈已经成为现实。过去十年中，我的大多数出版物都是与同事、研究生或本科生合作完成的。本书亦是如此。我曾与同事罗宾·奎恩针对瑞士德语与维也纳德语的差异和德语配音的美国电影展开过精彩的讨论。在这过程中，我发觉她比我更加喜爱狗狗。她对所有犬种都了如指掌，尤其是边境牧羊犬，而且她的家中养了许多边牧。原来罗宾不仅仅是一名优秀的语言学学者，她对狗的研究也不少于她对语言学的研究。在后来的交流中，我们开始讨论特定犬类救援，最终我们将研究成果发表在学术期刊《社会与动物》(*Society and Animals*)上。这本书的诞生离不开罗宾的付出，本书第二章的大部分内容都是与罗宾合作的结果。

2008 年至 2009 年间,我在斯坦福大学行为科学高级研究中心开展为期一年的研究。在此期间,我同罗宾开展合作并阅读了相关背景知识,这些都直接或间接促成本书的完成。我要感谢研究中心为我提供了完成相关研究的机会,若干年后,当时的研究成果悉数转化为本书的养分。本书的完成同样离不开我与优秀学生的合作。在此,我想特别感谢格雷伊格·凯恩斯,玛雅·卡尔曼,马克·罗兹尼和大卫·沃特尼科。他们在这本书的各个方面都给予了很大帮助,我非常感谢他们。在这里,要特别感谢斯科特·塞得鲍姆。因为除去我和罗宾为本书所做的采访,2009 年夏天我独自开始第一轮采访时,斯科特一路协助我,帮我设计采访问题,助我誊写大量的采访内容,这些都是我们研究的主要资料。过去的三年里,约瑟夫·克拉夫一直是我学术研究中不可或缺的一员。我们合作出版了一本关于德国绿党进入联邦议院三十周年的小册子,这本小册子后来被译成英语、德语和格鲁吉亚语。约瑟夫对这本书投入巨大,对我助益良多。他的研究成果对本书的第三章至关重要,所以约瑟夫也享有相应的著作权。最后,我当然要对本书的另一位合著者凯瑟琳·克罗斯比致以深深的谢意。作为教授,我的教书生涯中鲜有凯瑟琳这样的学生,他们的出现总能让教授这一职业充满乐趣和成就感。凯瑟琳选修了我的两门课程,一门关于 20 世纪德国政治,另一门关于德国与欧洲左翼势力。在第二门课上,我时常就"移情"与"同情"展开论述,并从概念上进行最基本的区分,虽然这与人和动物之间的关系没有任何联系。但某日凯瑟琳到我办公室与我对谈时,我们将这个话题引到人与动物的关系上,这便成为本书的主旨。与凯瑟琳一起研究的过程充满了乐趣。我非常感谢她。

密歇根大学不仅让我结识了优秀的同事和学生,还为我提供了经济援助,对此我深表感激。首先,我非常荣幸能拥有两个教授职称,每一个职称都能使我获得一笔研究预算,这对本书的创作有非常大的帮助。此外,我还要感谢政治学系、日耳曼语语言文学系以及学术研究办公室,感谢他们提供资金支持,保障本书顺利完稿。最后,为保证这一图书项目能够在本校顺利完成,我非常高兴将这本书交由密歇根大学出版社出版。非常感谢出色的图书编辑阿伦·麦克罗夫,他看过这本书的手稿,并帮助我顺利完成此书。最重要的是,阿伦发自内心地支持书中的观点。我还要感谢玛西亚·拉布伦斯和蕾妮·坦博,她们凭借媒体人的专业素养给予我帮助。我尤其要感谢布克康普公司的尼克尔·卢茨,感谢她善意地帮助我解决那些在编辑稿件时经常出现且令人沮丧的技术问题。感谢两名匿名审稿人对本书提出的宝贵意见,因为他们,成品的质量得以显著提高。

最后,我要感谢所有参与本书采访的受访者和救援人员。他们爱岗敬业,无私奉献,我因之受益良多。我是他们的粉丝和崇拜者。与他们的日常工作相比,这本书不过是昙花一现的小插曲,不过我仍希望他们会喜欢。最重要的是,我希望他们把这本书看作是对他们个人及其高尚的救援行动的赞扬。对他们,我怀着无限的敬意与感谢之情,感谢他们让我走进他们的世界。

我出版过不少图书,也把这些书献给那些曾带给我欢乐的金毛寻回犬。即便如此,我却从未以过去二十五年中不断对我展露笑颜的金毛为主题展开创作。我想不出还有哪本书会比这一本更合适。所以,谨以本书,铭记亚沙、都维、凯丽、斯特米、克莱奥罗斯和科迪!感谢你们所做的一切!

安德烈·马克维茨
密歇根州安娜堡市
二零一四年五月

　　首先,我要感谢我的家人。如果没有你们给予的爱、帮助、鼓励,有时甚至是责备,这本书将无法完成。感谢你们对我的鞭策和信任。我爱你们。

　　我还要感谢另一位作者安德烈·马克维茨。当初不成熟的想法能够发展成优秀的作品,为此,我要向您表达最诚挚的感谢。非常感谢您给予我机会与您共事。言语也无法表达这份感动。

　　感谢所有参与动物救援的工作人员,感谢你们的分享,感谢你们允许我们同你们合作完成本书。感谢你们的参与、意见和建议。感谢你们从事这份工作。你们用实际行动证明了你们对动物救援事业的热爱,为此,我由衷地感谢你们。

　　那些曾经出现在我生命中的和现在陪伴着我的狗狗们,感谢你们,英迪亚、贝利、洛克西、卡里和斯特拉,感谢你们成为如此憨态可掬、美好可爱的存在。

凯瑟琳·克罗斯比
南卡罗来纳州哥伦比亚市
二零一四年五月

目 录 Contents

序　言

　　我们将所有奉献爱心的工作人员称为"富有同情心的战士"，在这个"为爱而战"的伟大事业里，他们是"心地最善良的将士"。我们正在取得胜利，但毫无疑问，人性中邪恶的一面是我们最强大的对手。

——坦尼娅·希尔根多夫，
休伦谷人道主义协会主席兼首席执行官（摘自 2013 年
6 月 20 日其在密歇根州安阿伯募捐会上的演讲）

　　斯蒂芬·平克在其著作《人性中的善良天使：暴力为什么会减少》（*The Better Angels of our Nature: Why Violence Has Declined*）中曾讲述他无意间杀死一只老鼠的故事。1975 年的夏天，大学二年级的斯蒂芬·平克在一家动物研究实验室实习。实验室的教授让他"找一只老鼠，丢进盒子里，打开计时器，然后回家过夜"。然而，斯蒂芬·平克找来的老鼠并不符合实验要求。第二天一早，斯蒂芬·平克回到了实验室。他万万没有想到那只老鼠已经奄奄一息，在饱受彻夜的折磨后，身体已经扭曲变形。斯蒂芬·平克带着恐惧和懊悔写道："是我把它害死的。"对此，没有人做出任何评论。这是意料之中的事。这就是 1975 年的美国社会，在其他西方自由民主国家乃至整个世界，人们都是这样冷漠。到了 1980 年,情况已经演变成"无法想象,科学家丝毫不关心动物的死活,这简直就是犯罪"。[1]

本书的主题是关爱动物,用一个意外惨死的老鼠的故事作为开头,哪怕是著名心理学家斯蒂芬·平克的真实经历,也未免有些小题大做,甚至有夸大其词之嫌。但有一点可以确信,这个故事足以说明一点:人类对待动物的态度和方式已经发生了改变,这正是本书的核心内容。20 世纪 60 年代末和 70 年代初,美国人与动物之间的关系发生了变化。本书力求找出这背后的原因。尽管,我们并不确定是否能详尽地描述这一巨大的文化转向,让广大读者朋友们了解其独特的影响力。我们甚至不确定文化转向的起因该从何谈起。但我们坚信,如果没有这场"文化运动"——或者从这本书的角度出发,称之为"动物保护运动"——那么就不会出现"特定犬类救援"这一概念,更不会有本书的诞生。

斯蒂芬·平克的故事不仅让人欣慰,也使得这本书有的放矢。他用大量的实验资料有力地证明了一点:文明演进的漫漫长河中,人类不再像从前那般野蛮暴力。虽然尚有改进的空间,但斯蒂芬·平克表示,总体来说,奴役、强奸、酷刑、死刑、虐待动物和战争暴乱发生的频率都在下降。简而言之,人类在历史早期暴露出的残忍、野蛮、暴力现在已有所减缓。上述行为通常被视为"道德犯罪"。现在,这些行为所具有的正当性比人类历史上任何一个时期都要低。最重要的是,从 20 世纪 60 年代开始直至整个 70 年代,在西方自由民主国家中,人类的行为和文化在很大程度上发生了史无前例的新变化,这是日后社会群体的心态和行为发生转变的前提。这种心态和行为上的转变具体表现为:关注缺少政治权利的弱势群体;关爱社会底层群体;包容社会边缘人士;强调尊严、关怀与相互帮助的重要性;奉行利他主义;提倡救人于水火,助人于危难;帮助失去尊严或者被剥夺尊严的人重获尊严,让社会听到他们的声音,看见他们的存在。

亚历西斯·德·托克维尔在《论美国的民主》(*Democracy in America*)(下卷)第三部分的第一章"民情因身份平等而日趋温和了"[2]中,针对西方民主国家国民同情心的变化提出了先导性的观点。托克维尔认为,提倡人人平等、关注边缘群体的社会环境有益于国民素质的提高。人们向来只关注身边的人和事,关怀和同情的对象都在日常的社交圈内。随着政治和经济的发展,个人的眼界随之拓宽,开始发现他人与自己的共同点,从而产生共情。当一个人平等地看待他人,就会对其产生怜悯之心。"如果每个国家都只认同并遵从本国的信仰、法律、思想和习俗且自视甚高,只顾自己,不顾他人,那么国家之间很容易产生分歧和偏见。一旦思想上的分歧变成战争的导火索,国家和人民必然要为之付出惨痛的代价。相反,友好的双边关系有利于实现互惠共赢,两国之间的摩擦也会减少。"[3]

托克维尔认为民情"日趋温和"是民主制度带来的有益改变,是社会包容性提高的结果。我们认为这种包容性不仅体现在人际关系上,更体现在人类对待动物的方式上。20世纪60年代末和70年代初,在先进的工业化国家和自由民主社会中,关于"移情"与"同情"的讨论越来越多。所谓的"移情"和"同情",其核心概念是尊重他人,正视自己对他人犯下的过错,充分肯定他人的存在、价值和个体主观能动性。

1970年12月7日,时任德国总理维利·勃兰特在1943年设立的华沙贫民区起义纪念碑前下跪忏悔,这是集体忏悔和公开道歉的早期案例之一。可以肯定的是,早在20世纪50年代,德意志联邦共和国就已经开始赎罪,包括向一些(当然并不是全部)德国纳粹的受害者支付各类赔偿金。1963年到1965年间举行的法兰克福奥斯威辛集中营审判是最早审判纳粹罪行的公开活动,也是德国纳粹为其滔天罪行忏悔赎罪的开始。然而,任何官方法令、法律、演讲或者战争赔偿,都不如勃兰特自发的忏悔和真诚的道歉来得更有力量。通常情况下,政客的工作就是维护政府的声誉。在外出访问时,他们代表着一个国家的整体形象。所以,任何政客都不会像勃兰特一样下跪道歉。德国是欧洲大陆上最强大、最稳定的国家之一,一国元首在外国的首都下跪,以个人的名义为祖国在二十五年前的侵略罪行道歉,可以想象,这位总理在回国后将经受怎样的指责和诘难。但不管怎么说,这件事彻底改写了国际政治和公共事务的历史。

埃萨拉扎尔·巴尔甘在《国家罪恶:战争赔偿与谈判历史上的不公》(*The Guilt of Nations: Restitution and Negotiating Historical Injustices*)中曾提到,其他自由民主国家也有过公开道歉的前例。从 20 世纪 70年代到 21 世纪初,不少国家元首或政府首脑都曾代替国民以国家的名义公开认罪(甚至是赎罪)。这种集体性忏悔的形式多种多样,有的是道歉,有的则是经济赔偿。比如:第二次世界大战期间,韩国慰安妇被迫成为日军的性奴隶,战后的日本向部分慰安妇提供了赔偿金;二战中的中立国瑞士也承认曾在战争期间向德国提供外汇资助,同时承认,瑞士银行以匿名账户的方式大量吸纳犹太人的存款,利用中立国的身份与纳粹德国进行无数暗中交易。瑞士从中牟取的利润高达数十亿美金。这就是 20 世纪 90 年代爆出的"纳粹黄金案"。这桩丑闻将世界的目光引向了二战期间的欧洲各国,其中最典型的当属瑞典。和瑞士一样,瑞典也是二战中的中立国。《第一民族复兴》(*First Nations' Renaissance*)是巴尔甘的经典作品,其中"黄金案"等事件所占的篇幅超过了描述轴心国罪行所占的篇幅。这表明,在过去的几十年中,许多发达国家及其在亚非的后殖民社会针对此类事件展开过热烈的讨论。当然,美洲大陆也不例外。[4]

这种关于"民族悔悟"的讨论具有一定的敏感性,其关键并不在于物质上的补偿,而在于恢复民族尊严、还原历史真相和维护国家主权。巴尔甘在名为"骨头"的章节中强调:作为世界文化知识宝库的大英博物馆和梵蒂冈博物馆面临着越来越大的压力,人们要求归还被欧洲殖民者掠夺走的土著遗骸。"越来越多的人要求曾经的殖民国和侵略者归还当年受害者的骸骨,许多世界级的大型博物馆变成了众矢之的。"多琳·卡瓦哈尔在《纽约时报》(*New York Times*)的一篇文章中描述了柏林医学史博物馆面临的困境,其中提到,"德国博物馆协会在许多方面借鉴了英国和美国博物馆的经验。因为英美两国早在几十年前就开始处理遣送遗体的问题"。[5]

在《纽约时报》一篇题为"为帝国赎罪"的评论文章中,英国历史学家大卫·安德森写道:"上周英国政府做出了一项历史性的决定,同意赔偿在 20 世纪 50 年代'茅茅运动'中遭受酷刑和虐待的 5 228 名肯尼亚人,每位索赔人将获得约 2 670 英镑(约 4 000 美元)的赔偿金。虽然这笔钱少得可怜,但这项决定对历史的影响和对后世的借鉴意义,无疑是深远的。"[6]我们了解到,在英国政府做出这项决定之前,曾于 2010 年"为英国军队在 1972 年北爱尔兰发动臭名昭著的'血腥星期日'正式道歉"。英国首相大卫·卡梅隆在 2013 年访问印度阿姆利则时,表达了对丧生于 1919 年大屠杀受害者们的"悼念和惋惜之情"。[7]

公开道歉往往会引起非议——甚至是抗议——来自各方的舆论压力将永远存在。但这超出了本书讨论的范围,我们在此不作研究。尽管不同国家对待公开道歉的态度不同,但所有的反对,与其说与金钱有关,不如说与那股难以捉摸且威力巨大的力量——荣誉有关。总体来说,反对领导人道歉、忏悔、赔偿的人认为,认罪并不能体现一个民族对受害者(无论是国内公民还是国际公民)的同理心或同情心,反而代表着自我诋毁和承担不必要的内疚。然而,在"同情话语"开始流行后,公开忏悔和道歉的情况越来越多,后文我们会详细介绍何谓"同情话语"。持不同意见的人则认为,公开道歉是一种高度负责、关怀弱者、还受害者以尊严的高尚行为。

美国的情况如何呢? 可以肯定的是,从 20 世纪 70 年代起,美国也掀起"同情话语"的文化思潮,且在随后的几十年中取得了一定的成果。20 世纪 90 年代，在克林顿前总统的带领下，美国向历史上的受害者发表了重要道歉。虽然克林顿前总统本人心地善良且富有同情心，但这种集体性的忏悔行为并非是受到总统人格魅力影响的结果，而是因为在那个时代，公众对待弱势群体的态度和行为发生了根本性的转变。比如，1993 年 10 月 1 日克林顿签署了一份"附有联邦赔偿支票的道歉信"，这封信是寄给二战期间遭到美国政府非法拘留的日裔美国人的。他写道："今天，我代表美国同胞，对二战期间被政府剥夺自由的日裔美国人表示诚挚的歉意。"[8]同年，克林顿签署了一项法规，针对美国推翻夏威夷君主政体的过失向夏威夷当地居民致歉。[9]五年后，在非洲多国进行国事访问的克林顿为美国犯下的两大错误道歉。在乌干达出访时，他为美国曾经贩卖黑奴道歉。抵达卢旺达后，他又为美国和其他西方国家（暗指美国不是唯一的过错方）面对"卢旺达种族大屠杀"的不作为而道歉。"卢旺达种族大屠杀"指的是 1994 年春天，卢旺达的胡图族对图西族及胡图族温和派进行大屠杀的事件，约 60 万图西人和温和派的胡图人惨遭屠戮。

2009 年 12 月 19 日，《向美国原住民道歉决议》（*Native American Apology Resolution*）由美国前总统奥巴马签署成为法律。参议院萨姆·布朗巴克（来自堪萨斯州的共和党人）和国会议员丹·博伦（来自俄克拉荷马州的民主党人）将这项决议编入《国防拨款法案》（*Defense Appropriations Act*），该文件"代表美国人民，向所有经受暴行、虐待和忽视的美国原住民道歉"，同时"敦促总统承认美国政府曾对印第安部落犯下的错误，以维护国家团结"。[10]由此可见，颁布这项立法的主要目的是恢复美国原住民的尊严。从这份法律文件中，我们可以看到 20 世纪 60 年代末和 70 年代初，政府在社会文化转型中扮演的角色。

没有什么比"印第安吉祥物争议"更能代表这场文化转向了。这场争议波及全美各地的运动队，包括少儿运动队、高中运动队、大学运动队乃至职业运动队,几乎所有的运动项目和所有级别的比赛都受到牵连。许多运动队改换了队名和吉祥物。迫于学生的压力,斯坦福大学的球队不得不在 1972 年放弃使用带有"印第安"元素的队徽。当然,也有一些高校的运动队保留了原来带有印第安元素的名称和队徽,那是因为它们已经获得了相关印第安部落的许可,佛罗里达州立大学的塞米诺尔人棒球队就是一个例子。令人遗憾的是,仍有一些运动队沿用了带有侮辱性的口号和队名。2014 年,位于美国首都的国家足球联盟中仍有一支球队使用"红皮肤人"(对美国原住民的蔑称)作为队名。说起来仍叫人痛心疾首,但这也提醒着我们,在始于 60 年代末且爆发于 70 年代的文化转向到来之前,语言使用不当的现象较为普遍,公众对此类现象较为包容。[11]

关于美国对人权最严重的侵犯——黑奴制度——有几点值得一提。当然,这些都发生在 60 年代末和 70 年代初"同情话语"开始流行之前:5 个州为买卖黑奴道歉;2005 年,参议院对未能通过"反私刑法"表示遗憾;2009 年 6 月,参议院投票通过了一项为奴隶制道歉的决议,虽然同时声明不会提供任何赔偿;在此事发生的 11 个月前,众议院首次"向因奴隶制和《种族隔离法》(Jim Crow segregation laws)而饱受创伤的非裔美国人及其祖先致歉"。[12]然而,除了道歉之外,我们还要认识到平权法案的意义和目的在于纠正历史遗留的不平等问题,平权法案中有一项实现公平分配的措施,规定了政府有责任为那些过去遭受不平等对待并因之沦为社会弱势群体的受害者提供补偿和赔款。

显然,这场声势浩大的文化转向不是凭空出现的。时至今日,无休无止的政治斗争仍然是扰乱和分裂美国内政的罪魁祸首,也是这场文化转向的源头。斯蒂芬·平克将这一巨变定义为"权利的革命"是非常恰当的,因为文化巨变的本质就是将统治阶层几百年来拥有的权利转移到被统治阶层的手中。毋庸置疑,这场激烈交锋所迸发出的火花自 20 世纪 60 年代末和 70 年代初以来一直忽闪在历史的舞台上,至今没有减弱的迹象。虽然这场无处不在的斗争尚未取得胜利,但斯蒂芬·平克为我们提供了大量的数据证实了下列事实:滥用私刑和种族屠杀的情况越来越少,公民权利得到保障;强奸和家庭暴力越来越少,女性获得权利;杀婴、弃婴、虐待及殴打孩子的情况越来越少,儿童权利得到保障;对同性恋的抨击和歧视越来越少,同性恋群体的权利得到保障;最后,虐杀动物的情况越来越少,动物的权利得到保障。当然,诸如此类的例子还能继续罗列下去,但重点在于,这是一场无休无止的解放历程,那些曾经被排斥和蔑视的人或动物终于找回属于他们的自尊和生活。回想查尔斯·格拉斯那本描写二战战场上近 5 万美国逃兵的著作,也就是那些被奉为"最伟大的一代"的群体,在几十年后的今天,虽然未能重拾尊严和荣誉,但至少获得了理解与支持。[13]

回想一下我们曾经为弱势群体恢复尊严做了哪些努力。20 世纪 70 年代初,我们终于意识到有些大众认为稀松平常的行为习惯其实是对弱势群体的侮辱,于是我们摒弃了原有的做法。与此同时,我们还注意到应该停止使用某些带有贬义色彩的日常用语——噫!——甚至有些词汇已经超出了可接受的范围却越来越流行。我们将"印第安人"改为"美国原住民";[14]"黑鬼"改为"黑人",而且规定"非裔美国人"是最礼貌的说法;"吉普赛人"改为"辛提人和罗姆人";"小妞"改为"女士";"残废"改为"残疾人""残障人士"或者更常用的"行动不便者";"智障"改为"智力低下"或"智力缺陷";"妓女"改为"性工作者"。还有一类表达以一种更新颖、更谨慎,以及尽量避免性别歧视的方式来描述性别和性取向(比如:顺性别、性别存疑、跨性别等)。

从斯蒂芬·平克所提供的大量真实可信的资料中,我们还发现了一个无法否认的真相,即文化转向对国民素质产生了一定的影响。斯蒂芬·平克甚至在书中专门针对"移情"展开了引人入胜的讨论。他写道:"我们生活在一个移情的时代。著名灵长类动物学家弗兰斯·

德·瓦尔曾在一本书中写过。那是新千禧年前十年中一系列以'移情'这一人类普遍具有的能力为主题的书中颇具代表性的一部。下面是过去两年中市面上新出版的书的标题或副标题:'移情的时代''为什么移情是一项重要的能力''从社会神经科学看人类的移情心理''移情心理学''移情差距''移情能力为什么重要(却匮乏)''全球视角下的移情心态''企业如何通过培养员工移情能力来创造辉煌'。"[15]

斯蒂芬·平克认为所有这些有关权利的革命都始于 20 世纪 70年代,并在 80 年代特别是 90 年代取得了不小的进步。对此,我们并没有任何异议。但我们更倾向于把 20 世纪 60 年代当作这场革命的起点,因为当时已经有绝大部分人(并不是所有人)参与到一场声势浩大的抗议活动中。发起者是来自伯克利大学、哥伦比亚大学、索邦大学和柏林自由大学的学生。这是一场破旧立新、革故鼎新的先进运动,赢得了当时那一代人的热烈追捧。在德语中,这一运动被称为"德国学生运动"(achtundsechziger),法语则为"学生运动"(soixanthuitards)。英语的"六八运动"(six-eighters)虽然使用较少,但也颇为有名。否认这一国际运动推动了文化上的转变无疑是愚蠢的。毫无疑问,这场运动促进了文化层面和价值层面的转型。斯蒂芬·平克认为这场运动是尚处于酝酿期的权利革命,宣传的思想包括接纳边缘群体、关注弱势群体和尊重不受重视的群体,在一定程度上改善了人民的生活条件,维护了民主秩序,巩固了民主制度。

权利革命取得胜利的前提是让社会各个阶层在情感上找到共鸣,包括特权阶层和统治阶层。换言之,如果统治阶层和特权阶层不能"理解和分享他人感受",即被统治阶级和社会边缘群体的感受,那么权利运动注定失败。比如,民权运动的成功离不开许多白人男性的支持——包括那些乘坐公共汽车或火车到美国南方进行"反种族隔离"的游行示威者,其中有不少游行者被恐怖势力 3K 党残忍杀害——他们之所以投身到这场争取自由平等的事业中,是因为同情那些身处水深火热之中的非裔美国人。其实,这些白人男性是民权运动中的局外人,但他们能够"理解和分享"非裔美国人的不幸,所以才参与其中。可以说,大多数的社会和文化变革来自既定秩序之外和"底层"力量的推动。但是如果没有既定秩序和"上层"力量的支持,没人可以取得长久的胜利。

我们认为,动物的生存状况能够得到改善,不是因为人类找到了与动物的情感共鸣,而是因为人类具有同情之心。《美国传统英语词典》(*American Heritage Dictionary of the English Language*)将"同情心"定义为"深切体会他人所受的痛苦并主动提供帮助或显露怜悯之情"。[16][17]我们会同情狗、猫、大象、企鹅、海豹、狼、海豚,甚至是一只蜗牛镖*,愿意施以援手是因为能够理解和分享动物们的感受和思想。其实,我们之所以努力地改善动物的生存状况,不仅是为它们遭逢不幸而扼腕,更多的是因为感受到了它们在生命受到威胁时的挣扎与煎熬,生出了怜悯之心。

所以,我们把为改善动物生存状态的运动——斯蒂芬·平克称之为"动物权利运动"——单独归为一类,这类运动与其他类型的解放运动略有不同。我们将环保运动和动物权利运动看作同一种性质的社会运动,因为这两种运动源起于人类的同情之心而非来自情感的转移。毕竟,我们对枯竭的森林和被污染的河流怀有怜悯之心,而不是与之产生情感共鸣。对于两种运动来说,无论是环保运动还是动物权利运动,重点在于环境和动物无法为自己争取权利。非裔美国人有塞尔玛、蒙哥马利和华盛顿人民的支持,才能彻底获得民权;同性恋人群有"石墙暴动",才能得到社会的关注;女性有 19 世纪末和 20 世纪初妇女运动领袖的引领,以及 60 年代末及 70 年代初女权主义作家的支

---

　　* 蜗牛镖是一种生活在泰利库大坝附近的小鱼。——译者注

持,才走上街头游行示威,但是没有人为环境和动物代言。20 世纪 60 年代末和 70 年代初,大大小小的解放运动改变了美国的社会文化,但环保运动和动物权利运动不在其中。就如同未成年人一般,环境和动物能够依赖的唯有成年人的同情和怜悯之心。然而,未成年人之所以能够引起成年人的情感共鸣,是因为成年人都是从未成年人成长起来的。但环境和动物不一样,人类与这二者之间的关联是单向的、片面的:有人类,才有环境和动物。人类的同情之心是它们的保护伞和挡箭牌。除了人类,它们别无所依。

20 世纪 70 年代的动物革命

电视连续剧《广告狂人》(*Mad Men*)的忠实粉丝深知 20 世纪五六十年代的美国与 40 年后的美国截然不同。法国和美国的革命时期可以溯源到 18 世纪末(或者说启蒙运动时期),一直延续到 20 世纪 60 年代末,这是一段人类征服(甚至是驾驭)自然的历史,象征着政治和文明的进步。但此后十年所有征服自然的活动都对环境造成了严重破坏。20 世纪 30 年代,联邦政府启动了大批工程开发项目,比如建设田纳西河流域管理局,这些无不显示出美国的发达与进步。而到了 70 年代,大型工程开发项目严重污染了自然环境,于是政府严令禁止大规模的开发建设。泰利库大坝(该大坝由田纳西河流域管理局修建)威胁到了一种名为“蜗牛镖”的小鱼,这种小鱼只能在大坝附近的水域生存,大坝一旦建成,蜗牛镖将面临灭绝的险境。因为违反了 1969 年的《美国濒危物种法》(*Endangered Species Act*)及 1973 年修订版的规定,计划修建大坝的田纳西河流域管理局被起诉。原告称,修建大坝将破坏蜗牛镖的主要栖息地,使蜗牛镖数量锐减。最终,美国最高法院以赞成对反对 6 比 3 的投票结果做出了有利原告的裁决,并“颁布了一项禁制令,明确指出泰利库大坝违反了《美国濒危物种法》第 7 条规定"[18]。保护蜗牛镖是 70 年代典型的环保事件。类似的环保案还有许多。比如,为了保护秃鹰幼崽不被庆祝独立日燃放的烟花吓到,西雅图郊区的烟花燃放区特意设立在了远离秃鹰巢穴的空旷地带。在 2013 年的美国独立日到来之前,这项举措成为美国保护动物的标准和典范。[19]此时距离"蜗牛镖事件"已经过去了四十余载,美国人民的环保意识又到达了一个新的高度,所以在计划独立日庆祝活动的同时考虑到秃鹰幼崽的安全与感受也不足为奇。

美国和大多数由自由民主党派执政的发达工业社会一样,进入 20 世纪 70 年代后,人类与自然的关系开始发生转变,从征服自然变成与自然和谐相处,这成为文明进步的重要标志。整个 70 年代,绿色环保运动蓬勃开展。

从"蜗牛镖事件"可以看出,人类社会掀起了"动物保护运动",人们已经开始保护那些温暖、可爱、毛茸茸的小动物。除"蜗牛镖事件"外,仍有许多事例能够证明动物保护运动在美国如火如荼地开展起来。20 世纪 70 年代,全美只有 3 个州将虐待动物列为重罪。有趣的是,3 个州都借鉴了 19 世纪的相关规定(马萨诸塞州,1804 年;俄克拉荷马州,1887 年;罗得岛州,1896 年)[20]。1993 年,数量增长到了 7 个州。而到了 2013 年,全美只有 4 个州没有将虐待动物列为重罪,但 50 个州全部将虐待动物定为犯罪行为。

诚然,"这些法律并没有赋予动物合法权利,只是在我们的法律体系中增加了保护动物的规定。有一点值得我们注意,目前还没有一部纲领性的联邦反虐待动物法案,但全美 50 个州都有各自的反虐待法"。[21]最接近联邦级别的相关法案是 1958 年颁布的《人道屠杀法》(Humane Slaughter Act)和 1966 年的《动物福利法》(Animal Welfare Act)。这两部法案分别颁布于 50 年代和 60 年代,是当时比较温和、谨慎的动物保护法。法律的保护对象主要是猫和狗,而且"规定了动物的种类和违禁器具。只有在获得政府资助和猫狗跨越州界线时,动物研究机构才需上报注册。"[22]但这并不与我们的观点相悖,该法案的修订版(1970年、1976年、1990年、2002年和2007年均推出了修订版)无不表明联邦政府越来越强调保护动物的重要性,尽管各州的虐待动物法和惩罚规定并未统一。虐待动物的量刑仍然较轻,而且违法行为只包括蓄意虐待,并不包括工厂化养殖中常见的凌虐。但这里还需再次强调的是,反虐待动物法已经成为美国发展最快的法律之一。[23]社会大众对弱势群体的态度发生了变化,在这种情况下,虐待动物的情况有所减少(尽管远远不够),但道德不再只关乎人类本身,现在也关乎动物。

越来越多的美国人,就像其他先进工业社会的公民一样,开始意识到传统管理农场动物的方式存在许多不合理之处。

尽管美国公民反对禁止猎杀动物,也反对禁止在医学研究和产品测试中将动物作为实验对象,但62%的人支持"针对农场动物的管理,应当出台严格的法律"。一旦有机会,他们将投票通过此类法案。有关家畜权利的相关法规已经写入亚利桑那州、科罗拉多州、佛罗里达州、缅因州、密歇根州、俄亥俄州和俄勒冈州的法律。2008年,63%的加利福尼亚选民投票通过了《防止虐待农场动物法》(Prevention of Farm Animal Cruelty Act),该法禁止农场使用影响动物自由活动的笼子,比如圈牛的板条箱、家禽笼和关母猪的妊娠箱。美国政坛流传着一句老话:今天加州如此,明天美国如此。[24]

可以肯定的是,这些法律虽然要求改善数百万动物的生存状态,但并未赋予这些生物与人类同等的法律地位。制定动物保护法的初衷是保护和帮助弱小,而不是实现动物和人类在道德或法律上的平等,也不是为了赋予动物和人类相当的权利。因此,动物仍然是被动承受人类主观意愿和主观行动的客体,而非掌握自己命运的主体。尽管如此,对比20世纪70年代以前的道德观念,我们会发现人类保护动物的理念和形式已经发生了翻天覆地的变化。

这场文化转向催生了新的学科——"动物法"。路易克拉克大学位于环保理念领先的俄勒冈州。正如其富有开拓精神的捐赠人一样，路易克拉克大学于 1992 年成为美国第一所开设"动物法"课程的高等教育机构。绝非偶然的是，该校的法学院在 1970 年开设了美国第一个"环境法"课程。曾在路易克拉克大学以客座教授身份任教 10 年、现任法学院国家动物法研究中心的负责人帕梅拉·弗雷希表示："动物法就是 20 年前的环境法。虽然课程刚刚开设，但会越来越好的。"[25] 1992 年，路易克拉克大学率先设立动物法保护基金。如今，该校在美国和加拿大的 115 所法学院设有分支机构。2000 年，开设动物法课程的学校只有 9 所，而 2013 年，数量增长至 100 所。"是学生要求开设（动物法课程）的"，在密歇根州立大学法学院教授动物法的大卫·法夫尔表示，"并不是老师们想开设这门课，而是一直有学生想学"。[26] 关于动物权利的法律规定越来越多，比如 2013 年 12 月初，非人权项目（美国动物权益组织）的史蒂文·怀斯"提交了一份开创历史先河的人身保护令，这份保护令完全遵从英美律法，但特殊之处在于，它申请保护的对象并不是被非法关押的人，而是来自纽约格洛弗斯维尔的黑猩猩——汤米……人身保护令是一项历史悠久的法律措施，用以维护被非法监禁人口的权益。史蒂文·怀斯先生在一份长达 70 多页的备忘录中写到，获得权利不是人类才能享有的特权。他认为被关起来的大猩猩，准确来说，被奴役的大猩猩也应该像被奴役的人类一样，获得合法的保护"[27]。哈佛法学院知名的法学教授劳伦斯·却伯在接受采访时评价了此案，他表示："利用人身保护令为动物争取权利，这是一个非常好的开端。"[28] 史蒂文·怀斯和其团队起诉了捕获汤米的人，对此，查尔斯·西伯特在《纽约时报》杂志的一篇专题报道中评价道："这引发社会大众关于人格的深刻思考。"[29] 当查尔斯写下这篇报道时，汤米在纽约方达蒙哥马利县法院败诉，但大法官约瑟夫·赛斯没有忽略这个案子，反而严肃地研究其背后深刻的道德和哲学意义,并且对史蒂文·怀斯乃至全世界表达了他的想法。他认为这不是一桩小事,它很可能推动法律和道德向全新的方向发展。结案时,他对怀斯说道:"很抱歉,我不能签署这项法令,但我希望你能继续走下去。作为一个喜欢动物的普通人,我十分感谢你的付出。"[30]史蒂文·怀斯曾参与过"反越战运动",所以不难解释他为何会为动物争取权益。这桩案子发生于 20 世纪 60 年代末 70 年代初,从另一个角度证明了本书认为"文化转向兴起于 60 年代末"的观点。

在过去的 40 年中,日益增长的同情之心让人类尝试赋予动物与自身同等的法律权利。除此之外,一项新的科学发现也推动着人类做出这样的尝试。科学表明某些动物——大象、黑猩猩、海豚和其他鲸目动物——具有自我意识,比如它们能够认出镜子中的自己,甚至还有规划意识。简单来说,动物对自身有一定的认知,而且具有自我管理意识,它们"具备一些基本的能力,能够察觉你的存在,感知你的情绪,预测你的行动轨迹"。[31]

除法学外,其他学科也开始研究动物。1992 年,日后将在学界享有盛誉的学术期刊《社会与动物》正式创刊。这本期刊主要介绍以动物或人与动物关系为主题的跨学科研究。十年后,"美国社会学协会在《社会与动物》中开设专栏,这表明已有数百名社会学家开始关注动物研究。许多社会学家认为,社会构成不仅仅包括人类"。[32]

我们经常在电影结尾的滚动字幕中看到各种各样的声明,向观众保证电影中出现的所有动物在拍摄过程中没有受到任何伤害。这种现象刚好佐证了本书的观点,斯蒂芬·平克还专门进行了研究。果然,数据说明了一切。美国人道主义协会呼吁善待参与电影拍摄的动物,并于 1988 年编撰了长达 133 页的《电影及各媒体安全使用动物细则》(*Guidelines for the Safe Use of Animals in Filmed Media*)并定期更新。这本细则将"动物"定义为"任何有感觉的生物,包括鸟类、鱼类、爬行动物和昆虫"。此外,该细则将所有在电影中出现的动物称为"动物演员",坚持"动物不是道具"。[33]此外,美国人道主义协会还强调尊重美国原住民,严禁使用带有"印第安"元素的吉祥物或体育器材。斯蒂芬·平克搜集了美国人道主义协会关于 1972 年至 2010 年间违规电影的记录。他的调查结果显示,从 1972 年至 1980 年,每年大约有 13～14 部电影在制作过程中使动物演员受伤。1980 年至 1989 年,该类电影的数量下降至 3～4 部。1989 年至今,每年仅有 1 部或没有电影因拍摄而导致动物受伤。[34]

如今,在美国的城市中有这样一个不成文的规矩,邀请他人共进晚餐之前一定要询问对方的饮食习惯。所有的交通枢纽和会展中心,当然还有餐厅,都会提供素食。越来越多的餐馆和商店向顾客澄清肉类产品的来源,保证动物们在送上餐桌前受到了人道的对待。"散养鸡"已经成为一种道德标志。这种说法有怎样的引申义?上述种种做法是否切实改善了动物的生存状况?这些问题仍具有争议,但并不在本书的讨论范围之内。本书的主题——或者说核心——是越来越多机构、协会和组织认识到关爱动物需要的不只是口号,还要有资金援助和道德觉悟,而现实中缺失的恰恰是这两者。20 世纪 70 年代,文化转向催生了"动物保护运动",美国和其他发达工业国家意识到虐待动物是一种不道德的行为。即便如此,虐待动物的现象并未就此消失——工业化养殖仍然存在——日常生活中屡见不鲜。但更重要的是,现代文明已经将控制和虐待动物的行为定义为犯罪,并且全面抵制这种不法行为。

与其他动物相比,人类对待猫狗的态度和方式变化最大。猫和狗已经成为现代美国家庭中不可或缺的一部分。在本书所描述的时代中,也就是从 20 世纪 70 年代至今,不仅公众对待动物的态度发生了重大改变,还有一些数字上的变化同样让人大吃一惊。"在过去的几十年里,美国宠物的数量大幅提高,被执行安乐死的动物数量大幅下跌"。美国人道善待动物协会在报告中写道,"从 1970 年到 2010 年,美国家庭饲养的猫狗数量从 6 700 万只增加到 1.64 亿只。每年在收容所接收安乐死的猫狗数量也从 1 200 万只减少到了 340 万只"。[35]

在"动物保护运动"兴起后,动物与人类的关系发生了长久、清晰且直观的改变。而且,与包括猫在内的其他动物相比,人犬关系的变化最为明显。比如,不少狗狗的社会地位从宠物提升为家庭成员。许多人将自己称为狗的"爸爸"或"妈妈"。还有人把爱犬看作自家孩子的兄弟姐妹。还有一些人在认识狗主人之前就已经先认识了他们的宠物狗。多项调查还专门研究了人类与宠物的对话,发现人类经常使用儿童语言(也就是婴儿使用的语言"儿语")与宠物交流,并且宠物在调节家庭纠纷中扮演着重要的角色。[36] 所以,发生改变的不只是人类对待动物的态度和社会风俗,还包括用语习惯。越来越多的人不再把自己看作爱犬的"主人",而是狗狗的"看护人""父母"和"同伴",这意味着宠物们被赋予了一定的权利和尊严(当然尚未达到与人类完全平等的程度)。研究表明,和其他人类家庭成员相比,女性与犬类的关系更亲密。

2006 年,华盛顿皮尤研究中心调查了美国公民与人类家庭成员和宠物的"亲密度"。"家庭亲密度排行榜"显示:"狗"以 94% 的亲密度遥遥领先;其次是"母亲",亲密度为 87%;接着是"猫",亲密度为 84%;而"父亲"以 74% 的亲密度位居最后一位。结论是:"猫狗与人类的亲密程度并不输于子女与父母的亲密程度。"[37]

人类与狗的关系一向亲近,这并不奇怪。几千年来,二者之间的关系在地域、社会、文化和情感深度上都是独一无二的。想想奥德修斯和阿尔戈斯的故事,历经磨难的奥德修斯时隔十年重返故乡,唯有忠心耿耿的老狗阿尔戈斯认出了主人。为了隐藏主人的身份,面对蜂拥而至的敌人,阿尔戈斯并没有扑到主人身上,只是低声哼着,摇着尾巴,默默表达着对主人的思念。还有许多跨文化的案例形象生动地描绘了人与狗之间特殊的感情纽带。用英语中的惯用表达"人类最好的朋友"来形容这样的关系再合适不过了。千百年来,无数的书、信、诗、画赞美了狗与人类的友情。马克·德尔曾经写过一本书,详尽地讲述了美国历史中与狗有关的故事,以及狗在这片广阔大陆上与人类产生的互动:从战争到和平,从工作到娱乐,从公众视线到私人生活。[38]狗,和其他动物一样,已经成为人类生活中不可或缺的一部分。

自 20 世纪 70 年代的"保护动物运动"开展以来——至少从人类的角度来说——与狗狗的关系,无论从亲近程度还是从紧密程度来说,都发生了质的改变,以至于千百万的美国人已经改变了对"狗"这个概念的认知。几个世纪以来,生活在人类家庭中的狗以各种身份存在,人类关心、宠爱、需要狗狗。从某种角度来说,狗被赋予了人性。纵使如此,对大部分人而言,狗终究与人类有别。生活在不同地区、不同家庭的狗有着不同的生活状态,比如生存在城市家庭或中产阶级家庭的狗,生活相对"富裕";再比如在美国蓝州*的家庭中,狗已经从备受宠爱的家庭宠物变成家庭成员,甚至还具有法律地位。导致这种差异的原因有很多,书中会提及一部分。不管怎样,人类与狗的关系已经不再是传统认知中主人与宠物的关系,这种变化是本书的主题——特定犬类救援组织——兴起的关键。

下面是一些有说服性的数据:据美国人道主义协会统计,2012年,全美有近 7 900 万只宠物狗;46% 的美国家庭至少拥有 1 只宠物狗;60% 的美国人拥有 1 只宠物狗,29% 的人有 2 只,12% 的人有 3 只及以上;平均每个家庭有 1.7 只宠物狗;21% 的宠物狗来自动物收容所;主人每年给小狗进行常规检查的费用平均在 278 美元左右;宠物狗的后代中有 78% 接受过绝育手术。[39]

宠物行业的崛起亦能说明人与动物关系的转变。1994 年,养宠人群为宠物消费的金额高达 170 亿美元。到 2013 年,这一数字飞涨至

---

* 蓝州:指美国近年来选举得票数分布的倾向,蓝州指民主党占优势的州。——译者注

近 540 亿美元。要如何衡量这个数字呢？著名体育经济学家曾计算过,在世界上最热衷于体育事业的美国,足球队、棒球队、篮球队和曲棍球队这四大球类运动队的年总收入约为 150 亿美元,而人们为宠物消费的金额比为体育运动消费的金额还要多 3 倍。[40]

可以肯定的是,这笔开销之所以飞速增长,离不开宠物营养品、特殊用品和宠物保健服务的迅速发展。[41]人类对狗的照顾也达到了前所未有的程度。全国各地的宠物狗用品店越来越多,拥有 11.3 万年常住人口的安娜堡镇就有 3 家宠物用品店,而且生意火爆。近年来,古奇、路易威登、巴宝莉等高端国际时装公司纷纷推出宠物用品,塔吉特公司等主流零售商也纷纷效仿。以芳香疗法为特色的“狗狗温泉”等宠物服务已经从比佛利山和纽约市上东区这两处一路火爆到美国的中心地带。宠物狗“日托”已经成为一个蓬勃发展的行业,业务包括狗狗露营、减肥瘦身、医疗服务等。20 年前,没有人能预料想到宠物消费能够发展到这样的程度,甚至有人反对为宠物过度消费(考虑到家庭经济状况)。但现在,人们已经接受了这种消费行为,甚至认为这有助于全面提高宠物狗的生活质量。暂且不论宠物服务的实际效用究竟有多少,至少这种现象能够说明越来越多的小狗融入了人类的世界,这远比以往将宠物“拟人化”更能拉近人类与犬类的距离。

“动物保护运动”催生了新的道德体制,其特点之一是淡化商业价值。除了丰厚的商业利润,动物的舒适感和尊严是推动宠物行业发展的重要因素。现实中可以找到许多例子。比如,《洛杉矶时报》(Los Angeles Times)的一篇文章详细描述了宠物是如何影响购房和装潢的,为了让宠物狗能够舒适地生活,住房的类型(房屋或是公寓)、地理位置(是否靠近海岸)都要纳入考虑范围。[42]再比如,几天前《纽约时报》发表的另一篇文章专门分析了缅因州新颁布的一项法规。这项法规旨在保护受家庭暴力影响的动物,因为越来越多的证据表明,男性不仅对女性施加暴力,还会伤害家中的宠物,因为施暴者认为,宠物可以让女性获得情感慰藉和支持。[43]几乎每一天宠物市场都会推出一系列针对狗狗精神状态和身体健康设计的产品,旨在提升狗狗的舒适感和幸福感。为了提高狗狗解决问题的能力,一些店铺推出了专供宠物使用的拼图玩具;为了培养狗狗的涂鸦能力,平板电脑上甚至可以下载带有自拍功能的应用程序。"普通的狗食碗已经被互动式喂食产品取代,比如旋转式喂食机(价格不低于50美元的瑞士进口货),这是一种含有隐藏式隔层让狗狗适量进食的高级喂食机器。"[44]

猫狗的繁殖能力较强,加之美国家庭中宠物猫和宠物狗的数量较多,犬科动物(或猫科动物)的手术已经发展到了难以想象的复杂程度。越来越多的人愿意为宠物的幸福买单,与日益增长的医疗费用相比,四脚宠物的健康更重要。因此,宠物行业见证了经济学家所说的"无价格弹性需求",养宠人群并不在乎消费的金额,他们愿意为保障、恢复和提高宠物的生活质量而买单。

有些宠物(比如狗)还会接受人类医学中最为复杂的修复手术:关节置换、皮肤和骨骼移植、韧带修复、纠正内生睫毛等,像哈巴狗和波斯猫那样因鼻腔短而容易鼻塞的动物还可以接受鼻部手术。于是,越来越多的宠物接受手术,寿命也得以延长,这一方面是因为科技的进步,另一方面则是因为兽医这一行业越来越成熟。以狗狗的年龄计算,到了相当于人类的70岁,罹患癌症或其他需要手术治疗的疾病的概率大大增加。兽医们表示,宠物主人的需求才是推动动物手术发展最主要的驱动力。现在,大多数人都将他们毛茸茸的动物同伴视作珍贵的家庭成员,愿意为它们消费。[45]

同时,越来越多的动物开始拥有假肢,比如狗、马,甚至是美洲鸵。假肢可以帮助它们恢复走路和奔跑的能力,让它们重获新生。"给一头后腿畸形的猪安装后腿轮椅,或者给一只被乌龟咬伤喙的天鹅安装假喙并非难事。"[46]

没有什么比临终关怀服务更能体现人类的同情之心了。这项服务的目的只有一个：在特困群体和弱势群体临终之际给予最后的关怀、救助和尊严。2009 年，犬类动物也可以享受临终关怀。"国际动物临终关怀和保护协会成立于 2009 年，现有 200 名成员，其中大部分成员都是兽医，其余则包括家庭治疗师和律师。在北加利福尼亚州，有一家特别的动物医院，专门为患有绝症和上了年纪的宠物提供整体治疗和临终关怀。"[47]在这短短的一段时间内（从 2009 年到 2014 年撰写本文之时），美国有越来越多的机构开始提供类似的服务（包括安乐死），它们的宗旨是让人类的好朋友在离开人世前能够享受到最后的温情。芝加哥的兽医阿米尔·沙南博士创立了"国际动物收容所协会"，他形容动物保护运动仍然不是社会主流运动，尚处在发展阶段。直到现在，兽医学校才开始提供善终服务的培训项目。"如果退回到 20 年前"，他说，"没有人，没有一个人会相信宠物狗竟然也能享受临终关怀服务。但是现在，一切都发展得太快了"。[48]除临终关怀外，狗狗还在其他方面受到了人性化的对待。

现在，几乎每天都能看到各种展现公众同情心的报道。在这些报道中，受害者不再是人类，而是犬类。比如，新泽西州普林斯顿发生过一起园丁被德国牧羊犬咬伤的事件，大众更支持那条牧羊犬而不是被咬伤的园丁。[49]过去的几年中，陆续出现过军犬和警犬获得与人类同等待遇的报道。例如，美国空军在俄亥俄州为一只死去的军犬举行纪念仪式，并给予它殉职军人才享有的殊荣。这种现象甚至越来越普遍。[50]"2013 年，圣安东尼奥的拉克兰空军基地设立了一座国家纪念碑，用以纪念为公职付出生命的军犬。这座青铜雕塑上刻有二战以来军队中最常见的四大犬种：拉布拉多寻回犬、比利时马利诺犬、德国牧羊犬和杜宾犬。"[51]美国的军队也开始为那些曾经服务人类的军犬追加殊荣。比如米娜，一只负责探查炸弹并参与过 9 次作战行动的战犬，在密歇根州奥克兰县接受了一次隆重的军事葬礼。[52]

不仅军队如此，警队也为殉职的警犬追封殊荣。警犬凯德与人类警察享受同等的葬礼待遇,这种现象已经在美国和其他民主国家成为常态。[53] 在挪威,警犬的地位与人类公务员无异。早在2014年夏初,法国就颁布了一项法律,将猫狗定义为"有生命和感觉的生物",而1804年的"拿破仑法典"则规定猫狗和家具一样,属私有财产。由此推测,在"动物保护运动"开展以前,没有人会为警犬或军犬举行葬礼,这种做法会被视为藐视,甚至是亵渎人类的行为。

美国橄榄球巨星"迈克尔·维克虐狗案"揭露了斗狗比赛的残酷。此案一经报道,迅速登上头条新闻,国家橄榄球联盟也为此发声。在美国和其他先进工业国家中,动物的社会地位发生了根本性的变化,虐狗被列为重罪,所以迈克尔·维克锒铛入狱,职业生涯就此结束。大卫·格林在其著作《公民犬:我们与猫和狗之间不断发展的关系》(*Citizen Canine: Our Evolving Relationship with Cats and Dogs*)中,完整地描述了自20世纪60年代末"动物保护运动"开始直到70年代中期被社会大众广泛接受之后,人与动物关系的种种变化。[54]

所有导致社会观念、风俗习惯和价值观发生重大变化的社会运动都与某些颇具影响力的言论有关。这些言论通常在社会运动全面爆发之前就已经发表出来,成为社会运动的口号,或者在社会运动开展的过程中逐渐为人熟知。这些言论决定了社会运动的性质,亦为社会运动进一步的发展和演变提供了思想和理论基础。最重要的是,这些言论有助于扩大社会运动的影响力,阐释社会运动的正确性,推动社会运动在更大的社会和文化范围内开展起来。

1848年,以环境为主题的"绿色运动"在出版业最先兴起。1962年,雷切尔·卡森出版了《寂静的春天》(*Silent Spring*);1972年,由多尼拉·梅多斯、丹尼斯·梅多斯、乔根·兰德斯和威廉·贝伦三世合作撰写的《生长的极限》(*The Limits to Growth*)问世;1963年,贝蒂·弗里丹的《女性的秘密》(*The Feminine Mystique*)和波士顿妇女健康丛书《我们的身体,我们自己》(*Our Bodies, Ourselves*)出版了,后者还于

1971 年再版,此后又推出了 8 个新的版本,成为标志着美国乃至世界范围内第二次女权运动开始的文本。如果没有 1963 年出版的《伯明翰监狱的信》(*Letter from Birmingham Jail*)(马丁·路德·金著)和 1965 年出版的《马尔科姆的自传》(*The Autobiography of Malcolm X*)(马尔科姆和亚历克斯·海利合著),美国就不会爆发民权运动。1962 年的"休伦港声明"和 1964 年马里奥·萨维奥在加州大学伯克利分校斯普鲁尔大厅台阶上发表的著名演讲,对民权运动及所有权利运动或权利革命至关重要。

　　和上述运动一样,动物权利运动也有纲领性的文学作品,那就是 1975 年出版,由彼得·辛格创作的《动物解放》(*Animal Liberation*)。作者彼得·辛格是 20 世纪后半叶最有影响力的哲学家之一,也是普林斯顿大学享有盛誉的教授。没有彼得·辛格的作品,就没有现代动物权利运动。《动物解放》揭露了血淋淋的事实:工厂化养殖和医学研究戕害动物、虐待动物的现象遍布全球,即便如此,没有人受到任何制裁。彼得·辛格的这本书受到了英国著名哲学家杰里米·边沁的观点的影响。这个著名的观点就是:动物和人类同样能够感知疼痛,对动物施暴是有违道德伦常的。他还提出,在讨论动物是否具有和人类同等的道德价值时,只需问一个问题,这个问题不是"动物是否会独立思考",也不是"动物是否会说话",而是"动物能否感知痛苦"。[55]正如史蒂文·贝斯特所写:

　　　　"人类对动物抱有诸多偏见,而且西方文化强调只有人类才具有理性。但彼得·辛格认为在道德的天平上,动物和人类拥有同等的分量。无论动物是否会算数写作,它们都和我们一样具有痛感,所以我们有责任保护它们免受不必要的痛苦。辛格揭露了这种类似于性别歧视和种族主义的非理性偏见,他谴责所有形式的'物种主义',谴责那些以动物比人类低级为由伤害动物的行为。"[56]

　　同前文提到的其他纲领性的文学作品一样，彼得·辛格的书之所以影响深远，不在于支持者众多，而是因为这本书的问世引发了巨大的争议。在这里，我们将列举另外两个对"动物权利运动"影响巨大的观点：由汤姆·里根创作并发表于 1983 年的《动物权利案例》(*The Case for Animal Rights*)强调，动物拥有超出或不同于人类道德体系之外的道德价值，这个观点已经超越了彼得·辛格关于动物也能体验快乐和痛苦的功利主义观点；由马修·斯卡利创作并于 2002 年发表的《统治权——人类之力量、动物之苦难和仁慈之感召》(*Dominion: The Power of Man，the Suffering of Animals，and the Call to Mercy*)指出，问题的核心不在于动物是否也享有权利或动物是否与人类平等，真正的重点在于动物没有任何权利并且完全依赖人类，所以我们有义务给予动物更多的关心和保护。"动物比任何存在都更能考验人类的品格、共情能力、道德素养和思想境界。人类应该仁慈地对待动物，不是因为动物拥有权利或力量，也不是因为有人呼吁人畜平等，而是因为动物根本就没有地位，在人类面前，它们是那样的弱小无助。"[57]

　　正如前文提到的，我们认为用"同情"而不是"移情"来形容马修·斯卡利所描述的情感更为恰当。因为"移情"单指人类的情感共鸣，但"同情"描述的是人类分享、包容和保护弱者的能力。我们在调查研究中发现，特定犬类救援组织的成员之所以保护和帮助陷入困境的动物，是因为他们富有同情心，而不是因为他们想要为动物争取权利进而实现平权。受到"同情话语"影响的人和支持权利革命的人是"动物保护运动"的主要参与者，前者属于"温和派"，后者属于"激进派"，就像德国绿色运动和政党中也存在两极分化的现象，有"少数派"和"多数派"，有"改革派"和"革命派"，有"现实主义者"和"原教旨主义者"。所有社会、政治和文化运动中，都存在完全对立的两派，二者之间存在着竞争关系。在激进派、多数派、革命派和原教旨主义者看来,温和派、少数派、改革派和现实主义者是懦夫、妥协者和真正的叛徒。对后者而言,前者不切实际且不负责任,他们无理的要求和恶劣的行为(通常是犯罪)对他们对为之奋斗的事业毫无助益。当然,在所有的社会和文化运动中,不存在反对的声音是不现实的!

　　如果看一看那些活跃在动物权利运动和动物福利运动一线的活动家,我们会发现有一类人表现尤为突出:女性!无论从哪个角度审视人与动物的关系,我们的研究都发现,全球各地的女性一直活跃在特定犬类救援事业的最前线。她们是发起人,是领导者,是活动家,是支持者,是奉献爱心的人。毋庸置疑,我们在致力于为动物争取权利和优待的女性身上看到了各种优秀的品质,她们善解人意、通情达理又富有同情心和怜悯心。与男性相比,女性更支持福利政策、公平分配以及其他所有与合作、理解、分享和互助有关的政策。在服务行业中,女性的比例也明显高于男性。女性大多热衷于发扬人道主义精神,甚至对自然(包括动物)给予人道主义关怀,探究这种现象的先天与后天原因并不是本书讨论的重点,也不在我们学术研究的范围内。尽管本书将从学术角度探讨女性在动物保护运动中所做的贡献,但数字总是最有说服力的。与男性相比,女性更关注和关心环保事业。2013 年,全美有 730 万素食主义者,其中女性占 59%,男性占 41%。[58]女性是否应该担任领导者并不是本书的主题,但女性确实是动物保护运动的中坚力量,具体来说,女性是犬类救援组织的中流砥柱。

　　历史中,女性在动物救援行动中的表现十分突出。卡罗尔·亚当斯和约瑟芬·多诺万在其影响广泛的作品《动物与女性:女性主义理论探索》(*Animals & Women: Feminist Theoretical Explorations*)中写道:"在 19 世纪的反活体解剖和反宗教运动中,参与者大多数是女性。据估计,今天参加动物权利运动的人群中,女性占比高达 70% 至80%。"[59]"女权运动""环保运动"和"动物保护运动"有许多相似之处,所以女性在三种运动中都表现得非常活跃。"在为动物争取福利和优待的运动中,女性活动者占 75% 左右,她们充分借鉴了女权运动的口号和经验。"[60] 从玛丽·沃尔斯通·克拉夫特到苏珊·安东尼,再到伊丽莎白·凯迪·斯坦顿和当代学者约瑟芬·多诺万,这些女权主义者都曾证明,男性对待动物的方式与男性对待女性的方式非常相似。[61]

1824 年,英国成立"禁止虐待动物协会"。1840 年,年轻的维多利亚女王"以皇室的名义捐助该组织"。[62] 1866 年,美国也成立了性质相似的协会,即"纽约禁止虐待动物协会(SPCA)"。两年后。又成立了"马萨诸塞州禁止虐待动物协会"。1877 年,成立了"美国人道主义协会",将保护动物和保护妇女儿童的社会运动结合起来。[63] 维多利亚时代的英国,"大多数加入'反活体解剖协会'的会员都是女性"。[64] 只消查阅相关文献,我们就能清楚地看到,在 18 世纪和 19 世纪的英美两国——我们有理由相信在欧洲大陆的其他国家也是如此[65]——公开殴打、屠杀、虐待动物,施暴者主要(并非全部)是男性。在各种各样的暴力事件中,男性的参与程度总是异常的高,这在当时的英国和美国非常常见,比如斗牛、斗狗和斗鸡,还有其他形式折磨动物的行为。男性对待女性的暴行与男性对待动物的暴行之间存在着明显的相关性。生活中,男性施暴的案件屡屡发生,酒精是诱发暴力的主因。所以,在保护动物和儿童的运动中,女性参与者众多也不足为奇,因为运动的主要目的是阻止男性施暴。而男性大多对女性组成的反暴同盟嗤之以鼻。男性看到了女性和动物之间千丝万缕的联系,在他们眼中,二者都是柔顺可欺却又具有反抗精神的存在。因此,在对待动物的态度和方式上,性别差异十分明显。在男性征服自然的历史中,女性和动物一直处于弱势地位。

还有一个原因能够说明为何女性在保护、支持和救助动物的活动中占据主导地位,这与 20 世纪 70 年代第二次女权运动取得的成就有关。毫无疑问,如今女性获得了更多的权利,使其能够在动物救援、保护和维权运动中占有一席之地。再者,现在女性的受教育程度较高,能够担任社会运动的组织者和领导者。此外,女性渐渐走出家庭的禁锢,越来越多人支持女性参与公共事业。如此一来,女性终于可以摆脱家庭的束缚,在新的领域与社会建立联系,贡献自己的才华。

当然,也有人指出女性之所以积极主张保护动物,不仅仅是因为受到 20 世纪 70 年代权利革命的影响,还因为女性认识到暴力是导致离婚率增加、影响正常工作、破坏亲情和友情的主要因素。所以人们,尤其是女性,把动物当作情感支撑,尤其是狗,但这对动物本身来说不一定是好事。斯蒂芬·平克和作家乔恩·卡茨认为,人类不是在同情心的驱动下改变了对待动物的态度和方式。他们反而认为人类越来越喜爱动物——尤其喜爱狗——恰恰暴露了人类社会的缺点,人们是因为感受到了社会的冷漠才转而在宠物身上寻求温暖。[66]实际上,我们也持有相似的观点。乔恩·卡茨认为,人类其实在利用狗,而且很可能违背了狗的意愿,虽然表面上看起来人类与狗的友谊深厚无比,但人类的所作所为不一定会给狗带来切实的好处。因为人与人之间难以建立起长久不变的深厚情谊,所以包括狗在内的动物就成为替代品。某种程度上,动物成为人类打发寂寞的牺牲品。乔恩·卡茨将人与动物、人与狗的关系和社会学观点结合起来。又比如罗伯特·普特南在其颇具影响力的著作《美国社区的崩溃与复兴》(*The Collapse and Revival of American Community*)中提出,现代美国的特征是异化、失范、强调个性。[67]在这样空虚的社会环境中,动物成为最无力的牺牲品。乔恩·卡茨认为,美国人虚伪又可笑,喊着“同情”的口号,声称要“拯救可怜的狗狗”。在介绍犹他州卡纳布市的动物保护区“狗镇收容中心”时,乔恩·卡茨直白地表达了他对犬类救援组织的嘲讽:“也许我们(人类)不能为自己建立一个完美的世界,但我们可以为你们(狗)创造一个如炼狱一般的完美世界。”[68]乔恩·卡茨还认为“动物保护运动"的"主角"是城郊和远郊的中产阶级妇女。这就引出了导言部分的最后一个话题：20 世纪 60 年代末和 70 年代权利革命的起因。

全球各地的图书馆都藏有记录 20 世纪 60 年代末社会运动和文化运动（甚至包括政治运动）的文献，这些运动在 70 年代发展得如火如荼，最终改变了社会制度。因为 20 世纪六七十年代恰好是这些西方国家经济繁荣发展的时期。结合这样的时代背景，我们分析出两大催生社会变革的推手。下面，我们依次加以说明。

在战胜法西斯主义后，看似完美的自由民主制度登上历史的舞台。与其他政治制度相比，自由民主制看起来有几大优势：① 崇尚法治；② 主张新闻自由和言论自由；③ 定期举行选举，反对派有机会成为执政党，且反对派经常在大选中获胜；④ 公民享有投票权，保障公民享有一定的参政权；⑤ 保护公民的权利（女性也包括在内）不被侵犯。民主制度，不仅强调个人自由，还强调法律面前人人平等。这些都是民主制度的优点。但是在美好光鲜的外表之下隐藏着不为人知的阴暗面，这些弊病阻碍了自由民主国家实现真正的民主和法治。从形式上看，似乎所有的公民都享有平等的地位。但实际上，仍有许多人（比如妇女和少数民族）未能得到平等的待遇。

对待本国的公民，自由民主国家总是表现出人道主义的一面，但是一旦走出国门，情况就不一样了。比如，英法对殖民地的压迫。再比如，美国近似于殖民的对外扩张。"反越战运动"成为全球权利革命的开端绝非偶然。因为强大的美国，即便实行自由民主制度，也暴露出制度上的问题：主张自由平等的政治制度与国内外真实的政治环境之间存在矛盾。这种内在矛盾的根源在于，自由民主国家的经济制度是资本主义私有制，而这种体制本身就与民主二字相悖。

20 世纪 70 年代的社会运动试图解决这种内在矛盾。解决方式并不是推翻资本主义制度（虽然有些运动进行了类似的尝试），而是从自由民主的本质出发实现最基本的民主，包括以下但不排除其他方面：

人人享有发言权;赋权弱势群体;公民享有参与社会和政治活动的权利;公民的人格和尊严不受侵犯。如果"激进"和"左派"代表着为边缘人群争取权利,那么称70年代的社会运动为"激进运动"或者"左派运动"也并无不妥。20世纪六七十年代的社会运动主要是为徘徊在社会边缘的群体——又称"新群体"——发声,所以这一时期的运动又被称为"新左派运动"。虽然与从前的"旧左派"的出发点相同,均以争取平等和获得尊严为目标,但"新左派"的组织者、参与者、保护对象和受益者又与"旧左派"不同。这就引出了我们的第二个观点。

"旧左派"的任务是解放受资本主义压迫的工人,使他们成为合法公民,让他们享有自由民主国家给予公民的一切权利。"旧左派运动"从19世纪中叶开始,一直持续到战后50年代和60年代的繁荣时期。虽然"旧左派"并没有缩小阶级差距,也没有使每一位公民获得经济上的平等,但"旧左派"关于社会民主的政治主张以及在某种程度上表现出的共产主义思想,让这场长达一个世纪的社会运动的参与者——工厂男工——更加肯定他们值得拥有更高社会地位、获得更多的财富、享受更多的政治权利。自由民主国家奉行的资本主义经济具有一定的包容性,这一点不容忽视。正是这种包容性让自由民主国家能够实现政治自由和经济繁荣。也正是这种包容性,让十年之后的新势力"新左派"站上历史的舞台,发起轰轰烈烈的权利革命。

用"铺张""无度"来形容"新左派"的斗争未免有失偏颇,但"新左派"与"旧左派"的目的完全不同,这一点不置可否。"旧左派"的目的是为工人阶级争取经济福利和社会福利,满足其物质层面的需求。但是"新左派"出现的时候,经济条件和物质条件已经得到了满足。"新左派"的目的是为被社会忽视的弱势群体(包括动物)争取民主权利。因此,"新左派运动"及紧随其后的权利革命都是在物质条件比较丰富的情况下爆发的。亚伯拉罕·哈罗德·马斯洛将这些运动的起因总结为对"存在感"和"安全感"的渴望,这也是其"需求金字塔理论"中处于金字塔最底层的两种需求,而满足这两种需求主要是为了获得处在金字塔上层的"爱与归属感""尊严"和"自我价值"。[69] 在某些时候,社会运动源自对低等级需求的追求。等级较低的需求包括:呼吸、食物、水、性和睡眠(生理需求)、人身安全、资源、道德和家人(健康安全)。他发现,实际情况并非"旧左派"所宣称的那样,公民的低等需求并未得到满足。亚伯拉罕·哈罗德·马斯洛认为"旧左派"和其他极端的社会活动者过度消费人类基本的需求,整个社会都需要培养同情心、怜悯心和同理心,包括对待动物的爱心。

本书所讨论的"美国特定犬类救援组织"就是在这样的历史和社会背景之下兴起和发展起来的。我们认为,犬类救援组织之所以能够发展起来,离不开前文描述的各类社会和文化运动。如果没有这些伟大的运动,就不会有犬类救援。"救援"一词并不能充分体现上文那些解放运动的影响力。事实上,正如读者朋友们所看到的那样,救援组织由一群再平凡不过的"普通人"组成,他们没有挑战政治制度,也没有批判传统文化和遗风旧俗。他们没有像革命者、活动家或者制度挑战者一样高喊口号或大刀阔斧地进行改革,但我们认为,如果没有 20 世纪 60 年代末和 70 年代的社会运动和文化转向,人们不会受到影响和鼓励,不会改变原有的生活节奏,更不会在百忙之中抽出时间照顾和帮助他们喜爱的小狗。

下面是章节介绍。第一章阐释了特定犬类救援的性质和历史。第二章主要介绍密歇根州的犬类救援组织,其中包括与 79 个救援组织合作过的 255 名救援人员的采访实录。第三章概述了 1960 年至2000 年间美国犬类动物的注册情况,介绍了犬类救援组织所处的社会背景。第四章回顾了与人类关系最为特殊的金毛寻回犬的救援历史。第五章介绍了美国各地救援组织的差异。第六章介绍了犬类救援组织与动物收容所、其他救援组织以及社会公众的关系。第七章介绍了救援组织与外界的沟通方式,着重分析了互联网发挥的重要作用。第八章对金毛寻回犬和拉布拉多寻回犬进行了比较分析,探讨了前者比后者更受欢迎的原因。第九章主要介绍了灵缇犬救援组织。第十章介绍了比特犬的救援案例,并逐一分析了救援行动中遇到的困难。在本书的最后,我们做了简单的总结并附上两个附录。这些附录分别介绍了密歇根州救援行动相关调查的具体数据(附录 A)和按照字母表顺序排列的采访对象名录(附录 B)。

注释

[1] 斯蒂芬·平克,人性中的善良天使:暴力为什么会减少(纽约:企鹅图书,2011 年)页码:455 - 456 页。和平克的医学实验一样,我们又了解到一个保护动物的典型案例。美国国家卫生研究院宣布了一项计划,将 90% 的国有黑猩猩转移到动物保护区中,大大减少黑猩猩的研究经费。还有其他的好消息! 50 只国有黑猩猩已经从从新伊比利亚研究中心转移到国家黑猩猩保护区,这是属于黑猩猩的胜利! https://mail. google. com/mail/u/0/? ui = 2&ik = 1e1f94e76a&view = pt&search = inbox&msg = 13f865e161f49345(2013 年 6 月 27 日)。

[2][3] 亚历西斯·德·托克维尔,论美国的民主(纽约:肖肯出版社,1961 年),页码:195、200。

[4] 埃萨拉扎尔·巴尔甘,国家罪恶:战争赔偿与谈判历史上的不公(纽约:诺顿出版社,2000 年),页码:159 - 168。

[5] 多琳·卡瓦哈尔,"博物馆的秘密",纽约时报,2013 年 5 月 25 日,页码:C1 - C2。

[6][7] 大卫·安德森,"为帝国赎罪",纽约时报,2013 年 6 月 13 日,页码:A25。

[8] "附有联邦赔偿支票的道歉信" http://hillyardhistory. net/uploads/President _ Bill _ Clinton_-_Internment_Apology_Letter_text_Oct. _1_1993_. pdf(2013 年 6 月 20 日)。

[9] 美国公法,页码:103 - 150 http://www. hawaii-nation. org/publawall. html (2013 年 6 月 20 日)。

[10] "奥巴马总统签署向美国原住民道歉决议" http://nativevotewa. wordpress. com/2009/ 12/31/president-obama-signs-native-american-apology-resolution(2013 年 6 月 20 日)。

[11] 更糟糕的是,在 NFL 橄榄球球队价值排行榜中,这支球队排名第三,仅次于达拉斯牛仔队和新英格爱国者队,是世界上十大最具价值的体育团队之一。

[12] "众议院向非裔美国人道歉" http://www. huffingtonpost. com/2008/07/29/house-formally-apologizes_n_115743. html(2013 年 6 月 20 日)。

[13] 查尔斯·格拉斯,一段不为人知的二战历史(纽约:企鹅图书,2013 年)。

［14］最早使用"美国原住民"这一表达的是 19 世纪初在美国出生的白人，这一次与用来指代来自爱尔兰和德国的移民者。感谢约瑟夫·克莱夫为我们提供相关资料。

［15］斯蒂芬·平克，人性中的善良天使：暴力为什么会减少（纽约：企鹅图书，2011 年），页码：571。

［16］［17］"同理心——名词，理解和分享他人感受的能力"，美国传统英语词典（波士顿：霍顿·米林夫出版社，1981 年）。

［18］参见"田纳西河流域管理局蜗牛镖事件" http://caselaw. lp. findlaw. com/scripts/getcase. pl？court＝use&vol＝437&invol＝153（2013 年 6 月 27 日）。

［19］"为保护保护秃鹰幼崽，7 月 4 日的烟花燃放区改址" http://now. msn. com/fireworks-display-moved-so-baby-bald-eagles-wont-be-disturbed（2013 年 6 月 30 日）。

［20］"将虐待动物列为重罪的美国法律" http://aldf. org/resources/advocating-for-animals/u-s-jurisdictions-with-and-without-felony-animal-cruelty-provisions（2013 年 7 月 6 日）。

［21］"邻居独留宠物狗在深冬的户外过夜，属于虐待动物吗？" http://www. animallaw. info/articles/ovusstatecrueltylaws. htm（2013 年 6 月 27 日）。

［22］本杰明·亚当斯与吉恩·劳森，"动物福利法案的历史：与动物相关的法律规定" http://www. nal. usda. gov/awic/pubs/AWA2007/intro. shtml（2013 年 6 月 27 日）。

［23］"迅速发展的反虐待动物法案" http://www. nbcnews. com/id/29180079/ns/health-pet_health/t/animal-cruelty-laws-among-fastest-growing/#. Ub9IpvY9znE（2013 年 6 月 27 日）。1980 年到 2004 年间，罗纳德·德斯诺耶斯深入研究了罗得岛州的当地法律。他发现，狗比猫受到虐待的概率更大。绝大多数受到虐待动物指控的被告是平均年龄为 32.7 岁的年轻男性。参见罗纳德·德斯诺耶斯"罗得岛州的虐待动物：25 年的展望"（论文在 2008 年马萨诸塞州波士顿美国社会学协会的会议上发表）。

［24］斯蒂芬·平克，人性中的善良天使：暴力为什么会减少（纽约：企鹅图书，2011 年）页码：472 － 473。

［25］路易克拉克大学法学院国家动物法研究中心"课程大纲" http://law. lclark. edu/centers/animal_law_studies/curriculum（2013 年 6 月 28 日）。

［26］"发展最迅速的法律——反虐待动物法" http://www. nbcnews. com/id/29180079/ns/health-pet_health/t/animal-cruelty-laws-among-fastest-growing/#UdCSMpyOl8s（2013 年 6 月 30 日）。

［27］［28］詹姆斯·戈尔曼，"美国动物保护组织为黑猩猩申请法人地位"，纽约时报，2013 年 12 月 3 日，页码：A13。

［29］［30］查尔斯·希伯特，"人类和动物的权利"，纽约时报，2014 年 4 月 27 日。文中引用出处为杂志封面。页码：50。

［31］詹姆斯·戈尔曼，"人类和动物的权利"，纽约时报，2014 年 4 月 27 日。文中引用出处为杂志封面。

［32］莱斯利·艾维，《如果你要驯养我：我们与动物的关系》（费城：坦普尔大学出版社，

2004 年),页码: 5－6。

[33][34]　斯蒂芬·平克,《人性中的善良天使: 暴力为什么会减少》(纽约: 企鹅图书,2011 年)页码: 468、469。

[35]　"宠物的数量"http://www. humanesociety. org/issues/pet＿overpopulation/facts/pet＿ownership＿statistics. html(2013 年 6 月 29 日)。

[36]　黛博拉·坦嫩,"与狗对话: 宠物可以促进家庭成员之间的互动",语言与社会相互作用研究 37,第 4 期(2004 年),页码: 399－420。

[37]　"比父亲更受欢迎的存在——狗"http://www. pewresearch. org/daily-number/dads-popular-but-dogs-are-more-so(2013 年 6 月 28 日)。

[38]　马克·德尔,《生活在美国的狗: 人类最好的朋友是如何探索、征服、安定在这片大陆上的》(纽约: 北点出版社,2004 年)。

[39]　"宠物的数量"http://www. humanesociety. org/issues/pet＿overpopulation/facts/pet＿ownership＿statistics. html(2013 年 6 月 29 日)。

[40]　安德鲁·津巴利斯特,"体育与经济: 美国的体育事业"(华盛顿: 美国国务院,2007 年),页码: 51－55(第 40 条引用出现在第 52 页)。

[41]　美国宠物用品制造商协会。

[42]　贝蒂贾尼·莱文,"哇! 决定家居设计风格的狗狗们!",洛杉矶时报,2006 年 4 月 15 日。

[43]　帕姆·贝尔拉克,"'受虐的妻子'和受虐的宠物",纽约时报,2005 年 4 月 1 日。

[44]　大卫·霍奇曼,"尽情奔跑吧,我的小可爱!"纽约时报,2013 年 4 月 13 日周末刊,页码: 1,12。

[45]　苏珊·弗赖恩克尔,"保护那些受尽伤害的宠物",纽约时报,2013 年 1 月 14 日,页码: D3。

[46]　尼尔·根茨林格,"动物和残疾人的生活",纽约时报,2014 年 4 月 9 日,页码: C1。

[47][48]　马特·里奇特尔,"被送进收容所的狗",纽约时报,2013 年 12 月 1 日,页码: A1。

[49]　莎拉·克肖,"充斥着暴力的土地和可怜的狗狗们",纽约时报,2007 年 11 月 30 日。

[50]　"空军部队在俄亥俄州为军犬举行悼念仪式",http://www. cbsnews. com/8301－201＿162－57403778/air-force-holds-ohio-memorial-for-military-dog(2013 年 6 月 29 日)。

[51]　角谷美智子,"猫与狗的天下",纽约时报,2014 年 4 月 18 人,页码: C23。

[52]　"美国军犬享有军事葬礼"http://www. theoaklandpress. com/articles/201301/news/local＿news/doc51085bdc14e0b125047983. txt(2013 年 6 月 29 日)。

[53]　"在事故中牺牲的警犬凯德享有警官级葬礼待遇"(2013 年 6 月 29 日)。

[54]　大卫·格林,公民犬: 我们与猫和狗之间不断发展的关系,(纽约: 公共事务出版社,2014 年)。

[55]　杰里米·边沁,道德与立法原理导论第二版,1823 年第 17 章。

［56］　史蒂文·贝斯特,"饱受争议的哲学理论:挑战彼得·辛格"http://www. drstevebest. org/PhilosophyUnderFire. htm(2013 年 7 月 1 日)。

［57］　马修·斯卡利,统治权——人类之力量、动物之苦难和仁慈之感召(纽约:圣马丁出版社,2002 年),页码: xi,xii。

［58］　"美国的素食主义者"http://www. vegetariantimes. com/article/vegetarianism-in-america (2013 年 7 月 3 日)。

［59］　卡罗尔·亚当斯、约瑟芬·多诺万编撰,动物与女性:女性主义理论探索(达拉谟:杜克大学出版社,1995 年),页码: 5。这两位研究女性主义学者的其他作品也提及了详细的观点:卡罗尔·亚当斯、约瑟芬·多诺万编撰,动物权利之外:呼吁善待动物的女性(纽约:连续国际出版社,1996 年);卡罗尔·亚当斯、约瑟芬·多诺万编撰,女性对动物的关爱(纽约:哥伦比亚大学出版社,2007 年)。

［60］　大卫·沃福斯,"动物权利运动",http://sonoma. edu/users/w/wallsd/animal-rights-movement. shtml(2013 年 7 月 3 日)。

［61］　约瑟芬·多诺万,动物权利与女性主义理论,第 2 期(冬季,1990 年),页码: 350 - 375。

［62］　凯瑟琳·谢韦洛,爱护动物:动物保护运动的起源(纽约:亨利·霍尔特出版社,2008 年),页码: 11。

［63］　马克·德尔,生活在美国的狗:人类最好的朋友是如何探索、征服、安定在这片大陆上的(纽约:北点出版社,2004 年),页码: 167 - 169。

［64］　艾尔斯顿,引用科文·克鲁斯发表于《社会与动物》1999 年第三期的文章,"性别,自然观与动物权利"页码: 180。

［65］　除正文中列出的书籍,我们发现凯瑟琳·基里尔的作品也提供了许多历史资料。详见凯瑟琳·基里尔的作品《美国宠物生活:一段历史》(教堂山:北卡罗来纳大学出版社,2006 年)。

［66］　乔恩·卡茨,生活在纽约的狗:生活,爱,与家庭(纽约:维拉德图书,2003 年)。

［67］［68］　除了罗伯特·普特南的作品,乔恩·卡茨还引用了西达·斯考切波和莫里斯·菲奥里纳合著的《美国公民政治参与》(华盛顿:布鲁金斯学会出版社,1999 年),根据乔恩·卡茨的说法,作者写道"数百万的美国公民不再参与政治事务或社区事务。"乔恩·卡茨还引用了由罗伯特·普特南与苏珊·帕编撰写、罗伯特·普特南、苏珊·帕和拉塞尔·道尔顿合著的《民怨:是什么在困扰民主国家》(普林斯顿:普林斯顿大学出版社,2000 年)的引言部分,根据乔恩·卡茨的说法,作者写道"对美国和其他民主国家领导人及政府的信心降到了历史最低点……"罗伯特·普特南、苏珊·帕和拉塞尔·道尔顿在书中写道:"这种(疏远、脱离)的状态表现得越来越明显,而原因之一可能是人们从其他地方寻求社交、友谊和幸福感"。生活在纽约的狗:生活,爱,与家庭(纽约:维拉德图书,2003 年),页码: 11 - 12、71。

［69］　亚伯拉罕·哈罗德·马斯洛,动机与人格(纽约:哈珀与罗出版公司,1954 年)。

第一章

什么是犬类救援组织

> 如果不是你,还能是谁? 如果不是现在,还能是什么时候?
>
> ——安妮·卡斯勒,
>
> 20 世纪 80 年代末 90 年代初
>
> 洋基金毛寻回犬救援组织寄养与领养负责人

救援组织的基本介绍

什么是特定犬类救援组织? 从广义上来讲,"特定犬类救援组织"是专门为某一个犬种提供救援服务的个人或团体。根据美国联邦税务局颁布的税法第 501(c)(3)条,特定犬类救援组织是可以享受免税待遇的慈善机构,简称为 c3 组织。但并非所有的犬类救援组织都是 c3 组织或者有意申请成为 c3 组织,特别是规模较小或新成立的救援组织。虽然免税政策的确对犬类救援组织有利,但其实是可有可无的。美国联邦税务局将 c3 组织定义为"符合第 501(c)(3)条规定,运营所获收益不得交于任何股东和个人的组织。换言之,活动类组织不符合申请资格,即 c3 组织不得举行任何影响或干预立法的活动,不得参与任何支持或反对政党候选人的竞选活动。"[1]在此基础上,美国联邦税务局授予特定犬类救援组织 D20 活动代码,代表犬类救援组织的宗旨是保护动物和为动物争取福利。获得 D20 活动代码的慈善机构无需缴纳税款,所有获得的捐助也无需缴税,可直接从个人所得税或公司税中扣除。因此,特定犬类救援组织无需缴纳所得税,可将全部所得用于救助和保护无家可归的小狗。位于纽约州中部的"詹姆斯维尔金毛寻回犬救援组织"的主席卡罗尔·艾伦强调了免税政策的重要性,她表示:"我认为,从某种意义上说,犬类救援组织和养犬俱乐部是不同类型的两种组织。501(c)(3)项条款有助于我们开展救援行动。"[2]虽然养犬俱乐部的成员可能发展成救援人员,但卡罗尔·艾伦认为俱乐部实行的会员制可能会限制犬类救援组织的发展。

犬类救援的意义是什么?流浪动物给美国带来了巨大的社会问题。美国"禁止虐待动物协会"的数据显示:"每年,全美的动物收容所大约会收留 500 万到 700 万只动物,其中有 300 万到 400 万接受了安乐死(狗占 60%,猫占 70%。)"[3]造成流浪狗泛滥的罪魁祸首是纯种犬养殖场,他们以营利为唯一目的,在非人道的恶劣环境下大量培育和饲养幼犬,导致许多幼犬患有先天性或传染性疾病,然后将幼犬,无论健康与否,悉数送至全国各地的宠物商店,导致宠物市场中的犬类动物数量激增,最后形成生产过剩致使小狗无家可归的恶性循环。如果宠物店的经营者没有让狗狗接受绝育或结扎手术,那极可能发生近亲繁殖或混种繁殖的情况。而近亲生育的幼犬或杂种犬很难被销售出去,所以经营者会把它们丢给动物收容所。如果动物收容所中的小狗没有遇到好心的领养人,那么它们只能接受安乐死。正是因为无良的纯种犬养殖场和不负责任的宠物商店经营者,大量的犬类动物流落街头。动物福利机构已经开始着手处理这一棘手的问题。动物福利机构的组织形式和行动目标决定了救援的方式。

毋庸讳言,除特定犬类救援组织外,美国还有许多其他类型的动物救援组织,均以拯救和帮助无家可归的动物为行动目标。社区动物救援队可以说是最基础的动物救援单位,而且他们的工作往往是最辛苦的。通常,他们负责运营一家动物收容所,并与当地(市或者镇)政府签订合同,在规定的地理区域内救助流浪动物(主要是猫和狗,但也包括其他动物)。这些救援队尽量寻找流浪动物的领养人,但找到合适的领养人并非易事。因此,许多动物收容所会执行安乐死——这也是唯一的办法——处理无家可归的动物。人道主义协会也会提供救援服务,但这类机构的宗旨是反对虐杀动物。故而在非必要情况下,人道主义协会不会执行安乐死。人道主义协会一般会与基层的救援单位合作,提供部分或全套的救助服务。

特定犬类救援组织是由致力于犬类动物福利事业的爱狗人士组成的救援机构,在20世纪90年代发展起来(兴起于70年代,崛起于80年代)。特定犬类救援组织完全独立于人道主义协会和动物收容所,彼此互为补充,有时也会存在竞争关系。人道主义协会和动物收容所认为特定犬类救援组织过于"利己",因为他们只关心一个品种,忽视了其他需要帮助和保护的犬类动物。反过来,特定犬类救援组织认为动物收容所的设施简陋,不能科学合理地照顾流浪狗。与人道主义协会和动物收容所不同的是,特定犬类救援组织的成员会将流浪狗寄养在志愿者的家中,同时会对狗狗进行基本的训练(尤其是室内训练)。只有在申请领养的家庭通过严格的考核后,救援组织才会把狗狗交托给领养人。养宠人群的用语习惯已经发生了改变,同样地,人类世界中关于领养的表达也沿用到了犬类救援领域中。比如狗狗可以"寄养"在"养父母"的家中,"领养"家庭必须符合"领养"资格。特定犬类救援组织会为犬类动物的终身幸福负责,如果被领养的小狗在若干年之后再次面临无家可归的境遇,救援人员会把它们重新带回组织。

与人道主义协会和动物收容所不同,特定犬类救援组织招募的成员多为志愿者,他们的任务是协助当地的流浪动物管理机构和人道主义协会。特定犬类救援组织的志愿者可以让狗狗暂时寄养在自己的家中，但不会永久地收容它们。和不分品种的动物救援组织相比，特定犬类救援组织的工作内容更具有针对性，他们将所有资源集中投入在救助某一个品种的犬科或者猫科动物，并非救助当地所有的流浪动物。

特定犬类救援组织的工作是救助和安置某一个品种的犬类动物。为了保证每一只小狗都得到人道的对待，犬类救援组织的工作流程如下：

首先，他们要确定救助对象的位置。一般，当地的动物收容所或流浪动物管理机构会告知流浪狗的活动区域，或者有一些狗主人会主动将宠物送去救援组织，这种情况被称为"弃养"。特定犬类救援组织受理"弃养"的条件是，狗的原主人与救援组织签订合同，承诺放弃狗的所有权并定期捐助救援组织。

其次，特定犬类救援组织必须为狗狗的健康和行为负责。为了降低患病率，救援组织通常会聘请兽医检查狗的健康状况和行动能力。一旦发现问题，救援组织有义务照看小狗直至生命终结。情况严重时，救援组织必须聘请动物训练专家和行为专家。

最后，救援组织必须收养无家可归的狗狗直到为其找到新的领养家庭。"寄养"是最常见的安置方式。通常，每名志愿者的家中会寄养一只小狗，直到找到领养家庭。其他方式还包括将狗狗寄放在犬舍中。对救援组织来说，这当然不是上上之选，因为犬舍的寄宿费较高，而且如果小狗长时间生活在逼仄的犬舍之中，容易引发行为问题。此外，考虑到救援经费有限，犬类救援组织难以支付购买和维护犬舍的费用。因此，犬舍并不是最佳的安置方案。

特定犬类救援组织的主要目标——其实也是唯一的目标——是为某一个犬种提供救援服务。为了实现这一目标，特定犬类救援组织必须进行以下两种活动：筹款和积极维护外部关系。救助流浪狗所需的开销巨大,资金是运营救援组织的根本。特拉华谷金毛寻回犬救援组织(位于宾夕法尼亚州莱茵霍尔德市)的负责人罗宾·亚当斯曾说:"救援组织中的许多成员都会照看小狗,而养狗意味着数千美元的开销,毕竟我们要保障动物们的生活质量。"[4]罗宾·亚当斯的态度反映了一种理想状态下救援目标,关于这一点的详细分析将在本章的后半部分呈现。来自南卡罗来纳州查尔斯顿市的罗康特拉布拉多寻回犬救援组织的志愿者莫林·迪斯特勒详细介绍了救援组织运营成本的构成:

"我认为,许多人对救援这件事没有概念,他们并不了解做慈善也是要花很多钱的。比如,每个月我们都要给狗狗喂预防心丝虫病的药品,还有最基本的狗粮。有时,我们要养 30 条狗,那可是一大笔钱。你算一算,假设每月一次的打虫药要花费 10 美元,那给 30 条狗驱虫至少需要 300 美元。"[5]

然而救援组织的开销不只包括这些,除去日常支出,还有医药费。一旦狗狗生病,哪怕不是所有狗狗一起生病,也是一笔不小的费用。而且救援组织比较特殊,收养的狗狗大多都有健康问题,包括身体健康和精神健康。毕竟,救援组织救助的是受伤、生病、年老或行为异常的狗,这意味着照顾它们比照顾正常的狗更费钱。来自加州门罗公园诺卡尔金毛寻回犬救援组织的菲尔·费舍尔解释道:

"有的时候,我们还会遇到病情严重的狗,比如发育不良。你知道的,还有许多糟糕的情况,我就不具体谈了。因为如果我跟你说得再详细一些,你可能会更难过。总之,救治一条病情严重的狗要耗费 5 000 到 10 000 美元。目前来说,我们还能支付得起。如果需要的话,我们真的会花上万美金来挽救狗狗的性命。"[6]

诊疗和日常护理提高了特定犬类救援组织的运营成本。如果没有资本的支持,救援组织难以支付医药费等开销。因此,筹款活动对犬类救援组织的重要性不言而喻。

　　特定犬类救援组织的各个方面都牵涉资金问题和机会成本。从获取小狗(救援组织也要和其他领养人一样向动物收容所缴纳收养费),到诊疗(尽管多数兽医都会减免医治费用,但医疗费用在救援组织所有支出中占比最大),再到日常护理(将狗寄宿在犬舍;购置宠物用品,如项圈和遛狗绳、打虫药和驱虫药),每一个环节都意味着一笔花销。筹款活动的形式多种多样:比如提供洗澡服务、点心义卖、福利彩票、罐头捐赠或者面向全国的募捐活动、企业募捐、与大型公益组织"联合之路"合作等。规模较大的救援组织倾向于举办较为复杂的筹款活动,类似于资本运作。虽然与点心义卖、福利彩票和罐头捐赠活动相比,资本运作需要耗费大量人力,但回报却颇为丰厚。

　　对于运营良好的特定犬类救援组织来说,与其他非救援类的组织或个体建立良好的外部关系也十分重要。第六章将详细介绍特定犬类救援组织是如何与其他组织发展和维护关系的,在这里仅作简单说明。通常,犬类救援组织会与社会公众、当地动物收容所、当地其他动物救援组织、当地养犬俱乐部和国家级养犬俱乐部保持互动。这张人际关系网的好坏将直接决定救援组织可用资源的多少,以及救援组织能否为小狗提供舒适的家园,所以救援组织通常会与其他性质类似的慈善机构保持友好关系。为了维护外部关系,救援组织也会对外提供资源和支持,包括时间和资金上的。具体而言,对外支持包括:设计和运营官网、在动物展会上摆设摊位、向当地的动物收容所支付收养费等。总而言之,维护良好的外部关系是影响救援组织生存和发展的要素。

特定犬类救援组织的起源

　　在了解特定犬类救援组织的运作方式之前,我们首先应了解犬类救援组织的起源和发展历程。无论救援对象的品种是什么,特定犬类救援组织的成立方式大致分为以下三种：养犬俱乐部下设的救援部门、由个人独立创办的救援团体、脱离原所属救援组织后重组的救援组织。特定犬类救援组织的起源对其存在的形式、职能和发展方向影响巨大，所以要了解特定犬类救援组织及其运作方式，就必须先了解救援组织的发展历程。

大多数的特定犬类救援组织都是独立运营的,知名度最高的当属以全美最受欢迎的十大犬种为服务对象的救援组织(以下简称"十大类救援组织"),其中74%都是独立运营的。而独立运营的救援组织又分成两类:一类是意外成立的,我们称之为"单犬型";一类是有意成立的,我们称之为"群体型"。"单犬型"救援组织指的是由无意成立救援组织的个人在某次意外的救援行动后建立的组织。具体来说,最开始只有一个人救助流浪狗,但久而久之,救助的对象由一个发展为一群,参与的成员也从一个人变成一个团队。"单犬型"属于早期独立运营的犬类救援组织,通常要经历较长的发展阶段才能申请成为c3组织。"群体型"指的是由个人或团体有意建立的救援组织,主要为某一地区的犬类动物提供救援服务。"群体型"犬类救援组织出现得较晚,后期慢慢发展为独立运营的组织。"群体型"比"单犬型"更容易申请成为c3组织。准确地说,在"群体型"犬类救援组织正式开展救援行动之前就已经注册为c3组织了。换言之,"群体型"更加专业,主要在救援组织的所在地开展各项救援行动。

十大类救援组织有17%起源于养犬俱乐部。在俱乐部中发展起来的犬类救援组织仍然在俱乐部的组织架构内,并且深受俱乐部的影响。这类救援组织并非独立运营的机构,从本质上讲,它们附属于养犬俱乐部,由俱乐部而不是组织的领导者管理。养犬俱乐部的活动和兴趣不仅限于犬类救援。通常,这类救援组织不能享受免税政策,但任何规定都有例外的情况,某些隶属于养犬俱乐部的犬类救援组织也可以申请成为c3组织。与独立运营的犬类救援组织相比,此类救援组织中成员们的积极性普遍较低,原因之一是俱乐部的活动更加丰富多样,救援仅仅是其中的一小部分。

　　犬类救援组织的诞生还可能源自内部的分裂——在离开原来所在的救援组织后,救援人员组建了新的团队。导致内部分裂的原因有两种:个人原因和地域原因。个人原因是指成员们在讨论组织的政策、目标或运营模式时产生了意见分歧,或者因为性格不合导致成员离开原所属组织。可以说,意见不合与性格不合并不矛盾,甚至二者具有极强的关联性,以至于我们很难说决策和政策上的分歧与个人的喜好无关。在任何形式的人际关系中,关系破裂都是意见不合和性格不合共同作用的结果,我们不能片面地看待其中一个方面,而忽略另一个方面。虽然在探讨最佳救援方案或制定特殊救援方案时,个人的选择倾向可能引发意见不合,但并不存在纯粹因私人恩怨而导致内部分裂的情况。

　　出于对狗狗的喜爱,人们义无反顾地投入到救援行动之中,尽管这并不能带来任何金钱上的回报,但却能让他们在救援过程中收获无限的乐趣。对他们来说,这是一种爱的召唤,而不是乏味的工作。由于救援队的成员都是志愿者,所以救援组织内部没有明显的层级划分。松散的组织结构意味着一旦出现意见分歧,维护内部"团结"和"统一"就变得十分困难,"退出"组织却变得十分容易。以亚利桑那州凤凰城的亚利桑那金毛寻回犬救援组织为例,主席芭芭拉·埃尔克向我们简述了个性问题是如何导致内部分裂的:"我们的救援组织成立于 1998 年,但是刚成立一年左右就出现了问题。大家相处得并不愉快,一些人离开了,只剩我们留在这里。虽然离开的成员们组建了新的团队,但是他们和新成员之间也有矛盾,说不定会再次分裂。"[7]成员间的摩擦很可能导致内部分裂,但这并不影响离开的成员继续参与救援事业,他们会另起炉灶,但是不会再回到原来的组织。

　　破裂和僵化的关系会妨碍犬类救援组织开展联合救援行动,最终影响的是无辜的小狗。内部分裂带来的后果远不止于此：激烈的争吵不仅会引起负面情绪，还迫使离开原组织的救援人员面临从零开始的困局（撰写组织章程、招募成员、建立外部关系网、提高知名度等）和各种资金问题（筹款和财务规划）。如果犬类救援组织有意开展合作，双方就不得不克服内部分裂带来的种种问题和负面影响，毕竟救助犬类动物才是救援组织的第一要务。

至于由地域原因造成的内部分裂，情况就比较简单了，一般是因为负责某一地区的救援组织（总部）因种种原因出现了周转不灵、工作繁重，或犬只数量过多导致救援人员难以应对等问题。不同于个人原因造成的内部分裂，因地域原因自立门户的救援组织与原所属组织之间不存在任何敌意或矛盾，他们也尽量避免与其他救援组织发生摩擦，因为他们深知那会严重影响救援行动的效率。所以，相比于因为个性不合或意见分歧而独立出来的救援组织，因地域原因而成立的新组织通常能够与其他组织和谐共处。

犬类救援组织的关系网

特定犬类救援组织与动物收容所、当地的养犬俱乐部、国家级养犬俱乐部和其他救援组织的互动方式，影响着该组织的救援方式。积极的外部关系有利于救援组织获取信息、分享资源，提高救援效率。如果出现沟通困难、沟通失败甚至是零沟通的情况，那么救援组织的行动效率将大打折扣。

在所有外部关系中，犬类救援组织与动物收容所的关系最为重要。因为大多数救援组织都是从收容所或主动弃养的狗主人那里获得小狗的具体信息。只有与动物收容所保持良好的关系，救援组织才能收养收容所中面临安乐死的小狗。反之，如果救援组织未能积极地联络当地的动物收容所，很可能造成不必要的死亡，救援组织的声誉也会因之受损。一旦外界发现救援组织与动物收容所之间存在矛盾，就会有人质疑救援组织的正当性，筹款和领养都会受到影响。所以，大部分的救援组织都会与当地的动物收容所建立积极的联系。

犬类救援组织与养犬俱乐部的关系同样会影响救援组织职能的发挥。二者之间的积极互动可以给救援组织带来诸多好处。救援组织不仅能够获得更多的经济支持（比如，某些养犬俱乐部会为当地的犬类救援组织举办捐款活动），还有机会接触到潜在的领养人或者喜爱这一犬种的救援志愿者。此外，养犬俱乐部会为救援组织举办的活动（如犬类动物交流展示会）提供赞助，这意味着二者之间的良性互动有助于增加社会大众对狗的了解。相反，消极的互动对救援组织十分不利，他们可能错失潜在的赞助商、领养人和志愿者。如果救援组织与养犬俱乐部的关系不过尔尔，那救援组织将无法有效利用俱乐部提供的宝贵资源。归根结底，与当地养犬俱乐部发展积极的关系对所有犬类救援组织来说都是至关紧要的。第四章将专门以金毛寻回犬救援组织为例，说明养犬俱乐部的重要性。

国家级养犬俱乐部是另一个能为犬类救援组织提供方便的机构。我们将在后文作出更详细的解释。毫不夸张地说，隶属于美国金毛寻回犬俱乐部的救援委员会具有非凡的影响力。该机构既能调派各地的金毛寻回犬救援组织，又能为各救援组织提供信息和帮助，同时还能联合国家救援基金会支援有需要的救援组织。同那些与该机构建立积极联系的组织相比，未能建立联系的救援组织显然处于劣势地位。

原　则　与　理　念

虽然从组织性质和道德倾向上看，所有犬类救援组织秉承同一个原则，即尽可能多地救助犬类动物，但我们可大致将救援组织的分成两类：务实派和理想派。"务实派"的主要救助对象是当地的犬只，这一类型的救援组织往往追求明确的、现实的、短期的目标，积极地联络喜好相同的养犬俱乐部和美国养犬俱乐部。务实派大多是"犬控"，或者视犬类救援为己任的爱狗人士。他们积极参与养犬俱乐部主办的各项活动，比如犬类动物展示会、地面活动和灵敏度竞赛等。

在养狗这件事上，"犬控"多为传统主义者。他们把狗看作私有财产的一部分，尽管并不是所有的"犬控"都持有同样的看法。当然，也有一些人把宠物当作家人对待。正如不少受访者指出的那样，有的"犬控"养狗是为了让他们的狗做一些狗该做的事：孕育和繁殖纯种犬、训练技能、参加宠物竞赛、协助狩猎或追捕活动（地面活动）。不过有一点值得我们注意，虽然大多数的"犬控"认为宠物就是宠物，既不是"狗儿子"也不是家里的一分子，但还是有许多人允许它们住在屋内，极少有人把自己的狗养在野外。事实上，"犬控"认为把狗丢在野外是一种虐待动物的行为。让"犬控"照看流浪狗并不是难事，但是他们通常会把自家的狗与流浪狗隔离开来。因为养狗这件事，不单单是养宠物那么简单，品种的纯正性尤为重要。因此，对于"犬控"来说，问题不在于"养活"流浪狗，而是对自家的宠物狗"负责"，他们要保证自家的宠物狗能够把优良的基因完整地传递给下一代，同时保证自家的狗不与流浪狗杂交或滥交。正因"犬控"对自己的宠物抱有极强的责任感，他们总是竭尽全力为流浪狗寻找一个具有责任感的领养家庭，领养人绝不可以因为任何琐碎的理由或无聊的借口抛弃小狗。最后，"犬控"的责任感还体现在他们对领养家庭的持续关注上，一旦他们发现领养家庭不具备照顾狗狗的能力，"犬控"便立刻将小狗带回。

在犬类救援的领域里，"犬控"又被视为保守主义者。他们认为，爱狗人士的确有责任和义务救助在纯种犬养殖场受到非人待遇的小狗，但是，对"爱狗人士"这种表达存在一定争议性，因为有一些自称

"犬控"的人认为"爱"这个字眼过于强烈。这一类"犬控"属于富有同情心的保守派[8]，他们有一定的经济条件，但不能完全负担得起养狗的费用。"在我看来，救援行动始于怜悯之心。"美国加利福尼亚州圣地亚哥金毛寻回犬俱乐部救援委员会的主席珍妮特·波林接着说道："每到假期，就会有人给我们送狗。圣诞节的时候，也会有人弃养小狗，因为在那样热闹的气氛中，人类不需要狗的陪伴。养狗太费钱了，丢掉比较省事。我们看到过人性中残忍的一面。对我而言，狗狗给我的生活带来了无限乐趣，参与救援是我回馈它们的一种方式，但我无法把自己定义为救世主。我们不是万能的。我想也许这就是我们与其他救援组织的不同之处：我们竭尽所能，但是我们不相信我们有能力帮助所有需要帮助的狗狗。"[9]

因此，"犬控"救援人员虽然致力于为陷入困境、被忽视和遭受虐待的狗狗提供帮助，却不会改变对狗的认知，更不会改变对人犬关系的认知。他们之所以参与救援行动，完全是出于怜悯之心，而不是源于对狗的喜爱。

在救助伤犬时，"犬控"救援人员往往会谨慎地控制支出。这并不是因为"犬控"冷漠无情，而是因为他们认为病入膏肓的狗没有抢救的价值，毕竟资源也是有限的。在"犬控"的眼中，分诊并不违反社会道德，甚至是一项明智的决定。他们认为，对待生病、受伤或行动出现严重问题的狗，安乐死不失为一种可行的解决方案。与"宠物控"（下文另作介绍）不同的是，"犬控"认为狗也分好坏，世界上存在无法被驯养的恶犬，所以安乐死是它们最好的结局。

"犬控"的务实精神在救援过程中体现得淋漓尽致。务实派救援组织不会接受染病或行为异常的狗，除非暂时没有接收到"正常的狗"。这样做的原因是因为救援资源有限，比如无法提供足够大的场地来安置犬只。实际上，由"犬控"组成的救援组织在选择接收对象时有更多的余地，他们不太可能（或者说不愿意）接收串种狗，而选择有限的救援组织只能照单全收。我们在采访中遇到许多"犬控",他们认为"妇人之仁"是造成无知和低效的主因。其实,许多"犬控"救援人员认为"妇人之仁"等同于"虐狗"。拒绝领养是"犬控"的另一个特征,因为领养的小狗无法像宠物狗一样参与各类活动(比如比赛或者追踪)。来自救援组织的小狗大多没有美国养犬俱乐部的认证文件,因此无法参与纯种犬的繁殖。

总而言之,"犬控"并不否认犬类救援的意义和价值,但似乎无法理解为什么世界上有人愿意在狗的身上投入大量的时间。"犬控"对于犬类救援的看法带有一定的功利色彩,因为他们对狗的认知偏实用主义。在他们眼中,狗是值得人类尊重、安慰和照顾的好朋友,但"犬控"并不会因此忽略狗与人类之间的界限。一般来说,参与救援组织的"犬控"大多是当地养犬俱乐部的成员,或者曾经是俱乐部的成员。这些俱乐部本身奉行的就是实用主义,比如救援对象仅限于他们喜爱的犬种。

理想派与务实派形成了鲜明的对比。前者的目标比较崇高,而且长远。简单来说,他们希望让所有的流浪动物有家可归,这里的"所有"指的并不是某一地区,而是全球。我们将这一类人称为"宠物控",指代那些把狗视作心爱的宠物或者是"狗儿子"的人,他们将宠物视为真正意义上的家庭成员。理想派救援组织并不喜欢养犬俱乐部,因为理想派认为俱乐部对纯种血统的狂热追求导致了繁殖泛滥。理想派救援组织与美国养犬俱乐部之间并不存在敌对关系,但二者的关系并不密切。

理想派救援人员认为,爱是救援的基础。不同于"犬控","宠物控"不会过度炫耀自己的宠物,也不会让它们参加传统的地面活动。"宠物控"从不以此为乐,也绝不会培养这样的兴趣。实际上,大多数"宠物控"对纯种犬养殖人员怀有抵触情绪,几乎不会在养殖场或者宠物商店购买犬只。[10]对"宠物控"来说,重要的是给予宠物关爱和陪伴。因为他们把宠物视为家庭成员，所以更可能在宠物保健方面投入更多。"犬控""宠物控"都认为狗是不可替代的朋友，但后者会比前者投入更多的精力和金钱去挽救犬只的生命。"宠物控"从不偏爱，他们将博爱精神延续到犬类救援行动之中。

犬类救援大概是"宠物控"参加的唯一一项与动物相关的集体活动。因为"宠物控"倾向于把全部的精力投入在救援事业上，而"犬控"既会参加救援活动，也会带着宠物参加比赛。对"宠物控"来说，救助动物是第一要务，他们有义务为每一条小狗找到温暖的家。他们把对动物的爱心转化为对救援事业的高度投入，倾尽全力，义无反顾。"宠物控"愿意驱车数百英里参加救援行动，也喜欢在家中饲养许多小狗。为了让狗狗拥有一个健康快乐的生存环境，"宠物控"不惜花费大量的时间和金钱寻找合适的领养家庭，更有甚者会花费数千美金医治病犬。"宠物控"不认为世界上存在恶犬，他们认为恶劣的生存环境是导致狗狗难以被驯化的原因。对待安乐死，"宠物控"各有各的看法。一些人认为，有必要对行为异常的狗实施安乐死，尽管他们同时承认这种做法有些残忍。另一些人则反对实行安乐死，甚至认为应该彻底禁止安乐死。总而言之，"宠物控"不仅在救援事业上投入大量的精力，而且乐在其中。

"宠物控"提倡用人道的方式对待动物，让世界上不再有流浪的动物是他们的使命。理想派认为，犬类救援只是一个小目标，提高所有动物的生活质量才是他们的终极目的。与务实派相比，理想派倾注的感情更多，对动物救援的思考也更加深远。简而言之，理想派是一群参与社会运动的活动家，而务实派是一群兴趣相投的志愿者。

绝大多数的救援人员既不是纯粹理想主义的"宠物控"，也不是纯粹务实的"犬控"。实际上，每一位救援人员都有自己的看法和见解，务实派和理想派只是两种比较极端的情况。换言之，大多数救援人员都是坚定的"中间派"，他们将理想主义与实用主义结合起来，根据具体情况选择救援方式。尽管对人犬关系的基本认知决定了救援人员的行动方式，但"具体情况具体分析"才是特定犬类救援组织奉行的准则。因此，有许多具有奉献精神的救援人员领养甚至亲自培育获得美国养犬俱乐部纯种认证的流浪狗，也有许多救援人员像爱护自家的宠物狗一样善待领养的犬只。很多救援人员都理解"宠物控"对纯种犬养殖人员的不满，但他们本身并不轻视或者鄙视养殖人员，反而与他们保持良好的合作关系。正如前文所提到的，救援人员的救援理念各有不同，"宠物控"救援人员愿意把全部的生命投入到救援工作中，而"犬控"救援人员则选择适当投入时间和金钱，所以后者的积极性有限。了解犬类救援组织的原则和理念有助于我们理解该组织的行动方式和目的，更有助于我们理解救援组织挑选救援对象的原因，因为务实派的选择具有一定的倾向性，对患病或行为异常犬只的包容度较低。

管 理 模 式

虽有简化之嫌，但我们将常见的犬类救援组织管理模式分成两大类：一种是以救援组织的创始人为核心的管理模式，这种模式的特点是领导风格偏个性化。马克斯·韦伯将这种强调个人权威的管理模式定义为"魅力型权威"。另一种则是以多人董事会为核心的管理模式，马克斯·韦伯将之定义为"法理型权威"。

尽管情况并非总是如此，但拥有"魅力型"领导人的救援组织规模较小，而且领导人往往就是救援组织的创始人。所有决策——小到例行公事，大到规章制度——全部由领导人裁定或者至少获得领导人的批准和肯定。其他成员的工作就是在必要时为领导人提供帮助。如果救援组织设有董事会，那么董事会负责协助领导人做出决策，支持他（她）的决定和工作。

由董事会管理的救援组织则更加规范化,任何的政策、策略和行动方案都由集体制定。例如,"法理型"救援组织拥有透明化的任用机制,针对所有职位做出了明确的规定,包括领导层内的最低职务(通常是董事会成员)和最高职务(主席)。董事会成员经由组织内部选举产生,也可根据需要由董事会成员任命。虽然救援组织的制度各不相同,但在"法理型"管理模式下,任何决策必须经董事会全票通过才可以执行,但董事会成员拥有一定程度的监管权。这种全面的管理方式既讲求规则和程序,也讲求文化共识,后者尤为重要。可以肯定的是,在"法理型"救援组织中,决策权在董事会手中而不是在某一个人的手中。而在由个人管理的救援组织中,董事会成员没有监管权和决策权,所有的行动和策略都由最高领导者制定。

一切事物都是由具有创新精神的人创造出来的——比如汽车、计算机、宗教和政治运动,犬类救援组织也不例外。犬类救援的创立人构建了一种权威机制,这种机制充分体现了马克斯·韦伯定义的"个人魅力"。在信仰、激情和理想的指引下,一群意志力超群的理想主义者敏锐地发现了流浪动物引发的社会问题,继而拓展了一个全新的领域——犬类救援。我们有幸采访到了一些优秀的救援先驱,显然,他们身上都具有马克斯·韦伯所说的"超凡魅力"。依靠着毅力、远见、专注和勤奋,这些先驱让理想变成现实。正如"魅力型权威"所定义的一样,创始人代表着救援组织的全部,同时也管理着救援组织的全部。个人权威是在创立救援组织和投身救援工作的过程中树立起来的。犬类救援组织的创始人不仅负责制定政策和方案,还将这些政策和方案落实到每一个细节上。在为犬类动物寻找安家之所的道路上,每一段路程都有他们的身影:奔赴救援现场、问诊就医、日常护理、安排寄养。

在接受调研的犬类救援组织中,除了少数是从原有的犬类救援组织脱离出来的,多数组织都是由一位富有人格魅力的创始人建立的。

此外,只有少数救援组织的创始人是夫妻,绝大多数犬类救援组织的创始人都是女性。最典型的例子是已故的诺玛·古林斯卡斯——20世纪70年代,诺玛·古林斯卡斯在新罕布什尔州和缅因州开展杜宾犬救援行动。毫无疑问,她是救援领域的先驱之一。和大多数救援组织的成立过程相似,诺玛·古林斯卡斯凭借一人之力组建了由她领导的救援团队,一步一步带领着她的组织走上正轨。

> "领养人或者申请入会的人会给我打电话。我会给他们寄一份自制的申请表,他们填好后再寄回给我。我一定会仔细地研究他们的申请表,判断他们是否具备领养条件或者参与救援的能力。如果有人想要弃养杜宾,我会另寄一份表格给弃养人。然后,他们再把填好的表格、小狗以及狗的病例一起带给我。在我的印象中,我没有拒收过任何一条杜宾犬。但如果想从我这里领养,申请人必须填表。"[11]

显而易见,表格只是帮助诺玛·古林斯卡斯作出判断的工具。判断一个人是否具有同情心和包容心需要运用科学的评估方式。诺玛·古林斯卡斯告诉我们,她从未拒绝或放弃任何一条杜宾犬。在充满温情的救援行动中,那张冰冷的表格是唯一没有温度的存在。诺玛·古林斯卡斯的救援组织完全由她一手建立,但与大部分救援组织不同的是,她的救援组织由她一人建立,也由她一人终结。所以,她的救援组织始终停留在依靠领导者个人魅力的阶段,没有发展为大规模、规范化的救援组织。

"魅力型"领导人在取得卓越的成绩后,个人权威和地位便会受到挑战,这一点并不难发现。正如马克斯·韦伯和他同时代的罗伯特·米歇尔斯所言,一旦新兴的个性化的实体获得成功,自然而然会吸引追随者。这意味着,一旦救援组织发展到个人难以独立支撑的程度,无论领导者是否富有魅力、激情和奉献精神，救援组织都需要一个以规则为基础的运行机制，这与依赖个人魅力的运行机制完全是两种概念。马克斯·韦伯将这种不可避免的组织转型称为"魅力的惯例化"。一旦救援组织取得一些成绩并达到一定规模，董事会制度将取代个人权威，这是必然趋势，与领导人的能力和魅力无关。当然，这不代表在"法理型"的框架下，领导者的个人价值会被忽略，尤其像犬类救援这样的活动，依靠的是救援人员不求回报的主动付出和个人的情感投入，所以救援组织永远都需要富有激情和爱心的领导者。

与所有获得成功的机构一样，犬类救援组织也面临着个人权威被规则取代的发展趋势。当富有魅力的初代领导人退休、离开团队或将领导权移交给下一代救援成员手中时，救援组织就会面临转型的问题。相比于规模较小的救援组织，这种现象在规模庞大的救援组织中更为常见，因为在尚处发展期的小规模救援团体中，领导人一般不会离职。更换领导层对任何一家机构或组织来说都不是件容易事，犬类救援组织也不例外。我们甚至看到过权力结构变化导致组织内部发生分裂的案例。当然，内部分裂也可能是成员关系不和导致的。无论是哪一种情况，为了获得长足的发展，犬类救援组织必须经历由"个人权威"到"法理权威"的过渡，毕竟富有个人魅力的领袖不可能永远在任。

犬类救援组织的实际需要决定了管理的模式。规模较大的救援组织倾向于根据业务划分职能部门。比如，组织内部有专门负责接收、安置、筹款、行政管理和外联的部门，志愿者也会按需分入各部门中。如此一来，救援组织内部就有了清晰的架构，各部门各司其职。毕竟，大型的救援组织经常在不同地区开展复杂的救援行动，救援组织必须对执行不同任务的志愿者进行指导和监督。明尼苏达州的莱戈金毛寻回犬救援组织的创始人简·尼加德这样描述其组织的内部结构：

"大型的救援组织一般拥有数量庞大的志愿者基础,大家负责的工作各不相同。所以人人都需要接受培训和指导。每一位申请领养的人也要接受培训。没有人不需要他人的帮助和支持。所以我们会给领养人安排导师,也会安排志愿者管理和回复邮件。有人专门负责管理网站,有人负责揽收感谢信。"[12]

随着志愿者人数的增加,救援工作也变得更加复杂,这就要求志愿者具有处理复杂问题的能力。当然,救援人员总有办法完成多样且复杂的任务。原因有二:① 他们是真心热爱自己从事的工作,能在工作中找到乐趣并实现自我价值;② 许多志愿者拥有良好的教育背景,无论是技能还是学识都非常出色。安全港拉布拉多寻回犬救援组织的杰克·艾克尔德这样形容她的拉布拉多救援队:

"我是董事会的主席,同时也是工商管理学硕士。几年前,我从事的职业与非营利机构的管理工作有关,但现在我兼职做学校图书馆的管理员。我们的董事会中也有注册会计师和律师……是的,我们这里人才济济。我们还有一名市场经理和一名市场总监。其他的成员中也有退了休的人,比如保险公司的高管、小型公司的老板、环境科学家等等。所以,你明白我的意思吧,我们这里有许多优秀的人才。"[13]

与颇具规模的救援组织相比,小型救援组织的志愿者较少,组织架构比较模糊,一位志愿者可能同时负责成员招募和筹款活动。规模较小的救援组织没有划分职能部门的需求,松散的架构也可以支持救援组织的日常运转。然而,随着救援组织规模的扩大,职能分化就变得重要起来。大型救援组织中的志愿者比小型救援组织的志愿者更加专业。当然,无论救援组织的规模大小,所有参与犬类救援行动的工作人员都有相同的特点:对需要帮助的小狗怀有无限的同情心。

犬类救援组织的规模

犬类救援组织的规模有大有小。有单独行动的爱狗人士,也有拥有数百名志愿者、每年拯救数百条流浪狗的大型救援组织。加利福尼亚州埃尔弗塔市的金毛寻回犬救援与保护组织是美国最大的金毛寻回犬救援机构。以2009年的数据为例,该组织拥有200名志愿者,在一年内救助了854只金毛。与之相比可谓极端的例子是宾夕法尼亚州欧文市的金毛寻回犬救援组织,这是全美规模最小的金毛寻回犬救援组织。该组织由一个寄养家庭和四名董事会成员组成。同样以2009年的数据为例,该组织在一年内仅救助了13条金毛。规模上的差异让我们几乎难以找到两家金毛寻回犬救援组织的共同点,但除了一项:他们喜爱同一品种的小狗。

救援组织的规模影响着救援活动的方方面面,而且志愿者的数量对救援成果的影响巨大。其实,犬类救援组织在一年中救助的犬只数量基本取决于救援组织中的志愿者数量。纵观美国的犬类救援组织,2009年,全美只有3家拥有不到50名志愿者的金毛寻回犬救援组织,救助了200余只金毛。如果拥有足够多的志愿者,救援组织就可以分派志愿者负责救援行动之外的工作。明确的分工不仅可以提高救援组织的工作效率,还有助于开展更多元丰富的活动。对救援组织来说,除救援外最重要的两项活动就是筹款和维护外部关系,而组织的规模也在无形之中决定这两项活动是否能顺利开展。比如,大型救援组织就比小型救援组织更频繁地组织筹款活动。大规模的救援组织拥有丰富的资源,有条件举办大规模的集资活动。但是规模较小的救援组织,只能依靠提供洗澡服务或蛋糕义卖来筹集善款。大型救援组织有能力接收染病或行为异常的犬只,这一点是小型救援组织无法做到的。大型救援组织的资金储备比较充足,而且拥有较多的专业人才,有足够的人力物力和财力治疗患病的犬只。相比之下,小型救援组织就不具备这方面的优势,他们主要接收行动正常和身体正常的犬只,因为人们更愿意领养健康的犬只。简而言之,救援组织的规模对救援成果影响深远。

还有一个因素能够说明规模的重要性——可用资源。志愿者多的救援组织一定比志愿者少的组织拥有更多资源。大规模的救援组织中可能有来自各行各业的人才,比如律师、公关经理和会计师。他们的才干无疑能在救援行动中发挥作用。人数优势可以帮助救援组织提高知名度并增加救援组织与社会大众的互动机会,每当有一位新成员加入,救援组织的影响力便会成倍放大。因为当一个人加入了犬类救援组织,他(她)的亲友也会知晓,一传十、十传百。在这种"雪球效应"下,救援组织的知名度越来越高。这无疑为筹款活动提供了方便。

最后,犬类救援组织的规模能从侧面反映出集体(甚至是领导者)的目标和取向。在下面的介绍中,我们将救援组织的规模划分为大、中、小三类,分别分析各规模救援组织的行动特点。

1. 小型救援组织

志愿者数量少于 25 人的犬类救援组织可以视为小型救援组织。因为几乎所有的救援组织在成立初期的规模都比较小,所以我们在这里将小型救援组织分成两类:一类是根据成员的喜好或背景情况而有意保持小规模的救援组织;另一类是刚刚成立的救援组织。美国加利福尼亚州圣地亚哥金毛寻回犬俱乐部救援委员会就是典型的第一类组织。圣地亚哥金毛寻回犬俱乐部于 20 世纪 80 年代初成立了救援委员会。截至 2009 年,该委员会只有 4 名志愿者和 32 只金毛。虽然有充足的时间积累资源,也有足够的条件脱离俱乐部形成独立运营的救援组织,但该救援委员会没有转型成为 c3 组织。主席珍妮特·波林告诉我们,俱乐部解散的可能性都比委员会脱离俱乐部的可能性大。[14]圣地亚哥金毛寻回犬救援组织成立于 1980 年,至今已有 34 年的历史,但是他们未曾改变俱乐部的目标和运营方式,而且一直保留着这个规模较小的救援委员会。之所以这样做,是因为犬类救援并不是该俱乐部的主要工作。

　　一般的小型救援组织有一到两名领导者,也有一些小型救援组织组建了董事会。小型救援组织可能是唯一一类不需要免税政策也能运转的机构。当然,并非所有的小型救援组织都不需要免税政策,但不少组织,尤其是由单身人士或已婚夫妇组建的救援组织,认为与其把精力和资源放在申请免税福利上,不如投入到实际的救援活动中。来自弗吉尼亚州西南拉布拉多寻回犬救援组织的特里什·理查森也持有相同的观点。该组织的成员只包括特里什·理查森夫妇和 4 个寄养家庭。特里什·理查森告诉我们,其救援组织接收的犬只数量有限,根本没有申请 c3 组织的必要。而且与其花时间递交烦琐的申请文件,不如帮助更多的拉布拉多。[15]尽管非 c3 组织不能享受免税政策,但非 c3 组织的负责人表示,不值得为了这样微薄的福利大费周章地准备申请材料,尤其是他们有意将组织的规模控制在一定的范围内。免税政策对小型救援组织的吸引力不大,保险也不在他们的考虑范围之内。拒绝为集体购买保险的理由与不申请免税福利的理由大致相同:考虑到成本效益,如果投入的成本超过了预期收益,就没有申请的必要。尤其在投保的问题上,高昂的保险费用对于规模较小、预算有限的救援组织来说也是负担。购买保险意味着削减在援救行动上的支出。因为小型救援组织的救助量本来就十分有限,所以放弃保险和免税福利对组织的影响较小,多数小规模的救援组织也会做出相似的选择。

　　2. 中型犬类救援组织

　　中型犬类救援组织的志愿者数量一般在 26 人到 149 人之间。在三种规模的救援组织中,中型组织的志愿者数量变化最大。规模中等的救援团体虽比小型救援组织的规模大,但远不及大型的救援组织。目前,绝大多数的犬类救援组织都在中等规模的范畴中。有的组织采用了董事会制度,有的则依靠领导者的个人能力,当然,各有利弊。不同于小型救援组织,中型救援组织都是 c3 组织,而且一定会参保。而与大型救援组织不同的是,中型救援组织没有属于自己的救援设施,也不招募收取工资的全职员工。不少中型救援组织的管理层人员满足于维持现状,但也有一些中型救援组织努力朝大型救援组织的方向发展。

3. 大型犬类救援组织

洋基金毛寻回犬救援组织(以下简称"洋基救援")是典型的大型特定犬类救援组织。不同于独自发展起来的小型救援组织,洋基救援最先隶属于一家金毛寻回犬俱乐部,后来作为专门的救援机构独立出来。1985 年,该组织只有 3 名成员。到 2009 年,洋基救援已经拥有350 名志愿者和 135 只金毛寻回犬。[16] 大型犬类救援组织的规模最大,一般拥有 150 名以上的志愿者。另一个与洋基救援发展轨迹相似的是明尼苏达州莱戈金毛寻回犬救援组织(以下简称"莱戈救援")。1985 年,汉克·尼加德和简·尼加德创立了莱戈救援。2009 年,该组织拥有 280 名成员。一般,大型救援组织都会采用董事会制度,一些雄心勃勃的董事会成员甚至希望将大型组织发展为超大型救援组织。对于大型救援组织来说,要想维持组织正常运转,必须详细地划分职能部门,而如果只拥戴一位领导者,将难以实现放权。拥有专属的动物收容所和雇佣全职员工,是大型救援组织最突出的特点。只有最成功的犬类救援组织才能发展到这样的程度。从根本上来讲,大型救援组织就像一家小型的企业。自 20 世纪 80 年代至今,大型犬类救援组织经历了从无到有,同时也见证了人犬关系的巨变。

我们很难预测新兴救援组织的发展路线,因为领导层的变动往往会影响到组织的发展策略和政策,进而影响组织规模和救援行动。新兴的救援组织一定是小型的救援组织,但随着时间的推移,根据组织成员意愿的特点,规模可能扩大或缩小。

4. 三种规模的比较分析

通过比较三种不同规模的救援组织,我们可以发现各类型救援组织之间的行动差异。特别是,我们发现比较救援组织的寿命、志愿者的平均收入、接收犬只的数量和集资能力有助于我们正确认识救援组织的理念、政策和行动。

从各规模救援组织的成立时间可以看出时间和机会对救援组织的重要性。现在仍然活跃的小型金毛寻回犬救援组织一般成立于1997年左右。不过这个数字具有一定的误导性,因为一部分早期成立的小型救援组织经过多年的发展也没有扩大规模。比如圣地亚哥金毛寻回犬俱乐部的救援委员会、印第安纳州埃文斯维尔金毛寻回犬俱乐部[17]和密苏里州圣路易斯市德克基金会,[18]领导者有意将救援组织的规模控制在一定范围内。所以,除这三个组织外,小型救援组织的平均成立年份为2001年,也就是说,在所有规模的救援组织中,小型组织的出现时间较晚。中型救援组织的平均起始年份为1999年,比小型救援组织的成立年份(2001年)还要早,但却晚于普遍成立于1994年的大型救援组织。规模较大的救援组织比规模较小的救援组织存在的时间更久,这一点自不必说,毕竟大型组织有较长的时间积累必要的资源,逐渐扩大到目前的规模。这些数据告诉我们,三种规模的特定犬类救援组织均于20世纪90年代发展起来,换句话说,90年代是美国犬类救援事业的开端。

虽然我们可以根据志愿者的人数预测救援组织的接收量,但接收犬只的实际数量总是以惊人的速度增长。正因犬类救援组织可收容的犬只数量与其规模相关,所以可想而知,小型救援组织的接收量并不高。2009年,每个小型犬类救援组织平均接收73只犬只,根据他们的规模判断,平均每名志愿者接收 5 只犬只。而中型救援组织的平均接收量是 135 只,是小型救援组织的两倍,但中型救援组织中每名志愿者的接收量却下降了,由小型组织的平均每人 5 只下降到每人 2 只。这一规律同样适用于大型犬类救援组织。2009 年,大型犬类救援组织的平均接收量是 280 只犬只(略高于中型组织的平均救助量),平均每名志愿者接收 1 只犬只。换句话说,接收量,也就是救助量,可以衡量"志愿者的生产力",进而反映出救援组织整体的救援能力。规模越小的组织,志愿者的"生产力"越高;规模越大的组织,志愿者的"生产力"越低。

每名志愿者的平均接收数量越少,救援组织的救援能力就越低,这一般与志愿者的专业化程度有关。而志愿者的专业化程度又与犬类救援组织的规模和现代化程度有关。比较一下只有 10 名志愿者的救援组织和拥有 175 名志愿者的救援组织,我们就会知道,规模越大的犬类救援组织内部职能划分越复杂。

在由 10 人组成的小型犬类救援组织中,为了维持组织的正常运转,每个人的工作都异常繁重,要组建管理层十分困难。真实的情况更为复杂,一切接收、安置、管理和筹款的工作都由救援组织的领导者一人负责。所以,在小规模的救援组织中,除领导者外的所有志愿者都处于平级状态,既要照顾犬只,又要完成领导人安排的其他工作。换言之,在小型犬类救援组织中,犬只都要寄养在志愿者的家中,志愿者不仅要照顾狗狗,还要处理其他事务。不明确的分工和有限的人力资源决定了志愿者必须是"万能"的。毋庸赘述,正是志愿者们对救援事业的高度投入才能激发令人赞叹的"生产力"。所以,与大型救援组织相比,小型犬类救援组织更注重领导人的权威和个人魅力,这一点不足为奇。人数少、规模小——一般是救援人员有意选择的结果——与依赖个人权威之间存在着直接联系。

相比之下,拥有 175 名志愿者的犬类救援组织就不需要把犬只寄养在所有志愿者的家中。大型的犬类救援组织会安排志愿者从事除救援和寄养之外的辅助性工作,比如接收、安置、官网运营、筹款、管理书籍等。因此,大型犬类救援组织的救援量多于小型组织,但参与寄养的志愿者比例远低于后者。

规模决定了犬类救援组织的平均收入和筹款力度。规模与收入之间的关系和规模与志愿者专业度之间的关系类似。小型犬类救援组织的平均年收入为 47 571 美元,其筹款活动的主要特点是期限短、回报低,常见的方式有免费洗澡、福利彩票和点心义卖。一些小型救援组织甚至从不举办筹款活动,这并不代表他们拒绝捐献,而是因为他们没有时间或资金来组织筹款活动。准确来说,他们所有的时间和资金都投入到救援工作中。一般来说,志愿者人数在 5 名以下的犬类救援组织不会举办筹款活动。

中型犬类救援组织的平均年收入为 89 415 美元。与小型犬类救援组织相比,中型救援组织会投入更多精力策划和举办较为丰富多样的筹款活动。即便如此,活动大多只持续一天,活动内容包括"无声拍卖"、公益遛狗和品酒会等。

大型犬类救援组织的平均年收入为 334 667 美元,筹款方式也更加高级,比如资本运作、企业捐助(普瑞纳、优卡和派特斯玛特等),与"联合之路"这样的大型公益慈善机构建立合作伙伴关系等。策划和筹备大型的筹款活动通常会耗费大量的人力和物力,但回报也异常丰厚。大型救援组织内部的分工非常明确,会招募专门负责筹款活动的志愿者,这些志愿者不必参与寄养、运输或者管理网站这些与筹款无关的工作。洋基金毛寻回犬救援组织的前志愿者乔伊·维奥拉恰当地描述了小型、中型和大型犬类救援组织在筹款方面的差异:

"很多救援组织都是从一些简单的筹款活动开始做起,比如提供洗澡服务,拍卖会和福利彩票之类活动。收取会员费也是一种方法。大家不知道有哪些专业的筹款方式，只能不断地寻找捐赠人，多交流、多互动，想尽办法让捐赠人关注救援组织的各项动态。成员们还会写信给捐赠人，让他们在这里（救援组织）找到归属感。"[19]

志愿者利用所有的工作时间来组织筹款活动，意味着大型犬类救援组织比其他救援组织在筹款方面投入的时间更多。反过来，这也意味着大型组织的筹款活动会越来越高级，收入也越来越高，有利于救援事业的发展。

不过，并非所有救援组织的行动方式都由组织的规模来决定。小型的犬类救援组织德克基金会就是一个例外。2009 年，只有 25 名志愿者的德克基金会救助了 200 只金毛寻回犬，几乎是一般小型犬类救援组织平均水平的三倍。这个特别的救援组织成立于 1980 年，比大多数犬类救援组织成立的时间还要早。最特别的是，这家小规模的救援组织租用了收容场地，且仅限内部使用。德克基金会是一个有趣的"混合体"：虽然志愿者的人数一直保持在小型救援组织的范围内，但德克基金会在许多方面都不输于大型的犬类救援组织，尤其在救助量上，德克基金会独树一帜。

这家独特的金毛寻回犬救援组织位于美国密苏里州圣路易斯市。除德克基金会外，圣路易斯市还有 2 家金毛寻回犬救援组织。3 家同类型的救援组织互不干涉，互不影响。而美国的大部分地区都只有 1 家特定犬类救援组织（得克萨斯州也属例外，后文会详细介绍），圣路易斯市却有 3 家，志愿者有更多选择的空间。所以，有利的外界条件允许德克基金会在保持原有规模的同时，接受资助者的长期捐助。德克基金会在不扩大规模的基础上，获得了大型救援组织才可能拥有的经验和效率。既有小型组织的个性化氛围，又配有大型组织的资源和设施——德克基金会能够获得巨大的经济优势，在很大程度上都是创始人之一鲍勃·蒂雷的功劳。

结　　论

　　特定犬类救援组织是在一定的地理范围内救援和帮助某一品种犬类动物的公益慈善机构。特定犬类救援组织的救助流程包括接收犬只、检查身体健康和寻找领养家庭。除救援任务外,特定犬类救援组织还要处理行政事务,而其中最重要的工作是筹集善款,和与其他能够提供帮助的机构维护良好的合作关系。特定犬类救援组织的规模(无论小型、中型还是大型)决定了救援组织的工作方式和政策。明确的内部分工和庞大的志愿者群体可以为救援组织创造更多的机会和资源。因此,规模是决定特定犬类救援组织运作模式的关键因素。第二章将以密歇根州为例,详细介绍完整的救援流程以及救援人员的相关信息。最重要的是,第二章将着重分析犬类救援组织普遍具有的特点:参与救援工作的女性远远多于男性。准确来说,女性是犬类救援事业的中流砥柱。

注释

[1]　美国联邦税务局,"免税要求——501(c)(3)免税机构"http://www.irs.gov/Charities-&-Non-Profits/Charitable-Organizations/Exemption-Requirements-Section-501(c)(3)-Organizations(2014年4月23日).原文中此处为重点。

[2]　卡罗尔·艾伦,于2009年7月7日接受安德烈·马克维茨的电话采访。

[3]　美国禁止虐待动物协会,"宠物数据"2013年修订版http://www.aspca.org/about-us/faq/pet-statistics(2013年6月2日)。

[4]　罗宾·亚当斯,于2009年7月7日接受安德烈·马克维茨的电话采访。

[5]　莫林·迪斯特勒,于2010年7月28日接受凯瑟琳·克罗斯比的电话采访。

[6]　菲尔·费舍尔,于2009年7月30日接受安德烈·马克维茨的电话采访。

[7]　芭芭拉·埃尔克,于2010年8月19日接受安德烈·马克维茨的电话采访。

［ 8 ］　"富有同理心的保守派"是在"同情话语"发展过程中经常被引用的表达,这种说法比较委婉。

［ 9 ］　珍妮特·波林,于 2009 年 6 月 22 日接受安德烈·马克维茨的电话采访。

［10］　有一点值得我们注意:尽管许多"宠物控"在刚开始养宠物时会选择从幼犬饲养者那里购买小狗当作宠物,但此后,很多人会选择从动物收容所或者犬类救援组织领养小狗,而且也只会领养获得救助的流浪狗。

［11］　诺玛·古林斯卡斯,于 2009 年 8 月 17 日接受安德烈·马克维茨的电话采访。

［12］　简·尼加德,于 2009 年 8 月 6 日接受安德烈·马克维茨的电话采访。

［13］　杰克·艾克尔德,于 2010 年 7 月 29 日接受凯瑟琳·克罗斯比的电话采访。

［14］　珍妮特·波林,于 2009 年 6 月 22 日接受安德烈·马克维茨的电话采访。

［15］　特里什·理查森,于 2010 年 8 月 9 日接受凯瑟琳·克罗斯比的电话采访。

［16］　本书中有关金毛寻回犬救援组织的大部分信息均来源于"美国金毛寻回犬"俱乐部,因为该组织每年都会统计并公开大部分金毛寻回犬救援组织的接收量、医疗费用和志愿者情况。但其他犬种的救援组织很少公开内部资料。

［17］　印第安纳州埃文斯维尔金毛寻回犬俱乐部简称为 FLASH,或"爱与安全之家"。

［18］　后文将对德克基金会展开详细介绍。

［19］　乔伊·维奥拉,于 2009 年 7 月 16 日接受安德烈·马克维茨的电话采访。

第二章

女性——犬类救援组织的中流砥柱

美国密歇根州犬类救援组织研究与
其他地区救援人员采访实录[1]

相比于男性,女性更加敏感且富有同情心。此外,女性可能比男性有更多的自由时间。女性是出色的领导者,她们永远知道下一步该做什么。最重要的是,她们工作认真,说到做到,从不夸大其词。

——诺玛·古林斯卡斯,

新罕布什尔州　杜宾犬救援组织已故创始人

毫无疑问,女性在犬类救援组织中占主导地位。附录 B 中收录了 60 名受访者的资料,他们都是长期从事犬类救援工作的志愿者,而且绝大部分是女性。我们并不认为这份名单能够全面地反映出 20 世纪 80 年代和 90 年代美国犬类救援工作者的性别构成,但我们有理由相信,女性在犬类救援领域中占比偏高是不争的事实。可以说,犬类救援组织的特征之一就是女性参与者众多。在美国,向动物施以援手的人群中,女性总是占多数。犬类救援也不例外。

我们的调查数据证实了女性是犬类救援的中坚力量。2005 年,在全美 95 个官方注册的金毛寻回犬救援组织中,只有 5 个组织的负责人是男性,9 个组织的负责人是一男一女,且大多数是已婚夫妇。同年在美国注册的 60 多个金毛寻回犬俱乐部中,只有 2 个俱乐部的负责人是男性。女多男少的现象不仅存在于管理层中。成立于 1985 年的洋基救援是美国历史最悠久的犬类救援组织之一,该组织拥有 22 位女性成员,她们担任的职务包括主管、董事会成员和专员。而在该组织的管理层中,有且只有 1 名男性。在密歇根州,几乎所有的犬类救援组织都由女性管理。不过,成立于 2000 年的密歇根金毛寻回犬救援组织是一个例外。2011 年,该组织迎来了第一位男性管理者。我们一共采访了 37 位来自不同犬类救援组织的工作人员,感谢他们提供了宝贵的信息,让我们的性别研究更加全面。详情参见附录 B。

犬类救援事业中女多男少的现象反映出了人犬关系的基本特征。早在 19 世纪,女性就开始呼吁人类应该善待动物。[2]20 世纪 70 年代初,在与动物相关的行业中,女性工作者的比例开始增加。到了 80 和 90 年代,女性工作者的数量大幅上涨。1970 年,在所有描述犬类社会地位的书籍和犬类动物训练指南中,有 30% 是由女性撰写的。到了 2005 年,这一数字已经飙升至 85%(要知道,与犬类相关的书籍已经从 1970 年的 50 本增加至 2007 年的 287 本)。根据美国兽医协会 2007 年发布的《美国宠物所有权和人口统计资料》(United States Pet Ownership & Demographics Sourcebook),全美有 74.2% 的家庭拥有至少一只宠物狗,而照顾宠物的工作主要由家中的女性负责。[3]

在过去的四十年中,越来越多的女性成为职业兽医。1972 年,美国兽医学院毕业生中女性占 9.4%。到 2002 年,这个数字已经增长到了 71.5%。[4]安妮·林肯还发现,在动物医学领域中,主攻小型动物医学研究的女性人数较多,而小型动物医学是近年来发展最快的动物医学分支。[5]

安妮·林肯的调查结果显示,在医学专业中,与其他女性占主导地位的学科相比,选择动物医学的学生性别构成正在发生改变。安妮·林肯搜集并比较了 6 所医学院一年级新生的入学情况。1999 年，在选择动物医学专业的学生中，女性占 71.5%；在眼科方向的医学生中，女性占 55%；在骨科方向的学生中，女性占 42.2%。由此可见，相比于骨科和眼科，动物医学是最先受到女性青睐的医学方向：1990 年，有 10.1% 的新生选择了动物医学方向，而选择眼科和骨科的女学生分别占比 3.7% 和 2.7%。[6]优秀的慈善筹款人乔伊·维奥拉表达了她对这个问题的看法："我认为无论是救援组织，还是其他非营利性的慈善机构，女性往往占大多数……女性比男性更有社会责任感，也更关心小动物……女性的时间比较充裕，她们也更愿意奉献爱心。"[7]

密歇根州特定犬类救援组织的调查数据

我们采用了"线上问卷"与"线下访谈"相结合的方式，收集了密歇根州特定犬类救援人员的详细信息。调查过程中，我们使用了密歇根大学开发的"专用调查软件在线管理工具"。同时，我们还通过"发现宠物之家网"（petfinder.com）（专为有意领养流浪动物或有意帮助寻找领养家庭的人设计的"一站式购物"网站）找到了一些犬类救援组织。密歇根州一共有 411 家动物救援组织，其中服务于犬类动物的救援组织占 53%（共有 217 家）。在这 217 家犬类救援组织中，我们又做了进一步的筛选，排除了在 2007 年 5 月 15 日前没有接收过犬只的组织、无法获取电子邮箱地址的组织，以及现有犬只数量少于 10 只的救援组织。5 月 25 日，我们将调查问卷通过电子邮件的方式发送给通过筛选的 105 家犬类救援组织。6 月 22 日，线上调查正式结束。我们共发放了 320 份问卷，37 人未完成问卷，收回 283 份，其中 28 人只回答了 80% 的问题。所以，一共去掉 65 份无效问卷，我们最终获得 255 份有效问卷。这 255 位调查对象与 79 家犬类救援组织有过合作关系,我们通过电邮联络到了其中的 64 家。所以,按照至少 1 人曾与收到电邮的救援组织有过合作关系的逻辑推算,我们此次调查的回复率高达 61%。在受访者所属的救援组织中,有 14% 没有收到我们的邮件。有 11 位调查对象表示,他们并不属于任何一家救援组织,所以,这 11 名调查对象是通过其他途径收到的问卷。

调查结束后,我们进入了访谈阶段。在 283 名调查对象中,有 211 人表示愿意接受采访。在这 211 位中,我们选择了所有自称曾担任过救援组织主席或副主席的人,共计 24 人。随后,我们又随机选择了 36 位调查对象。7 月初,也就是线上问卷结束的两周后,我们联系了这 60 名采访对象,询问他们是否愿意接受采访。44 人给出了肯定的回答。我们并未联系没有回复邮件的人。另有 3 人主动表示想要接受采访,所以我们也邀请了这 3 位。我们安排了 3 位采访者(或分开采访,或共同采访)与 47 位救援人员进行谈话。而在这 47 人中,9 人没有回复我们发出的采访邀请,另有 1 人未如期出席。最后,我们共采访到了 37 位救援人员,占调查对象(283 人)的 13%。在分析采访资料时,我们采用了传统的篇章分析法。

调查问卷包括 93 个问题,为我们提供了两种分类数据。在处理这两类数据的过程中,我们分别使用了"卡方检验法"和给予方差分析的"李克特量表(7 级)"。我们将涉及家庭收入和房屋位置的问题单独摘取出来,构建了一个单独的类别索引。接着,我们利用索引建立了线性回归模型。调查问卷由三部分组成。第一部分主要与人口统计学和个人信仰相关。第二部分主要与受访者的养狗经历有关。第三部分主要与犬类救援和受访者所在的救援组织有关。

为研究救援组织中的性别构成,我们主要研究了两组调查数据。首先,我们根据受访者的性别,分别找出男性和女性回复的邮件内容,以研究他们处理问题的方式。其次,我们根据收入水平、政治倾向和其他因素着重分析了女性的回复邮件,并以此作为自变量。最后,我

们对上述两组数据进行评论和总结,分析出女性在犬类救援组织中所
扮演的角色。

自变量:性别

有235名受访者认为自己属于女性,20名认为自己属于男性。这
一结果本身就证明了我们最初的假设,印证了参考文献所提供的观
点,符合我们在实际调查中获得的结论,即女性以压倒性的数量承担
了绝大部分的救援工作。玛丽·简·谢尔瓦是金毛寻回犬救援事业
的先驱之一,根据过去的工作经验,她表示女性的确是犬类救援事业
的中流砥柱,"救援人员不全是女性,但也差不多了。无论从哪一个方
面看,你都会发现女性比男性多得多"。[8]虽然,男性仅占样本数据的
一小部分,但是我们仍有必要对他们进行分析,0.05表示"明显(特
征)",0.05到0.09表示"有趋势"。

在"李克特7级量表"中,男性的整体健康水平和活动水平高于女
性。男性和女性受访者在人口统计学上表现出来的唯一差异体现在
政治倾向上(卡方分布=26.308, $df=1$, $p<0.000$),与统计模型预测的
结果相比,没有政治倾向或支持民主党的男性较少,中立派、亲共和党
(在经济政策上支持共和党)和支持共和党的男性较多。女性受访者
的分析结果基本符合统计模型的预测结果,但没有政治倾向的女性数
量比统计模型预测得还要多。

与男性相比,认为动物享有与人类相同的基本权利的女性更多。
此外,与配偶和亲朋相比,女性更愿意陪伴宠物。而且,大多数女性认
为,她们的朋友们陪伴爱犬的时间与自己(受访者)陪伴爱犬的时间一
样多。这表明,相对于男性,女性受访者认为自己陪伴宠物狗的时间
更多,也更愿意将时间花在狗的身上。

尽管从统计学角度出发,我们并没有发现男性和女性从救援工作

中获得的回报有任何差异,但我们发现在评估参与犬类救援的成本时,男性与女性之间存在明显的差异(且在统计学上具有意义)。女性普遍认为,她们付出的代价高于男性。认同"我没有足够的时间做我想做的其他事情"这一观点的女性受访者居多。此外,女性普遍认为救援工作影响了她们完成有偿工作的能力,而且为了救援工作,她们在电脑上花费的时间太多了。最能体现出性别差异的是男女受访者关于"女性热衷于犬类救援的原因"的回答,比如,男性认为原因在于女性的自由时间多且社会责任少;而女性认为原因在于她们比男性更有爱心、更加体贴、更关心动物、更愿意积极地解决问题。

通过一系列的对比和分析,我们得出了这样的结论(至少从调查结果看):女性对犬类救援事业中性别差异的认知更加深刻。在男性看来,之所以有大量的女性能够投身于犬类救援,是因为她们时间多、责任轻。换言之,男性给出的理由比较客观和浅显。但是对于女性来说,女多男少的主要原因在于女性更关注动物在人类世界的处境,他们在乎动物的感受,她们愿意为帮助动物迎接更多的挑战。这些与传统社会观念下女性的形象相吻合(详情参阅附录 A 中的表格)。

我们的访谈结果与调查结果高度一致。在回答为何女性在救援行动中表现得如此出色时,女性受访者常常给出的回答是:女性心思细腻、敏感,具有母性,富有爱心。其他答案还包括:女性能够一心多用,女性在社会中的角色是"付出者"等等。有些受访者认为,女性比男性更愿意从事志愿者工作。如果这一观点成立,如果救援活动是女性参与社会活动的重要渠道,如果犬类救援有助于巩固民主开放的政治制度和形成包容共享的社会文化,那么在过去的二三十年中,犬类救援组织对社会的贡献就不仅限于拯救流浪狗了。

一些受访者还表达了他们对性别构成的看法。有人认为,女性会引发救援组织的"内斗"和"派别纷争",如果有更多的男性参与进来,那么情况会有所改善，救援工作也会更有成效。也有人表示，男性因不喜欢钩心斗角，所以没有加入犬类救援组织。还有人认为，组织内部的纷争——主要——由女性引起，而在男性居多的组织里，发生内部纠纷的可能性较低。虽然，参与犬类救援工作的男性——通常会受到赞赏——这与传统观念中男性的形象有关：就像健身、驾驶汽车、从事 IT 行业一样，犬类救援可以展现"男子气概"。只有一位受访者直截了当地表示，犬类救援组织中的男性成员根本帮不上忙。

在谈及犬类救援组织中男性数量偏少的原因时，受访者给出最多的回答是这与"男子气概"有关。狗是"可爱"的代名词，男性不想和"可爱"扯上关系，所以参与犬类救援的积极性并不高。说起男人和狗，人们一般会想到狩猎、警犬和其他"男性化"的画面。显然，没人会联想到犬类救援。还有一个经常被提及的观点是，救援组织中缺乏竞争。如果组织内部有更多的竞争或是比赛，或者没有"婆婆妈妈"的钩心斗角，那么可能会有更多的男性参与其中。有的人认为，男性是因为"有更重要的事"才没有加入救援组织。还有受访者提到钱的问题。他们认为，男性比女性更功利，更关心经济上的报酬。要增加犬类救援对男性的吸引力，必须得让这件事看起来"酷一点"，更具有挑战性，或者让救援组织给救援人员发放酬劳。

在谈及如何提高男性的参与度时，不少受访者给出了有趣的观点。比如，贝利尔·保德认为：

"我们会召开战略筹备会议，讨论男女比例的问题。我们尝试着为董事会招募新成员，或者聘请专业的男主管。我时常调侃'卡特里娜飓风'的灾后救援……我在救援组织里看到的男性不是站在镜头前的大人物，就是过来支持妻子的丈夫……在救援行动中，可没有'权力的较量'，但是男性似乎对权力更感兴趣。而在一个女性居多的群体里，权力的分配相对均衡。在犬类救援组织中,女性虽然拥有权力,但不是为了炫耀……太可惜了,其实男性比女性更适合从事救援工作。男性比较强壮,只可惜他们积极性并不高,总是需要女性来提醒他们。在我们的组织中,男性更愿意处理一些后勤工作。"[9]

我们也向为数不多的男性受访者征求了他们对这一问题的看法。吉恩·菲茨帕特里克提到了许多我们在前文中分析过的答案,比如女性富有爱心、女性生来具有母性,以及男性因为忙于工作而无暇参加救助行动。"我认为,女性的时间更充足。在我所在的救援组织中,不少志愿者都是家庭主妇,她们把大把的时间都投在救援事业上了。我只是觉得,女性可能具有某种'基因'。这么说吧,比起忙于工作的男性,女性的精力更加充沛。我的工作时间很灵活,所以我可以腾出时间来做点其他的事,比如犬类救援之类的。"[10]接着,吉恩·菲茨帕特里克又谈到了另一点,他在不知不觉中反驳了自己的"基因"理论。他说:"实际上,我认为最重要的原因在于女性的社会地位有所提高,这与基因没有太大关系。当然了,这只是我个人的看法。"[11]

受访者中的已婚人士和有稳定恋爱关系的人认为,虽然男性的参与度不高,但他们非常支持自己的妻子或伴侣参与救援工作,尽管他们偶尔也会抱怨这件事太耗费时间了。来自洋基救援的安妮·卡斯勒是一名经验丰富的救援志愿者,她向我们详细地介绍了领养过程中的面试流程:

"我们有领养申请人的姓名和电话号码,通常申请人给出的理由是'家里两岁大的小姑娘想要一条狗狗'之类的(因为并不是家中的每一位成员都想养狗)。我会给他们打电话,给他们寄一张表格,上面写着一大堆问题。比如'家中

有用栅栏围起来的院子吗'，'每天不在家的时间有多久'，
'你允许狗狗住在室内吗'……表格中有许多类似的问题。
等我收到他们填写好的表格，就会上门家访。所有的家庭成
员（包括孩子）都必须在场。我会查看整栋房子，还有院子。
我很希望看到他们家中有狗狗或者其他宠物。我还要了解
他们是否知道如何照顾小狗，包括顺毛、遛狗、看病、选狗粮、
给予狗狗关注等等。一旦发现问题，比如栅栏坏了，我会告
诉他们尽快修好。等问题解决了，我还会回去检查……后
来，我专门负责领养工作，我想说我热爱这份工作，这几乎占
据了我全部的生活。你看，一周工作四十、五十甚至六十个
小时，没有休息日。你没有时间做其他的事了。"[12]

当被问到如何形容救援工作时，许多受访者的回答几乎与安妮·
卡勒斯的答案如出一辙——耗时、费力、异常辛苦。来自拉布拉多犬
救援组织的朱莉·琼斯告诉我们：

"一般，我会到领养人的家中查看一下，仔细检查一下栅
栏之类的。我必须确保领养人做好了养狗的准备，必须了解
他们想要领养什么样的拉布拉多，比如是幼犬还是成犬。我
们会从各个方面了解领养家庭，比如他们愿意为狗狗付出多
少？他们是否有足够的精力照顾狗狗？他们是否能忍受宠
物的某些习性？他们是否愿意与专业人士合作？简单来说，
我们要确保他们能负起责任。"[13]

可以看出，为了给流浪狗找到一个舒适安全的港湾，救援人员倾
注了大量的时间和心血。
这些救援人员甘愿付出且不求回报，他们唯一的心愿就是尽可能

帮助那些无助弱小的生命。来自洋基救援的琼·普格利亚表示："在社会福利局工作的一位女士向我抱怨过'我领养三个孩子都没有领养一条狗麻烦'。"[14]只有当我们真正理解了救援人员的心情，才能体会个中原委。

受访者指出，积极参与救援行动的男性都是非常尽职尽责的"寄养家长"。他们也被描述为具有"女性化"一面的男性。密歇根州救援组织中唯一的一位男性受访者认为，导致犬类救援组织中女多男少的原因是女性具有更高的职业道德。与大多数受访者的观点相反，这位男性受访者认为，男性实际上比女性更加敏感，他们无法接受获救的小狗总有一天会离开自己的事实。他还告诉我们，男性宁愿永远收养这些小狗，也不愿意将他们交到领养人的手中，他们比女性更看重人狗之间情谊。普里西拉·斯卡雷表示，她曾见过男性用可爱的"儿语"和狗狗对话，就像女性一样。她认为男性可以像女性一样热情、温柔地对待狗狗，虽然她同时承认"女人比男人更适合照顾动物……我要是再说下去可能会冒犯这位男士（指安德烈·马克维茨）"。[15]乔娜·麦可基是我们的采访对象之一，她和丈夫多年来一直在加拿大的一家金毛寻回犬救援组织工作。在谈到男女比例的问题时，她表示：

"我认识一些收养金毛寻回犬的男性朋友，他们都是非常温柔的人，当然了，包括坐在我身边的这个男人（指她的丈夫，罗伯特）。我们参加过许多展会和活动。我们会在现场搭建展台，在台子上展示我们带过去的3条金毛。其实有很多男性主动和我们交流，看得出来他们是真的关心这些动物。这些男士对待狗狗非常温柔，不少人都表示愿意收养它们，并且承诺给它们一个温暖的家。至于女多男少的主要原因，在我看来，这还是与管理层中男性偏少的情况有关，至少我是这样认为的。"[16]

犬类救援组织中有很多人都和乔娜·麦可基持有相同的看法。

女性比例偏高的原因：其他自变量

除了对比男性和女性给出的答案之外，我们还研究了各种各样的自变量，其中包括受教育程度、婚姻状况、政治倾向、信仰、收入水平和职业类型。为了全面地研究救援组织内部的性别构成，我们分别分析并比较了各自变量对性别构成的影响。我们发现，各自变量之间基本不会互相影响。在此基础上，我们分析出了几个关键的影响因素。

首先，我们将"年龄"作为自变量，将女性受访者分成3个年龄组，分别是26岁至35岁、36岁至45岁和46岁至55岁。我们发现至少有90%的受访者在救援组织内负责领导工作。结果显示，处于黄金工作年龄的女性在犬类救援组织中扮演着（或者说在他人看来）十分重要的角色。相较于其他年龄组，36岁到45岁这一年龄组的受访者更可能认可这种说法，即女性领导者居多是因为"女性希望通过做慈善来实现自己的个人价值""女性具有解决问题的能力"，以及"犬类救援工作能够给予她们情感和社会支持"。

如果将"社会地位"看作一个独立的变量，我们会发现两个规律。第一，受访者的社会地位越高，她越有可能同意以下的观点：与其他志愿工作相比，犬类救援的价值会被低估；女性比男性更适合从事救援工作。在建立收入模型的过程中，我们也发现了相似的结果，收入高的受访者更可能认同"救援工作的价值会被低估"的观点。第二，收入水平高的受访者更可能持有"女性能够参与犬类救援工作是因为她们承担的社会责任较少"这样的观点。

如果将"教育水平"看作一个自变量，我们发现那些上过大学，或者说拥有大专、本科、硕士和博士学位的受访者都认为，女性积极参与救援工作的原因是她们能从中获得情感和社会支持。而在较小的程度上，教育水平也是衡量女性救援人员是否比男性救援人员更加出色的参考因素。

如果将"婚姻状况"看作一个独立的变量，我们发现只有一位受访者的回答具有统计学意义，那就是女性富有同理心且擅长照顾他人。与其他受访者相比，目前已婚且从未离过婚的受访者不是特别赞同这种说法。

有趣的是，虽然在研究驯犬方式（食物刺激法）和护理方式时，"宗教背景"都是一个重要的变量，但在女多男少的问题上，宗教并不能作为单独变量。因为除去一名佛教徒和三名新异教徒之外，几乎所有的受访者都选择了 6 分以上的答案，其中 6 名犹太人选择了 7 分段。所以，如果将"宗教背景"看作一个自变量，我们并不能得到任何有效的结果。

但是，如果将"政治倾向"看作单独的变量，情况就不一样了。在所有的受访者中，无论他们的政治倾向是什么——无党派人士、民主党人、共和党人、"绿党"人士、自由意志主义者或其他——都强调女性比男性更加善解人意且富有涵养。不过，自由意志主义者和无党派人士给出的平均分（根据后来的测试结果）普遍低于其他人。还有一点有趣的发现，在给"女性参与救援工作是为了实现自我价值"评分时，自由意志主义者给出的平均分较高。

犬类救援组织中的性别构成还受到其他因素的影响：参与救援工作的时间长短、养狗的时间长短以及是否在救援组织中担任过领导职位。在讨论女性是否比男性更适合从事救援工作时，担任过领导者或长期从事犬类救援工作的人认为，女性救援人员往往比男性救援人员表现得更加出色。但同时，他们不认为这与女性的学历背景或性格有任何关系。

总　结

虽然有简化之嫌,但我们还是尽量全面地分析了当代美国特定犬类救援组织内部的性别构成。如果将救援人员普遍具有的特征统统放在一名女性身上,那么她应该是这样的人:年龄在 36 岁到 65 岁之间,已婚,从未离过婚,子女尚未成年[17],拥有学士学位,支持民主党,关心政治,典型的新教徒,对宗教的关心程度一般,不太挑食,在 7 分制的身体素质自评表和体能自评表中选择了 4 分段。

在郊区拥有房产,一般是独立的单户家庭住宅,有两三间卧室,两个浴室和一个餐厅。院子用栅栏围起来,占地面积不过半英亩。全家的总收入在 70 000 美元到 100 000 美元之间。拥有全职工作,平均每星期有 41 到 50 个小时不在家。每周花 1~3 个小时阅读有关犬类动物的书籍,但不会订阅任何出版刊物。

她是轻度"犬控",重度"宠物控",[18]认为世界上不存在不讨人喜欢的狗,只存在不讨人喜欢的狗主人。比起人,更喜欢和狗相处,认为其他人无法理解她与狗之间的深厚情谊。在她看来,动物和人类享有同样的权利。有时,她会选择和狗待在一起,而不是陪伴配偶或者密友。养狗不会影响她交友,她有不少朋友也是爱狗人士,而且这些朋友在狗身上花费的时间并不比她少,其中大多数(60%到 80%)都是女性。

她的家里会养两只狗,没有其他宠物。她坚决不会把狗丢在室外过夜。她允许狗狗和她睡同一张床。每天家中有 1~4 个小时无人看管,但晚上一定会有人回来。如果要旅行,她会把狗寄养在朋友家中。她会买最高级的狗粮,每天定时遛狗,家里还有用栅栏围起来的院子,让它们尽情玩耍。她并没有多少宠物护理知识,养狗的方式比较传统。她认为"过来"和"等待"是最重要的两个指令,为了保障它们的安全,她会不断进行强化训练。

她参与犬类救援行动的时间并不短(1~4年),还从组织中领养了1只狗。自那以后,她参与救援工作的积极性更高了,每个星期都要花2个小时左右的时间参与救援工作。在她看来,参与救援工作给她带来了无限乐趣:在组织中交到志同道合的朋友;通过电话或邮件增加与外界交流的机会;解决一个又一个棘手的问题;在救援工作中实现自我价值;体会到被人需要的感觉;接触新的思想;纾解压力与忧愁。她一直呼吁社会大众善待动物,热衷于帮助人们找到最合适的小狗。而最令她感到遗憾的是——也是唯一的遗憾——她意识到她无法帮助所有需要帮助的小狗。

她所在的救援组织不会雇佣任何带薪员工,但志愿者的人数在30人以上。她不是管理者,也从未担任过类似的职务,不过组织的管理层中90%以上都是女性。自她参与救援工作以来,她便将犬只带回家中寄养,在这期间内(1~4年),她共照看过12条狗。但是在接受我们的访问期间,她暂时没有接到寄养任务。拼尽全力救助每一条小狗是她的信条。

在她看来,女性富有同理心,喜爱小动物,面对问题不逃避,且能从救援工作中获得情感支持和社会支持,所以犬类救援组织中才会出现女多男少的现象。但她不认为,女性比男性更适合救援工作,她也不认为男性对宠物的关心少于女性。

最重要的是,她绝对不是活动家,至少不是为动物争取权利的社会活动家,也更谈不上动物解放了。她并不认为救援工作与这些有任何关系。正如杰西卡·格林鲍姆在研究犬类救援组织时发现的一样,大多数救援人员都鄙视参与动物权利运动或动物解放运动的人士,前者认为后者太过粗暴、"直接"、政治化、情绪化。[19]而救援人员更喜欢在幕后工作,尽量避免公开露面或任何形式的极端主义。因为他们认为那对救援工作毫无帮助,只有哲学家和学者才会对形而上的思想辩论感兴趣。我们在研究过程中发现,大多数女性都比较满意自己当前的生活状态,没有改变全球政治、社会和文化的野心,因为自幼喜欢小狗,所以更专注于犬类救援事业。这一点与杰西卡·格林鲍姆的研究结果相同。

从调查结果来看,特定犬类救援组织中女性占大多数,而且救援工作的方方面面都离不开女性的身影。无论是管理层领导还是基层志愿者,富有精力、热情和责任感的她们不计回报地贡献自己的所能。我们的研究还显示,这些女性救援人员并不是与社会格格不入的"另类",也不是借此打发无聊时间的"孤独患者"。相反,她们是"正常"的公民,只不过她们碰巧喜欢狗,并且为了保护这些可爱的动物而主动承担了额外的责任,但她们绝不会把救援工作当成负担。我们的研究结果还表明,大多数受访者认为犬类救援是一种创造和积攒社会资本的方式。显然,这里的"社会资本"更多指的是"社会参与感"——通过承担社会责任来参与社会活动。如果人类对待动物(尤其是狗)的方式与人类对待同类的方式有明显的相似性——正如许多科学研究所证实的那样——那么可以说,我们在这些女性救援人员身上看到了人性的光辉和文明的力量。[20]

通过调查,我们还发现绝大多数受访者都清楚地意识到女性是犬类救援的主要力量,而最有趣的是,男性受访者和女性受访者给出了完全不同的解释。前者认为女多男少的原因是女性的时间充足且工作负担小,而后者则强调女性更有同理心且具有母性。与感情相对冷漠的男性相比,女性更适合照顾小狗。虽然本章中的数据均采集于密歇根州,但我们有理由相信,调查结果具有普适性。此外,美国宠物用品制造商协会的"2005~2006年全国宠物主人调查"(与犬类救援无关)显示,美国的养狗人士与本书的研究对象有许多的相似之处。

为了更好地了解犬类救援行动出现的社会背景,我们将在下一章介绍1960年到2009年间美国纯种犬的注册数量和分布情况,并找出最受人类欢迎的犬种,因为犬类动物的受欢迎程度对相关救援组织的影响十分深远。

注释

[1]　本章节取材于安德烈·马克维茨与罗宾·奎恩发表在 2009 年第 4 期《社会与动物》上的"女性与犬类救援:以密歇根州为例",页码:325－342。

[2]　艾米丽·葛达尔,"好与坏:动物权利运动对女性的影响",《社会与动物》第 1 期(2008 年),页码:1－22。

[3]　《美国宠物所有权和人口统计资料》,绍姆堡(伊利诺伊州):美国兽医协会 2007 版。

[4]　科学家和技术人员专业协会 http://www.cpst.org(2008 年 7 月 1 日)。

[5]　安妮·林肯,《成为专业女性:美国兽医学,1976—1999》,此书收录了 2004 年华盛顿州立大学普尔曼分校未经发表的博士论文。

[6]　本·高斯,"立志成为兽医的女性"《高等教育纪事报》,1998 年 4 月 24 日。

[7]　乔伊·维奥拉,于 2009 年 7 月 16 日接受安德烈·马克维茨的电话采访。

[8]　玛丽·简·谢尔瓦,于 2009 年 8 月 17 日接受安德烈·马克维茨的电话采访。

[9]　贝利尔·保德,于 2009 年 7 月 29 日接受安德烈·马克维茨的电话采访。

[10][11]　吉恩·菲茨帕特里克,于 2009 年 8 月 17 日接受安德烈·马克维茨的电话采访。

[12]　安妮·卡勒斯,于 2009 年 7 月 9 日接受安德烈·马克维茨的电话采访。

[13]　朱莉·琼斯,于 2010 年 7 月 29 日接受凯瑟琳·克罗斯比的电话采访。

[14]　琼·普格利亚,于 2009 年 6 月 30 日接受安德烈·马克维茨的电话采访。

[15]　普里西拉·斯卡雷,于 2010 年 8 月 19 日接受安德烈·马克维茨的电话采访。

[16]　乔娜·麦可基,于 2010 年 6 月 29 日接受安德烈·马克维茨的电话采访。

[17]　在我们的采访中,年龄在 45 岁以上的受访者家中没有未成年人。年龄在 18 岁到 35 岁之间的受访者,家中有未成年人的可能性更高。

[18]　第一章已对"犬控"和"宠物控"进行了详细的区分,请读者朋友们注意二者之间的差别。

[19]　杰西卡·格林鲍姆,"'我不是活动家!'纯种犬救援运动中的动物权利与动物福利"2009 年第 4 期《社会与动物》,页码:289－304。

[20]　大卫·尼伯特发表于 1993 年第 2 期《社会与动物 2》的"动物权利与人类社会问题"(页码:115－124)与威廉姆·为图利发表于 2006 年第 3 期《精神心理学报告 99》的"如何理解人类对待宠物猫/狗的同理心"(页码:981－991)可以证明类似的观点。

第三章

美国各地纯种犬注册情况（1960～2009）
救援行动背景调查

控制宠物的数量，给你的宠物做绝育手术。
——鲍勃·巴克，
电视游戏节目《价格猜猜看》
（The Price Is Right）主持人

    诚然，特定犬类救援组织是在特殊的社会背景下发展起来的。人们选择狗（包括获得救助的流浪狗）作为宠物并不是没有原因的。本书的序言和前两章介绍了什么是特定犬类救援组织及组织内部的人员构成，现在我们将根据美国养犬俱乐部的注册数据来介绍美国各地纯种犬的情况。

    首先要声明的是，美国养犬俱乐部的数据并不能准确预测某一时间段内某一犬种的实际数量。在第十章中，我们将更详细地展开说明。并不是所有的犬只都会出现在美国养犬俱乐部的名单上，因为某些犬种的主人不愿主动为其登记。诚然，这与养狗人的经济条件、社会地位和文化环境有关，同时也与其饲养宠物的预算有关，这笔钱自然也包括注册费[1]。但是，我们相信本章所采用的美国养犬俱乐部的数据可以有效地帮助我们重现在某些时间段内美国纯种犬数量的变化趋势。实际情况是：美国人道主义协会发现美国养犬俱乐部注册数量排名前十的犬种大多出生于纯种犬养殖场[2]。尽管美国养犬俱乐部每年的注册量并不代表犬只的实际数量,但仍然可以帮助我们有效预测某一时间段内美国境内某一犬种的总体数量。本章将重点介绍 1960 年到 2009 年间,美国注册数量最多的犬种。我们将以 10 年为一个单位,展示各时间段内注册数量的增长与下降情况,并以此为研究框架分析特定犬类救援组织诞生的社会背景。在每个时间段内,我们将介绍注册量排名前十且排名保持一年及以上的犬种。

20 世纪 60 年代

20 世纪 60 年代,美国的纯种犬注册量飞速增长。60 年代末,每年在美国养犬俱乐部登记的犬只数量超过 90 万只,而 60 年代初期的注册量仅有 44 万只。由此可见,10 年之内注册量增长了两倍。在 60 年代中期,纯种犬的注册量达到顶峰,1964 年和 1965 年的注册率都增长了 12% 以上。

这一时期,有 14 个犬种的注册量排在前十位,包括贵宾犬、德国牧羊犬、腊肠犬(达克斯猎犬)、比格犬、迷你雪纳瑞、吉娃娃、北京犬、柯利牧羊犬、拉布拉多寻回犬、可卡犬、巴吉度猎犬、博美犬(波美拉尼亚犬)、波士顿梗犬和拳师犬。[3]

1960 年,贵宾犬超过比格犬,成为第一名,而在 50 年代,比格犬几乎一直是注册量排名第一的犬种。1960 年,贵宾犬的登记数量超过了 7.3 万只,比第二名多出 2 万余只,而这一趋势持续了 22 年之久。

在此期间,德国牧羊犬的注册量增长的速度也很快。1960 年,德国牧羊犬的注册量为 33 701 只。而到了 1967 年,年注册量已经超过 10 万。德国牧羊犬的注册量排名已上升至第二。

虽然 20 世纪 60 年代初,迷你雪纳瑞、拉布拉多寻回犬、巴吉度猎犬和金毛寻回犬的注册量明显低于贵宾犬和德国牧羊犬,但在这十年间涨幅巨大,所有犬种的注册量都增长了一倍以上。其中,巴吉度猎犬的年注册量增长了约 120%,拉布拉多寻回犬的年注册量增长了大约 230%,金毛寻回犬的年注册量增长了大约 300%,迷你雪纳瑞的年注册量增长率超过 500%。

在此期间,只有吉娃娃犬的注册量明显下降。60 年代初,吉娃娃的年注册量超过了 4 万只,但是到了 60 年代末,吉娃娃的年注册量却少于 3 万只。详见表 3.1 和图 3.1。

表 3.1　20 世纪 60 年代美国养犬俱乐部年注册量排名前十五的犬种

贵宾犬 (Poodle)		德国牧羊犬 (German shepherd)		腊肠犬 (Dachshund)	
年份	注册量	年份	注册量	年份	注册量
1960	73 291	1960	33 701	1960	42 727
1961	99 256	1961	40 412	1961	46 185
1962	123 865	1962	44 541	1962	44 491
1963	147 055	1963	52 769	1963	46 993
1964	178 401	1964	63 163	1964	48 569
1965	207 393	1965	78 241	1965	49 316
1966	235 536	1966	93 046	1966	53 022
1967	255 862	1967	107 936	1967	57 133
1968	263 700	1968	104 127	1968	57 460
1969	274 145	1969	102 081	1969	60 453

比格犬 (Beagle)		迷你雪纳瑞 (Miniature schnauzer)		吉娃娃 (Chihuahua)	
年份	注册量	年份	注册量	年份	注册量
1960	54 170	1960	5 758	1960	44 600
1961	53 069	1961	7 212	1961	46 089
1962	47 961	1962	8 681	1962	45 965
1963	49 769	1963	10 890	1963	42 659
1964	53 353	1964	13 593	1964	40 966
1965	56 128	1965	17 172	1965	41 086
1966	58 953	1966	21 020	1966	39 329
1967	61 568	1967	26 001	1967	37 324
1968	56 940	1968	30 868	1968	33 686
1969	60 221	1969	36 233	1969	28 801

北京犬 （Pekingese）	
年份	注册量
1960	19 209
1961	21 076
1962	22 070
1963	22 538
1964	23 989
1965	25 599
1966	26 712
1967	27 242
1968	26 278
1969	24 856

柯利牧羊犬 （Collie）	
年份	注册量
1960	16 132
1961	16 842
1962	16 062
1963	16 918
1964	18 424
1965	21 032
1966	22 748
1967	24 325
1968	24 200
1969	24 822

拉布拉多寻回犬 （Labrador retriever）	
年份	注册量
1960	6 549
1961	7 576
1962	7 685
1963	9 125
1964	10 340
1965	12 370
1966	13 686
1967	16 710
1968	18 492
1969	21 611

可卡犬 （Cocker spaniel）	
年份	注册量
1960	17 044
1961	15 864
1962	14 509
1963	14 791
1964	15 632
1965	16 308
1966	17 433
1967	18 525
1968	18 443
1969	20 123

巴吉度猎犬 （Basset hound）	
年份	注册量
1960	8 782
1961	10 218
1962	9 978
1963	11 763
1964	13 716
1965	14 686
1966	16 140
1967	17 595
1968	17 452
1969	19 319

博美犬 （Pomeranian）	
年份	注册量
1960	11 893
1961	12 840
1962	13 187
1963	13 659
1964	13 960
1965	14 692
1966	15 247
1967	15 425
1968	15 047
1969	14 232

波士顿梗犬 （Boston terrier）	
年份	注册量
1960	12 209
1961	12 840
1962	12 372
1963	12 233
1964	12 231
1965	12 698
1966	12 662
1967	12 579
1968	12 406
1969	11 830

拳狮犬 （Boxer）	
年份	注册量
1960	14 228
1961	12 549
1962	9 941
1963	9 319
1964	8 872
1965	8 993
1966	9 082
1967	9 570
1968	9 450
1969	10 025

金毛寻回犬 （Golden retriever）	
年份	注册量
1960	2 445
1961	2 867
1962	2 800
1963	3 467
1964	3 993
1965	4 703
1966	5 644
1967	6 789
1968	7 607
1969	9 535

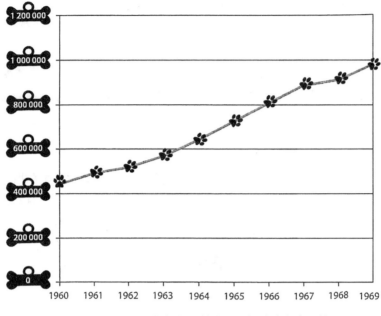

图 3.1　20 世纪 60 年代美国养犬俱乐部纯种犬注册总量

20 世纪 70 年代

　　虽然 20 世纪 60 年代纯种犬的注册数量增长迅速,但 70 年代却是衰退的 10 年。1971 年的年注册总量为 1 129 000 只,但 1979 年的年注册总量下降了 14%,只有 965 250 只。1971 年,美国犬类的注册量达到了二战后的峰值,而下一个巅峰直到 20 世纪 80 年代末才出现。

　　从 1970 年到 1979 年,有 15 个犬种的注册量跻身过前十且排名维持了一年以上。这些犬种包括贵宾犬、杜宾犬、可卡犬、德国牧羊犬、拉布拉多寻回犬、金毛寻回犬、比格犬、腊肠犬、迷你雪纳瑞、喜乐蒂牧羊犬、爱尔兰赛特犬、吉娃娃、北京犬、柯利牧羊犬和圣伯纳犬。

　　20 世纪 70 年代,贵宾犬仍然是全美最受欢迎的犬种。20 世纪 60 年代,平均每年贵宾犬的注册量都会超过 15 万只。尽管贵宾犬仍然排名第一,但到 70 年代末,贵宾犬的注册量减少了一半以上,从 1970

年的 265 879 只[4] 减少到 1979 年的 94 950 只。

杜宾犬的注册量在 20 世纪 70 年代经历了一次爆炸式的增长：到 1979 年,只有贵宾犬的年新增注册量超过了杜宾犬。从 1970 年到 1979 年,杜宾犬的注册量增长了四倍之多,从 1970 年的 18 636 只增加到 1979 年的 80 363 只。

20 世纪 70 年代也是两种寻回犬和可卡犬注册量显著增长的时期,尽管它们的增长速度远不及杜宾犬。这三个犬种在 70 年代的注册量大幅增加。1970 年,共有 11 437 只金毛寻回犬和 25 667 只拉布拉多寻回犬登记在册。到 1979 年,这两个数字分别增加到 38 060 只和 46 007 只。可卡犬的注册数量也迅速增长,从 1970 年的 21 818 只增加到 1979 年的 65 685 只。尽管在数量上,拉布拉多寻回犬的新增注册量比金毛寻回犬和可卡犬多,但是后两个犬种的注册增长率超过了前者。事实上,1971 到 1979 年间,金毛寻回犬和可卡犬的注册量增长了两倍以上,而拉布拉多寻回犬的注册量仅增长了一倍。

不仅贵宾犬、德国牧羊犬、比格犬和腊肠犬的注册量锐减,吉娃娃的注册数量也明显减少。除贵宾犬外,这十年德国牧羊犬的实际注册量下降幅度最大,共减少了 5 万余只,但每年新增注册量稳定地保持在 5 万只左右,德国牧羊犬仍是最受欢迎的犬种之一。比格犬、腊肠犬和吉娃娃的年注册量均减少了 50%,与德国牧羊犬的下降幅度相当。

如表 3.2 所示,其中有两个犬种在 20 世纪 70 年代经历了短暂的流行期,之后又一次跌出了前十的行列。爱尔兰赛特犬和圣伯纳犬是这十年中的"热门"。1974 年,爱尔兰赛特犬的注册量达到顶峰,超过 6 万只,爱尔兰赛特犬一跃成为全美人气第三的犬种。20 世纪 60 年代末,圣伯纳犬开始受到人们的关注,人气在 70 年代初达到顶峰。1971 年至 1974 年期间,圣伯纳犬的新增注册量远远超过 3 万只。70 年代后期,爱尔兰赛特犬和圣伯纳犬的年注册量逐渐减少,最终导致注册总量大幅下跌,并在 1979 年跌出了十大最受欢迎犬种的行列。

表 3.2　20 世纪 70 年代美国养犬俱乐部年注册量排名前十五的犬种

贵宾犬 (Poodle)		杜宾犬 (Doberman)		可卡犬 (Cocker spaniel)	
年份	注册量	年份	注册量	年份	注册量
1970	265 879	1970	18 636	1970	21 811
1971	256 491	1971	23 413	1971	24 846
1972	218 899	1972	27 767	1972	27 355
1973	193 400	1973	34 169	1973	31 158
1974	171 550	1974	45 110	1974	35 492
1975	139 750	1975	57 336	1975	39 064
1976	126 799	1976	73 615	1976	46 862
1977	112 300	1977	79 254	1977	52 955
1978	101 100	1978	81 964	1978	58 719
1979	94 950	1979	80 363	1979	65 685

德国牧羊犬 (German shepherd)		拉布拉多寻回犬 (Labrador retriever)		金毛寻回犬 (Golden retriever)	
年份	注册量	年份	注册量	年份	注册量
1970	109 198	1970	25 667	1970	11 437
1971	111 355	1971	30 170	1971	13 589
1972	101 399	1972	32 251	1972	15 476
1973	90 907	1973	33 575	1973	17 635
1974	86 014	1974	36 689	1974	20 933
1975	76 235	1975	36 565	1975	22 636
1976	74 723	1976	39 929	1976	27 612
1977	67 072	1977	41 275	1977	30 263
1978	61 783	1978	43 500	1978	34 249
1979	57 683	1979	46 007	1979	38 060

比格犬 (Beagle)		腊肠犬 (Dachshund)		迷你雪纳瑞 (Miniature schnauzer)	
年份	注册量	年份	注册量	年份	注册量
1970	61 007	1970	61 042	1970	41 647
1971	61 247	1971	60 954	1971	45 305
1972	57 050	1972	55 149	1972	43 280
1973	54 125	1973	51 000	1973	41 745
1974	51 777	1974	47 581	1974	41 392
1975	45 210	1975	40 617	1975	37 786
1976	44 156	1976	38 927	1976	36 816
1977	40 850	1977	35 087	1977	35 072
1978	36 920	1978	33 660	1978	33 534
1979	35 374	1979	32 777	1979	32 666

喜乐蒂牧羊犬 (Shetland sheepdog)	
年份	注册量
1970	16 423
1971	18 478
1972	19 673
1973	21 845
1974	22 944
1975	22 715
1976	23 950
1977	24 464
1978	24 668
1979	25 943

爱尔兰赛特犬 (Irish setter)	
年份	注册量
1970	23 357
1971	33 516
1972	43 707
1973	54 211
1974	61 549
1975	58 622
1976	54 917
1977	43 367
1978	30 839
1979	20 912

吉娃娃 (Chihuahua)	
年份	注册量
1970	28 833
1971	26 878
1972	23 969
1973	22 253
1974	20 639
1975	16 494
1976	16 478
1977	15 841
1978	15 206
1979	15 512

北京犬 (Pekingese)	
年份	注册量
1970	27 190
1971	27 717
1972	26 062
1973	24 926
1974	23 631
1975	20 150
1976	20 400
1977	19 891
1978	18 892
1979	17 992

柯利牧羊犬 (Collie)	
年份	注册量
1970	26 979
1971	28 772
1972	28 459
1973	28 573
1974	28 068
1975	24 464
1976	25 161
1977	23 386
1978	22 032
1979	21 210

圣伯纳犬 (St. Bernard)	
年份	注册量
1970	27 297
1971	35 320
1972	35 559
1973	35 397
1974	31 161
1975	22 430
1976	17 537
1977	13 186
1978	9 727
1979	7 444

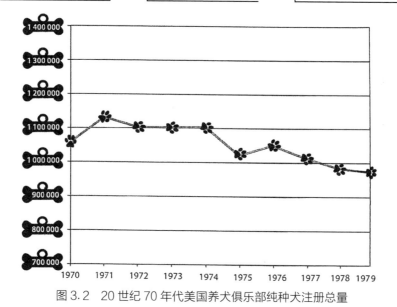

图 3.2 20 世纪 70 年代美国养犬俱乐部纯种犬注册总量

20 世纪 80 年代

虽然在 20 世纪 70 年代,几乎所有犬种的注册量都呈下降趋势,但到了 80 年代,美国养犬俱乐部的注册量又恢复了上升趋势。在 1980 到 1989 这十年中,只有 1984 年的注册量有所下降。即便如此,下降幅度也仅略高于 1%,可以忽略不计。这一阶段稳步上升的注册量足以弥补 70 年代的损失。从 1980 到 1989 年,纯种犬注册总量的增长幅度超过 24%。

20 世纪 80 年代,跻身前十且排名维持了一年以上的犬种共有 14 个。它们分别是:迷你雪纳瑞,比格犬,腊肠犬,松狮犬,罗威纳犬,德国牧羊犬,金毛寻回犬,贵宾犬,拉布拉多寻回犬,可卡犬,喜乐蒂牧羊犬,杜宾犬,博美犬,约克夏梗犬。

人气向来最高的贵宾犬在 80 年代失去了它第一的宝座。尽管注册量大幅减少,但贵宾犬注册量的下降速度较为稳定。1989 年,可卡犬和拉布拉多寻回犬的人气已经超过贵宾犬,成为全美最受欢迎的犬种。虽然贵宾犬不再是最有人气的犬种,但每年的注册量仍接近 8 万只。

不仅贵宾犬的注册量锐减,杜宾犬的注册量也出现了戏剧性的变化。1980 年,杜宾犬的注册量还不到 8 万只。但到了 1989 年,这个数字已经降到 21 782 只,减少了 70% 以上。尽管相比于其他犬种,比如 70 年代的爱尔兰赛特犬和圣伯纳犬,杜宾犬维持人气的时间要长一些,但是其暴涨和暴跌的注册量总是令人大跌眼镜。

同 70 年代一样,可卡犬、拉布拉多寻回犬和金毛寻回犬的注册量增长迅速。20 世纪 80 年代,拉布拉多寻回犬的注册量增长了 70%,成为增长速度最快的犬种。可卡犬和金毛寻回猎犬的注册量增长了约 45%,前者从 1980 年的 76 113 只增长到 1989 年的 11 636 只,后者则从 44 100 只增长到 64 269 只。

80 年代,松狮犬和罗威纳犬首次跻身前十的阵营。松狮犬的注册量从 1980 年的 14 589 只增至 1989 年的 50 150 只,1988 年的注册量最多,高达 50 781 只。松狮犬的年新增注册量接近 40 000 只,增幅超过 240%。罗威纳犬的新增注册量也显著上升,增幅近 1 000%。80 年代初,罗威纳犬的年新增注册量不到 5 000 只。到了 1989 年,该犬种的注册量刚刚超过 5 万只。详细数据参见表 3.3 和表 3.4。

表 3.3　20 世纪 80 年代美国养犬俱乐部年注册量排名前十三的犬种

贵宾犬 (Poodle)		可卡犬 (Cocker spaniel)		迷你雪纳瑞 (Miniature schnauzer)	
年份	注册量	年份	注册量	年份	注册量
1980	95 250	1980	76 113	1980	34 962
1981	93 050	1981	83 504	1981	35 912
1982	88 650	1982	87 218	1982	36 502
1983	90 250	1983	92 836	1983	37 820
1984	87 750	1984	94 803	1984	37 694
1985	87 250	1985	96 396	1985	38 134
1986	85 500	1986	98 330	1986	38 961
1987	85 400	1987	105 236	1987	41 462
1988	82 600	1988	108 720	1988	41 558
1989	78 600	1989	111 636	1989	42 175

比格犬 (Beagle)		腊肠犬 (Dachshund)		松狮犬 (Chow chow)	
年份	注册量	年份	注册量	年份	注册量
1980	35 091	1980	33 881	1980	14 589
1981	35 655	1981	33 560	1981	18 511
1982	35 548	1982	32 835	1982	22 623
1983	39 992	1983	33 514	1983	27 815
1984	40 052	1984	33 068	1984	32 777
1985	40 803	1985	33 903	1985	39 167
1986	39 849	1986	35 537	1986	43 026
1987	41 972	1987	40 031	1987	49 096
1988	41 983	1988	41 921	1988	50 781
1989	43 314	1989	44 305	1989	50 150

罗威纳犬
(Rottweiler)

年份	注册量
1980	4 701
1981	6 524
1982	9 269
1983	13 265
1984	17 193
1985	22 886
1986	28 257
1987	36 162
1988	42 748
1989	51 291

德国牧羊犬
(German shepherd)

年份	注册量
1980	58 865
1981	60 976
1982	60 445
1983	65 073
1984	59 450
1985	57 598
1986	55 958
1987	57 612
1988	57 139
1989	58 422

金毛寻回犬
(Golden retriever)

年份	注册量
1980	44 100
1981	48 473
1982	51 045
1983	52 525
1984	54 490
1985	56 131
1986	59 057
1987	60 936
1988	62 950
1989	64 269

拉布拉多寻回犬
(Labrador retriever)

年份	注册量
1980	52 398
1981	58 569
1982	62 465
1983	67 389
1984	71 235
1985	74 271
1986	77 371
1987	81 987
1988	86 446
1989	91 107

喜乐蒂牧羊犬
(Shetland sheepdog)

年份	注册量
1980	28 325
1981	29 481
1982	30 512
1983	33 375
1984	33 164
1985	34 350
1986	35 064
1987	37 616
1988	38 730
1989	39 665

杜宾犬
(Doberman)

年份	注册量
1980	79 908
1981	77 387
1982	73 180
1983	66 184
1984	51 414
1985	41 532
1986	33 442
1987	28 783
1988	23 928
1989	21 782

博美犬
(Pomeranian)

年份	注册量
1980	17 341
1981	17 926
1982	18 456
1983	19 691
1984	21 207
1985	22 962
1986	25 056
1987	27 911
1988	30 516
1989	32 109

表 3.4　20 世纪 80 年代美国养犬俱乐部纯种注册总量

年份	注册总量
1980	1 011 799
1981	1 033 849
1982	1 037 149
1983	1 085 248
1984	1 071 299
1985	1 089 149
1986	1 106 399
1987	1 187 400
1988	1 220 500
1989	1 257 700

20 世纪 90 年代

　　从前文可见,20 世纪 80 年代,所有犬种的注册量稳步增长,这种趋势一直持续到 90 年代。然而,进入 90 年代后,纯种犬的注册量开始锐减,注册总量从 1990 年的 1 253 214 只减少到 1999 年的 1 119 620 只,下降了 10% 以上。在 90 年代跻身过前十的 16 个犬种中,有 10 个犬种在 90 年代末期的注册量低于 90 年代初期的注册量。1992 年,纯种犬的注册量达到了 1 442 690 只的峰值,这也是美国历史上年注册量最多的一年。1992 年以后,犬类的注册量逐渐减少,降幅在 1% 到 8% 不等。在这 10 年中,只有 1996 年的注册量有所增加,涨幅在 4.2% 左右。

　　20 世纪 90 年代,共有 16 个犬种跻身过前十的行列,包括拉布拉多寻回犬、金毛寻回猎犬、德国牧羊犬、腊肠犬、比格犬、贵宾犬、约克夏梗犬、吉娃娃、拳狮犬、罗威纳犬、博美犬、可卡犬、大麦町、喜乐蒂牧羊犬、松狮犬和迷你雪纳瑞犬。

　　1991 年、1992 年和 1996 年纯种犬注册量飞速增长,这主要是因为拉布拉多寻回犬的注册量激增。在 80 年代,拉布拉多寻回犬的注册量增长势头强劲。到了 90 年代,注册量同样只增不减,年注册量的涨幅超过 60%,从 1990 年的 95 768 只增加到 1999 年的 154 897 只。1991 年、1992 年和 1995 年的涨幅最大。

虽然 1993 年,罗威纳犬的注册量有所减少,但无论是 80 年代还是 90 年代,罗威纳犬都是人气较高的犬种。90 年代初期,纯种犬注册总量的上涨离不开罗威纳犬的贡献。1993 年,罗威纳犬的注册量达到顶峰,而 90 年代后期,注册量却下降了近 60%,此后,罗威纳犬再没有恢复曾经的辉煌。在接下来的 10 年里,罗威纳犬的注册量持续下降,彻底从美国最受欢迎的十大犬种之列消失。

与罗威纳犬相似,松狮犬的人气也在 20 世纪 90 年代开始下跌,不过罗威纳犬没有像松狮犬一样在最初的几年经历大幅增长。1999 年,松狮犬的注册量从 1990 年的 45 271 只减少到 4 342 只,足足下降了 90%。在接下来的 10 年中,松狮犬同罗威纳犬一样,不再跻身前十的行列。

1983 年到 1990 年,可卡犬是最受欢迎的犬种,但到了 20 世纪 90 年代,它的注册量急剧下降,从 1990 年的 10.5 万只下降到 1999 年的 3 万只,降幅超过 70%。

这一时期,大麦町首次进入前十名,1993 年和 1994 年的注册量超过了 4.2 万只。然而,这种趋势并没有维持多久,1994 年至 1999 年间,该犬种的注册量从 1994 年的 42 621 只下降到了 1999 年的 4 652 只,下降了 89% 左右。

与近亲拉布拉多寻回犬不同,这一时期金毛寻回犬的注册量并没有大幅增长。相反,金毛寻回犬的注册量减少了大约 2 000 只。尽管注册量略有下降,由于德国牧羊犬[5]和罗威纳犬的注册量在同一时间段内的降幅远远超过了金毛寻回犬,所以后者仍然排在第二位。具体数据参见表 3.5 和表 3.6。

表 3.5　20 世纪 90 年代美国养犬俱乐部年注册量排名前十六的犬种

拉布拉多寻回犬 （Labrador retriever）		金毛寻回犬 （Golden retriever）		德国牧羊犬 （German shepherd）	
年份	注册量	年份	注册量	年份	注册量
1990	95 768	1990	64 848	1990	59 556
1991	105 876	1991	67 284	1991	68 844
1992	120 879	1992	69 850	1992	76 941
1993	124 899	1993	68 125	1993	79 936
1994	126 393	1994	64 322	1994	78 999
1995	132 051	1995	64 107	1995	78 088
1996	149 505	1996	68 993	1996	79 076
1997	158 366	1997	70 158	1997	75 177
1998	157 936	1998	65 681	1998	65 326
1999	154 897	1999	62 652	1999	57 256

腊肠犬 （Dachshund）		比格犬 （Beagle）		贵宾犬 （Poodle）	
年份	注册量	年份	注册量	年份	注册量
1990	44 470	1990	42 499	1990	71 757
1991	48 713	1991	56 956	1991	77 709
1992	50 046	1992	60 661	1992	73 449
1993	48 573	1993	61 051	1993	67 850
1994	46 129	1994	59 215	1994	61 775
1995	44 680	1995	57 063	1995	54 784
1996	48 426	1996	56 946	1996	56 803
1997	51 904	1997	54 470	1997	54 773
1998	53 896	1998	53 322	1998	51 935
1999	50 772	1999	49 080	1999	45 852

约克夏梗犬 （Yorkshire terrier）		吉娃娃 （Chihuahua）		拳师犬 （Boxer）	
年份	注册量	年份	注册量	年份	注册量
1990	36 033	1990	24 593	1990	23 659
1991	39 772	1991	29 860	1991	26 722
1992	39 904	1992	31 301	1992	30 123
1993	39 827	1993	32 435	1993	30 757
1994	38 626	1994	32 705	1994	30 629
1995	36 881	1995	33 542	1995	31 894
1996	40 216	1996	36 562	1996	36 398
1997	41 283	1997	38 926	1997	38 047
1998	42 900	1998	43 468	1998	36 345
1999	40 684	1999	42 013	1999	34 998

罗威纳犬
（Rottweiler）

年份	注册量
1990	60 471
1991	76 889
1992	95 445
1993	104 160
1994	102 596
1995	93 656
1996	89 867
1997	75 489
1998	55 009
1999	41 776

博美犬
（Pomeranian）

年份	注册量
1990	34 475
1991	41 034
1992	42 488
1993	40 805
1994	39 947
1995	37 894
1996	39 712
1997	39 357
1998	38 540
1999	33 584

可卡犬
（Cocker spaniel）

年份	注册量
1990	105 642
1991	98 937
1992	91 925
1993	75 882
1994	60 888
1995	48 065
1996	45 305
1997	41 439
1998	34 632
1999	29 958

大麦町
（Dalmatian）

年份	注册量
1990	21 603
1991	30 225
1992	38 927
1993	42 816
1994	42 621
1995	36 714
1996	32 972
1997	22 726
1998	9 722
1999	4 652

喜乐蒂牧羊犬
（Shetland sheepdog）

年份	注册量
1990	39 870
1991	44 106
1992	43 449
1993	41 113
1994	36 853
1995	33 721
1996	33 577
1997	32 086
1998	27 978
1999	24 271

松狮犬
（Chow chow）

年份	注册量
1990	45 271
1991	45 131
1992	42 670
1993	33 824
1994	25 415
1995	17 722
1996	13 587
1997	9 536
1998	6 241
1999	4 342

迷你雪纳瑞
（Miniature schnauzer）

年份	注册量
1990	39 910
1991	42 404
1992	41 058
1993	37 267
1994	33 344
1995	30 256
1996	31 834
1997	32 351
1998	31 063
1999	28 649

表 3.6　20 世纪 90 年代美国养犬俱乐部纯种犬注册总量

年份	注册总量
1990	1 253 214
1991	1 379 544
1992	1 442 690
1993	1 422 559
1994	1 345 941
1995	1 277 039
1996	1 333 568
1997	1 307 362
1998	1 220 951
1999	1 119 620

21 世纪初期

进入 21 世纪后,美国养犬俱乐部的纯种犬注册量出现了断崖式下跌。21 世纪初期,美国养犬俱乐部的年注册量超过 100 万只,但是 2009 年的年注册量竟不足 65 万只,这意味着整体减少了 40% 以上。而且,排在前十的所有犬种都经历了这种断崖式的下降,几乎每一个犬种在后期的注册量都低于前期。不过,有一个犬种是例外——斗牛犬。

从 2000 年到 2009 年,以下犬种曾跻身前十的行列:拉布拉多寻回犬,金毛寻回犬,德国牧羊犬,腊肠犬,比格犬,约克夏梗,贵宾犬,拳狮犬,吉娃娃,西施犬,迷你雪纳瑞和斗牛犬。

其中,斗牛犬和西施犬首次登上前十的榜单。在 20 世纪 90 年代末期,西施犬的排名一直在前十名的边缘徘徊,而它的名次之所以上升,是因为其他犬种的下降速度太快,这一点与 90 年代金毛寻回犬注册量的发展趋势相似。斗牛犬和西施犬的情况相近,在 90 年代的排名都在前十开外,但斗牛犬是前十中唯一一个后期比前期(仅限 21 世纪前 10 年)注册量多的犬种。2000 年,斗牛犬的注册量是 17 446 只,2009 年的注册量上升为 23 248 只。

尽管拉布拉多寻回犬的注册量逐年递减,但 21 世纪初期,拉布拉多仍然位列榜首。在 21 世纪的前十年中,拉布拉多寻回犬的注册量下降了约 48%,从 2000 年的 172 841 只下降到 2009 年的 89 599 只。在此之前,拉布拉多寻回犬只在 1990 年时注册量低于 10 万只。

进入 21 世纪后,金毛寻回犬的排名开始上升至第二位。在 21 世纪的前十年中,几乎所有排在前十的犬种名次都在下跌,金毛寻回犬也不例外。2009 年,金毛寻回犬的排位已经跌至第四位,其年注册量仅比排在第五位的比格犬多几十只。

除了斗牛犬的注册量略有上升外,这一时期几乎所有犬种的注册量都大幅减少,平均减少了 40% 左右,这一点值得我们关注。表 3.7 和表 3.8 的数据证明,这一时期所有犬种的下降趋势具有一致性。

表 3.7　21 世纪初期美国养犬俱乐部年注册量排名前十二的犬种

拉布拉多寻回犬 (Labrador retriever)		金毛寻回犬 (Golden retriever)		德国牧羊犬 (German shepherd)	
年份	注册量	年份	注册量	年份	注册量
2000	172 841	2000	66 300	2000	57 660
2001	165 970	2001	62 497	2001	51 625
2002	154 616	2002	56 124	2002	46 963
2003	144 896	2003	52 520	2003	43 950
2004	146 714	2004	52 560	2004	46 054
2005	137 867	2005	48 509	2005	45 014
2006	123 760	2006	42 962	2006	43 575
2007	114 113	2007	39 659	2007	43 376
2008	100 736	2008	34 485	2008	40 909
2009	89 599	2009	30 735	2009	40 938

腊肠犬 (Dachshund)	
年份	注册量
2000	54 773
2001	50 478
2002	42 571
2003	39 468
2004	40 774
2005	38 566
2006	36 033
2007	32 598
2008	26 075
2009	21 089

比格犬 (Beagle)	
年份	注册量
2000	52 026
2001	50 419
2002	44 610
2003	45 021
2004	44 557
2005	42 592
2006	39 484
2007	37 021
2008	33 722
2009	30 672

约克夏梗犬 (Yorkshire terrier)	
年份	注册量
2000	43 574
2001	42 025
2002	37 277
2003	38 256
2004	43 522
2005	47 238
2006	48 346
2007	47 850
2008	41 914
2009	37 778

贵宾犬 (Poodle)	
年份	注册量
2000	45 868
2001	40 550
2002	33 917
2003	32 162
2004	32 671
2005	31 638
2006	29 939
2007	26 369
2008	21 545
2009	18 601

拳师犬 (Boxer)	
年份	注册量
2000	38 803
2001	37 035
2002	34 340
2003	34 130
2004	37 741
2005	37 268
2006	35 388
2007	33 548
2008	29 705
2009	25 472

吉娃娃 (Chihuahua)	
年份	注册量
2000	43 096
2001	36 627
2002	28 466
2003	24 930
2004	24 850
2005	23 575
2006	22 562
2007	19 801
2008	15 985
2009	14 018

西施犬 (Shih tzus)	
年份	注册量
2000	37 599
2001	33 240
2002	28 294
2003	26 926
2004	28 960
2005	28 087
2006	27 282
2007	24 951
2008	20 219
2009	17 314

迷你雪纳瑞 (Miniature schnauzer)	
年份	注册量
2000	30 472
2001	27 587
2002	23 926
2003	22 282
2004	24 083
2005	24 144
2006	22 920
2007	20 747
2008	17 040
2009	14 263

斗牛犬 (Bulldog)	
年份	注册量
2000	17 446
2001	15 501
2002	15 810
2003	16 732
2004	19 396
2005	20 556
2006	21 037
2007	22 160
2008	23 413
2009	23 248

表3.8　21世纪初期美国养犬俱乐部纯种犬注册总量

年份	注册总量
2000	1 175 473
2001	1 081 335
2002	958 800
2003	915 441
2004	958 641
2005	920 804
2006	870 192
2007	812 452
2008	716 195
2009	649 677

总　结

通过前文的介绍,我们可以看到在某一时间段内,有些犬种的注册量可能突然暴增,这背后的原因多种多样,"跟风"是我们要分析的第一个原因。所谓"跟风",就是人们受到流行趋势或时尚潮流的影响,效仿社会名流养狗的行为。一般来说,名人、政治家或其他公众人物养什么狗,大众就倾向于购买或领养哪一种狗,这体现了流行文化的影响力。

早在20世纪60年代之前,以名人为主导的潮流就影响到了犬类的受欢迎程度。比如,1922年动物明星"林丁丁"出演电影《来自地狱河的男人》(Man from Hell's River)上映后,德国牧羊犬大受欢迎。20世纪上半叶,德国牧羊犬的注册量激增,1925年到1928年是德牧人气最高的时期。1943年,柯利牧羊犬"莱西"通过出演电影摇身变成了好莱坞的动物巨星,人气大涨。美国养犬俱乐部的资料显示,"从1947年到1949年,柯利牧羊犬的注册量不断攀升,最终跃居第三位。不过,到了2005年,柯利牧羊犬仅排在第36位"。[6]这种短期内迅速上涨的人气主要与名人风气有关，直到今天，流行文化依旧影响着人们对犬类的看法。

20世纪90年代，圣伯纳犬和大麦町也都受到了流行文化的影响，经历了人气的大涨大落。1991年，迪士尼经典动画电影《101忠狗》（101 Dalmatians）重映（不是1996年格伦·克洛斯主演的真人电影），大麦町的注册量以平均每年25%的增速从1990年的21 603只一跃增至1993年的42 816只。（值得注意的是，1987年，大麦町就已经广受欢迎了，当年的注册量较前年增长了38%。）虽然这部电影还没有火到让注册量恢复到年增速为38%的程度，但至少让大麦町的注册量维持了上升的趋势。

与20世纪90年代纯种犬注册量整体呈下降趋势相反，1992年至1997年间圣伯纳犬的注册量呈上升趋势，年注册量增长率平均超过了9%。而1992年尤为特别，因为这一年电影《我家也有贝多芬》（Beethoven）上映，主演是一只可爱的圣伯纳犬。其注册量的增长似乎与这部电影主人公的人气有关，因为在电影上映之前，从80年代到90年代初期，圣伯纳犬的注册量一直在稳步下降，直到1992年电影上映之后，这种下降的趋势才得以扭转。

政治家的宠物狗也能成为潮流的宠儿。比如，美国前总统奥巴马养了一只名叫"波"的葡萄牙水犬，这对美国养犬俱乐部的注册量产生了巨大的影响。2002年，葡萄牙水犬的注册量在全美排名第73位，而2012年，排位上升至第55位。不可否认，这与总统的影响力有关。

地理位置，无论是城市还是州府，也是影响注册量的原因之一。美国养犬俱乐部不仅收录了各州内纯种犬数量，还记录了大城市中纯种犬的数量。美国养犬俱乐部主要收集了50个城市的纯种犬信息，只有田纳西州[7]诺克斯维尔市排名前十的犬类与全国注册量前十的犬类重合率较高，其中包括查理士王小猎犬、可卡犬、德国短毛指示犬、喜乐蒂牧羊犬、马尔济斯犬、英国史宾格犬和波士顿梗。[8]

有趣的是,这种区域差异不仅体现在地区与地区之间,还体现在国家与国家之间。例如,斯塔福郡牛头梗在英国最受欢迎犬类中排名第5,但在美国仅排在第84位。比格犬是美国最受欢迎的十大犬种之一,而目前它在英国的排名是第29位[9]。加拿大和美国之间也有类似的差异。比如,伯尔尼兹山地犬在加拿大的注册量排在第12位,而在美国,仅排在第47位。

我们将第二个影响犬类受欢迎程度的因素归纳为"结构性因素",因为它不同于流行趋势和品味这样不稳定的因素,更多地与品种纯度、繁殖能力等生理条件有关,这也正是本章的关键所在。20世纪60年代到21世纪初的纯种犬注册量可以帮助我们了解犬类救援组织的发展历程。作为一种新兴的组织,特定犬类救援组织重新定义了人类与动物的关系,其发展受到两个历史阶段的影响。尤其是盛行"同情话语"的60年代末和70年代,这段时期对早期救援行动和救援组织发展历程的影响重大。我们认为60年代末兴起的"同情话语"改善了人类与动物的关系,让社会大众改变了他们对动物的看法,尤其为犬类救援事业的发展奠定了基础。因此,早期犬类救援组织救助的对象主要是让社会大众改观且广受喜爱的犬种。

20世纪60年代末和70年代初,金毛寻回犬的人气大涨,而且在接下来的几十年内人气都没有下降,这让金毛寻回犬救援组织得以发展迅速。但是,金毛寻回犬在60年代末和70年代初的注册量并不能反映出全貌。毕竟,同一时期还有许多犬种开始受到人们的关注和喜爱,但以这些犬种为救助对象的救援组织并没有像金毛寻回犬救援组织一样成功,无论在数量还是救援工作的效果上,都无法与后者相提并论。

到了20世纪90年代,受60年代后期社会运动及"同情话语"影响的一代人已经步入中年。同时,90年代也是救援组织大量涌现的年代,是救援组织实现规范经营、制度化管理的时期。在整个90年代,金毛寻回犬依旧是人气较高的犬种,这是金毛寻回犬救援组织发展水平高于其他救援组织的主要原因。换句话说,在犬类救援组织发展的关键时期,因为人们更偏爱金毛,所以金毛寻回犬救援组织能够顺利地生存下来。与之相反的是杜宾犬救援组织和拉布拉多寻回犬救援组织。

和金毛寻回犬一样,杜宾犬在20世纪70年代大受欢迎。事实上,后者的受欢迎程度远超前者。最早出现的杜宾犬救援组织是诺玛·古林斯卡斯组建的新罕布什尔州杜宾犬救援组织。杜宾犬——和其他一些犬种——在这一时期突然人气暴涨,加之"同情话语"的影响,20世纪70年代末和80年代初涌现了大批特定犬类救援组织。然而,与金毛寻回犬形成鲜明对比的是,杜宾犬后来被贴上"劣等品种"的标签,80年代的注册量大幅减少。杜宾犬人气下降的时期正是救援组织发展的关键阶段,所以杜宾犬救援组织错过了90年代扩大规模和实现制度化管理的机会。但这并不代表20世纪末没有出现规范的杜宾犬救援组织。只是相比之下,金毛寻回犬救援组织更好地把握住了时代的机遇,虽然机遇具有一定的偶然性,但他们的发展机会的确比杜宾犬救援组织多得多。换句话说,与杜宾犬救援组织相比,历史环境更有利于金毛寻回犬救援组织的发展。

拉布拉多寻回猎犬救援组织的发展历程也很有趣。从表面上看,二战以后,拉布拉多寻回猎犬与金毛寻回犬的受欢迎程度不相上下。60年代末和70年代初,它们的注册量都大幅上涨[10]。虽然,二者在80年代和90年代仍然保持较高的人气,但两类救援组织的发展路径并不相同。和金毛寻回犬一样,在人与动物关系转变的关键时期,拉布拉多寻回犬一直保持着较高的人气,并且其注册量在90年代达到顶峰。但正因拉布拉多的数量过于庞大,救援组织难以高效地开展救援行动。与此同时,转型成功的金毛寻回犬救援组织并没有遇到这样的难题。美国拉布拉多寻回犬的数量不断攀升,这对救援组织来说是难以克服的问题,严重影响了救援行动的效率。大量的拉布拉多被送进动物收容所,所以新组建的拉布拉多寻回犬救援组织难以站稳脚跟,而对任何机构来说,在成形阶段最重要的就是找到立足之处。虽然拉布拉多寻回犬与金毛寻回犬有许多相似之处,但后者的救援组织明显比前者发展得更加顺利,这背后的原因也显而易见。我们将在第八章进一步分析这两类救援组织。

自20世纪90年代以来,美国养犬俱乐部的纯种犬类注册量逐渐下降。原因之一是大部分美国人从"犬控"转变成了"宠物控"。从前,美国养犬俱乐部的血统认证被视为荣誉的象征,然而将宠物视作家人的"宠物控"不会抱有这种想法。随着越来越多的美国人转变为"宠物控",他们不再看重美国养犬俱乐部的认证。认证机构可以评估品种的纯正性,却不能评估主人对狗狗的爱。我们在本书中一直强调,同情是民主的另一种表现形式。出于同情,在过去的几十年中一向看重纯种犬而忽略串种狗的美国人开始从情感上接纳它们。因此,"同情话语"不仅影响了犬种的受欢迎程度,还引发了一场影响深远的社会运动——通过建立特定犬类救援组织来拯救不受重视的串种狗。曾经,纯种犬的饲养者深信纯种狗具有不可估量的经济价值,他们认为人们不可能主动弃养甚至虐待一条纯种狗,根本没有组建犬类救援组织的必要。但是"同情话语"让社会大众意识到,实际情况并没有想象得那么美好。所有的狗,无论是纯种狗还是串种狗,都可能被抛弃或被虐待。事实证明,它们需要帮助。最后,"同情话语"让养狗人重新思考是否有必要让宠物接受美国养犬俱乐部的认证。人们不再看重血统,也越来越同情串种狗,美国养犬俱乐部的血统认证逐渐失去了原有的光环。第四章将详细介绍金毛寻回犬的救援历史,这段历史不仅生动精彩,而且颇具研究价值,浓缩了美国犬类救援事业发展历程的精髓。

注释

[1]　最近,串种狗颇受欢迎,比如"拉布拉多贵宾犬"(拉布拉多寻回犬与贵宾犬杂交产生的后代)和"巴格犬"(哈巴犬和比格犬杂交产生的后代),但是串种狗的血统并不纯正,所以不能在 AKC 注册。

[2]　美国人道主义协会,"美国养犬俱乐部注册量高的犬种大多来自纯种犬养殖场",2013 年 5 月 1 日 http://www. humanesociety. org/issues/puppy_mills/facts/akc_breeds_puppy_mills. html(2014 年 4 月 23 日)。

[3]　虽然金毛寻回犬在 20 世纪 70 年代前未曾跻身前十的行列,但书中也列出了 60 年代金毛寻回犬的注册量。

[4]　这个注册量远远低于 1969 年贵宾犬的注册量 274 145 只。

[5]　20 世纪 90 年代初,德国牧羊犬的注册量略有增加,但在 20 世纪后半叶,德国牧羊犬的注册量开始下降。

[6][7][8][9]　美国养犬俱乐部"美国养犬俱乐部注册量:数据表"http://classic. akc. org/pdfs/press_center/popular_pooches. pdf(2014 年 4 月 23 日)。

[10]　20 世纪 70 年代,拉布拉多寻回犬比金毛寻回犬更受欢迎,但后者的增长速度快于前者。

第四章

金毛寻回犬救援组织的案例研究

> 我们唯一的目标是不让动物收容所成为金毛
> 最后的归宿。
>
> ——劳伦·根金格尔,
> 佐治亚州亚特兰大某金毛寻回犬救援组织

如果你想在 1979 年参与金毛寻回犬的救援工作,那是不可能的事,因为当时美国还没有出现金毛寻回犬救援组织。但是 35 年后,金毛寻回犬救援组织已经遍布全美,覆盖 50 个州,总数超过了 100 家并且许多城市拥有不止 1 家金毛寻回犬救援组织。20 世纪 70 年代,"同情话语"开始在美国(和其他自由民主国家)流行起来,金毛寻回犬救援组织就在这个时期诞生了。要了解金毛寻回犬救援组织的经营模式,就必须先了解它们的发展历程和影响它们成立、发展以及运营的各项因素。下面,我们将回顾金毛寻回犬的救援历史。

1980 年:意外的开始

和大多数新事物的诞生过程一样,第一次营救金毛寻回犬的行动完全是临时起意的偶发事件,这与十年后人们所持有的观点大相径庭。人们之所以成立金毛寻回犬救援组织,是因为当时已有的组织出于这样或那样的原因未能及时解决某些问题。刚刚成立不久的救援组织都具有以下几个特征:救助对象仅限当地的金毛寻回犬,不包括其他犬种;仅处理当地最紧急的救援事务,不参与其他区域(更不用说全国)的救援行动;救援组织的人员构成比较简单,创始人可能是一名或两名责任感较强的爱犬人士,其他成员或许还包括几名兴趣相投的志愿者。出于各种各样的原因,大家聚到了一起。尽管在许多方面,大家的意见并不统一,但人人都以救助金毛寻回犬为第一要务。虽然我们认为成立救援组织的契机具有一定的偶然性,但我们发现救援组织的创始人大多符合马克斯·韦伯定义的"魅力型领导者"的形象。这并不难理解:正是凭借着坚定不移的信念和坚持不懈的努力,创始人才能克服重重困难组建救援团队。我们将重点介绍两家组织:隶属于加利福尼亚州圣地亚哥金毛寻回犬俱乐部的救援委员会和密苏里州圣路易斯市德克基金会——它们都是美国早期的(也许并不是第一批)金毛寻回犬救援组织。在研究过程中,我们发现这两家组织在发展路线、救援理念、组织愿景等方面差异巨大。即便如此,两家救援组织都有同样的目标,也是他们唯一的目标——救助那些身处在水深火热之中的金毛寻回犬。

　　1980年,几名来自圣地亚哥金毛寻回犬俱乐部的成员无意间(甚至可以说是偶然)成立了一个救援委员会。他们怀揣着满满的善意撰写了一本手册,上面说明了他们的救援理念,直到今天他们仍然没有改变初衷:帮助无家可归的金毛,并且赎回深陷水深火热之中的纯种金毛,维护金毛血统的纯正性。可以说,圣地亚哥金毛寻回犬俱乐部下设的救援委员会是美国金毛寻回犬救援历史上的一座里程碑。主席珍妮特·波林向我们介绍道:

"是这样的,一开始我们大概有四五个人。平时,我们用打字机打字,也就是说这本手册是用打字机打出来的,我们觉得这么做很时髦。手册名叫'更好的金毛',我们还在报纸上的宠物专栏做宣传。我自己会写一些介绍救援行动的文章,有时也会介绍我们的日常工作。这本册子一共有44页,我们给美国金毛寻回犬俱乐部送了一本,那里有许多才华横溢而且时间充足的工作人员,他们添加了一些内容,印制了一版96页的手册,名叫'找到它',现在这本册子还在发行中。"[1]

20世纪70年代末期,珍妮特·波林和其他几名成员注意到很多金毛都有遗传疾病,所以他们在分类广告中刊登了这样一则消息:"如有领养或购买金毛寻回犬的需求,请与我们联系。"[2]此后,珍妮特·波林开始接到市民的电话,但"他们并不是要购买那本手册,而是要把家中的宠物交给我们来养。"[3]珍妮特·波林和其他几位成员没有把遭到弃养的金毛寻回犬送进动物收容所,而是决定接收并重新安置它们。谈到这种简单又奇妙的开始,珍妮特·波林表示:"从1980年8月到12月底,我们一共接收了8只金毛。大家感觉像在经营IBM公司,都没料到会发展成这样,竟然真的像公司一样在运转。后来,越来越多的金毛被送到我们这里。"[4]就这样,珍妮特·波林和其他成员慢慢建立起一个成熟的救援团体。珍妮特·波林等人之所以没有把金毛送去收容所,是因为他们认为"我们非常专业,比起动物收容所,我们能更快地找到合适的领养家庭"。[5]

珍妮特·波林详细地介绍了他们的救援理念:

"我们的目的不是拯救全市、全州乃至全世界的金毛,并没有这样宏大的目标。最初的想法就是,我们原来都是圣地

亚哥金毛寻回犬俱乐部的成员,大家都喜欢狗……我们所扮
演的角色既不是狗主人,也不是狗的监护人。我们所做的一
切也不是要为金毛争取什么权利,只是因为大家都很喜欢金
毛,所以就这么开始了。"[6]

　　珍妮特·波林还指出,不同的犬类救援组织有不同的救援理念。
她说:"在特定犬类救援组织中,盛行一种利己主义。也就是说,如果
你是一个真正意义上的救援人员,就不会购买或是炫耀狗狗,也不会
让狗帮助人类工作,更不会跑去美国养犬俱乐部注册或者参加纯种犬
展览会。"[7]珍妮特·波林提到的正是"犬控"和"宠物控"的区别,大
多数的犬类救援人员都是"犬控",比如珍妮特·波林自己,她认为去
美国养犬俱乐部注册或者参加美国养犬俱乐部举办的各类纯种犬活
动并无不妥,这些都有利于犬类救援事业的发展。而"宠物控"则认
为,参与美国养犬俱乐部举办的活动与犬类救援的初衷背道而驰。如
果你只关注品种的血统,那证明你不是一个真正意义上的救援人员。
需要注意的是,在美国,"利己主义"是一个贬义词,但是珍妮特·波林
用这个词来区分不同类型的犬类救援人员,所以在这种情况下,"利己
主义"并不带有贬义色彩。珍妮特·波林认为致力于维护动物的权
利、反对动物参加选秀活动的"宠物控"是"利己主义者",但后者则认
为珍妮特·波林才是"利己主义"的典型代表。
　　当被问及救援委员会是否会脱离圣地亚哥金毛寻回犬俱乐部时,
珍妮特·波林坚定地表示:"不会,可能永远都不会。与其说脱离或者
解散,我认为合并的可能性更大。"[8]对此,她给出了更详细地解释:
"我和我的女友以及其他几对夫妻成立了这个委员会,大家都不同意
离开俱乐部。"[9]所以,珍妮特·波林认为这个救援委员会更像是附属
于圣地亚哥金毛寻回犬俱乐部的一个部门,不会独立出去。这就使得
珍妮特·波林的救援委员会与其他大部分的犬类救援组织有了本质

的区别,因为大多数的救援组织都选择脱离原组织并争取成为 c3 机构,以便享有免税待遇。除此之外,组织政策、发展策略和目标是犬类救援组织存在和立足的根基,一旦救援组织在这些方面与原所属的养犬俱乐部发生分歧,就会独立出去。不欢而散也是常有的事。

和珍妮特·波林的救援委员会一样,圣路易斯市的德克基金会也是一家早期成立的金毛寻回犬救援组织。但德克基金会的发展历史与前者截然不同。1980 年,家中饲养金毛寻回犬的鲍勃·蒂雷和奥娜·蒂雷无意间救助了一条名为"德克"的大白熊犬。从此以后,经常有人请求他们帮忙救助金毛。鲍勃·蒂雷回忆道:

> "你知道吗,经常有人把金毛丢给我们,说:'我没法照顾它了,真的照顾不了,你们能帮忙照看吗?'所以一开始,我们只不过是帮人照看狗狗的善心人士,后来就变成专业的救援人员。去年,我们救助了大约 210 只金毛寻回犬。从 1980 年到现在,一共帮助过 3 000 多只吧。"[10]

回想 80 年代初期,鲍勃·蒂雷说道:"我那时候还不知道什么叫犬类救援。我的意思是,我没有想过要去拯救谁,也没有想过专门救助金毛这个犬种,我只是想帮一帮无家可归的小狗们。"[11]所以,按照鲍勃·蒂雷的说法,他并未意识到这是一种救援行动,毕竟他一次只能救助一条金毛。但是,渐渐地,组织的规模越来越大。鲍勃·蒂雷还提到了 80 年代美国犬类救援组织的发展情况:

> "当然了,除了我们,还有一些参与犬类救援但是没有意识到这一点的人。大家都觉得这没什么。当时还没有网络,也没有指导方针,没有未来规划,没有联络对象,没有全国性的领导机构,就是自然而然地发生了,没人问你'这是在干什

么'。在圣路易斯市,有不少大型的动物收容所知道我和我
妻子的存在。如果有人把金毛或者其他犬种送去收容所,那
儿的工作人员会主动联系我们,询问能否提供帮助,毕竟收
容所的接收能力也是有限的。"[12]

渐渐地,当地的收容所都知道蒂雷夫妇可以照顾生病、受伤或行
为异常的金毛寻回犬。越来越多打算弃养金毛的人把狗狗送去蒂雷
夫妇那里,而不是丢进冰冷的动物收容所。"然后朋友,或者听说过我
们的人,还有从我们这里收养金毛的人,都会问'我们能帮上什么忙
吗'。"[13]作为历史比较悠久的犬类救援组织,特别是针对金毛寻回犬
提供救援服务的组织,德克基金会的独特之处在于它没有建立庞大的
关系网,这很可能是因为德克基金会成立的时间较早,当时还没有几
家同类型的救援机构。

从 1980 年到今天,蒂雷夫妇始终致力于救助圣路易斯市的金毛
寻回犬,这意味着他们与其他救援组织和外界的联系非常有限。谈到
这一点,鲍勃·蒂雷说道:

　　"我们的规模非常大,可能是全美规模排在前五位的金
毛寻回犬救援组织,但我们不是特别出名。因为在最开始,
只有我和我妻子两个人做这件事。筹款和发展外部关系这
些事,我们都没做过,觉得没有必要。在过去的四五年里,我
们逐渐意识到德克基金会非常需要善心人士的资助。从那
时起,我们开始做推广和宣传。现在,官网的日点击量大约
有 2 000 人次。据我所知,我们的点击量是最高的,真的想象
不到会有这么高。"[14]

最有趣也最令人印象深刻的是,德克基金会已经在圣路易斯市获

得了广泛的认可,鲍勃·蒂雷被"红雀队"邀请开球足以证明这一点。任何一个稍微了解当地文化的人都知道,享有盛誉 130 余载的"红雀队"是这座城市的骄傲。如果不是因为交通问题导致两个特殊的领养项目被迫以失败告终,那么奥普拉·温弗瑞和艾伦·德杰尼勒斯将会成为德克基金会众多领养人中的一员。[15]

圣地亚哥金毛寻回犬俱乐部的救援委员会可能是美国历史最悠久的金毛寻回犬救援组织。它们都是偶然之间建立起来的,而且成立初期规模较小,但是领导者都非常有能力。它们只有一个目标:解救困境中的金毛寻回犬。两家组织相距 2 000 英里,分别经历了两种截然不同的发展历程。它们与外界的联系少之又少,毕竟在同一时期几乎没有出现新的金毛寻回犬救援组织。但成立于同一年的圣地亚哥金毛寻回犬俱乐部的救援委员会和圣路易斯德克基金会代表了一种时代精神,这种精神影响了加利福尼亚州和美国中西部的人群,这种精神正是"同情话语"的真实写照。

1984 年: 金毛寻回犬的早期救援历史

1984 年,有四家金毛寻回犬救援组织诞生了。其中,位于南卡罗来纳州哥伦比亚市的米德兰兹金毛寻回犬救援组织(以下简称"米德兰兹救援")和位于密苏里州圣路易斯市的冈特韦金毛寻回犬救援组织(以下简称"冈特韦救援")是独立运营的,而位于得克萨斯州达拉斯市的梅特罗金毛寻回犬救援组织(以下简称"梅特罗救援")和加利福尼亚州门洛帕克市诺克金毛寻回犬救援组织(以下简称"诺克救援")则附属于当地的金毛寻回犬俱乐部。其中,冈特韦救援与诺克救援的目标和策略非常明确。不同于 1980 年成立的两家救援组织,也不同于米德兰兹救援,这两家组织在建立完整的内部体系之前并没有进行过任何救援行动,而其他救援组织都是先开展救援行动,随后慢慢建立成熟的体系。可见,冈特韦救援和米德兰兹救援的发展历程非常特殊。在短短的几年内,金毛寻回犬救援组织开始注重制度建设,这与四年前的德克基金会和圣地亚哥金毛寻回犬俱乐部救援委员会"摸着石头过河"的做法截然不同,这也标志着金毛寻回犬救援组织已经进入了关键的发展阶段——救援人员必须意识到,只有在组织的正确带领下,个人才能发挥出最大的才能。这种制度上的创新并没有完全取代原有的运营模式。实际上,在相当长的一段时间内,仍有一些救援组织保留着"魅力型统治"的管理模式,毕竟在犬类救援这样主要依靠个人奉献的领域永远需要默默付出、责任心强的领导者。

米德兰兹救援成立的契机与德克基金会非常相似,都与一条不幸的金毛有关。一条差点被主人开枪杀死的金毛是米德兰兹救援救助的第一个对象。创始人玛丽·威廉姆斯在了解到这起案件后,成立了米德兰兹救援,随后有不少志愿者加入并发展成固定成员。米德兰兹救援的理念与"犬控"的想法类似,也与圣地亚哥金毛寻回犬俱乐部的救援委员会相近。玛丽·威廉姆斯表示:"我无法拯救它们(指金毛寻回犬),也不打算'收集'它们。如果你怜悯这些狗,却不能坚持自己的想法,那会给它们带来伤害。"[16]一条无助的金毛,一个富有同情心的好人和一个意外的开始,成就了米德兰兹救援的传奇故事。米德兰兹救援的管理模式也属于"魅力型统治"。

梅特罗救援位于得克萨斯州的达拉斯市。不同于圣地亚哥金毛寻回犬俱乐部的救援委员会,梅特罗救援离开了原来所在的养犬俱乐部,于 1988 年正式运营,并在 1995 年成为享有免税待遇的 c3 组织。犬类救援组织可能选择脱离或者继续留在原来所属的养犬俱乐部,如何选择要视具体情况而定。如果选择留下,原因可能是成员们顾念旧情,不舍离开,或者救援能力有限,离开俱乐部也无法生存。如果选择离开,原因可能是申请成为 c3 组织的成功率更大,或者方便调动全部资源开展救援活动,而不是将工作重点放在俱乐部组织的其他活动上，比如纯种犬展览会。无论是留下还是离开，都各有利弊。对于原本隶属于养犬俱乐部的救援组织来说，最重要的是选对发展方向，选择前者的是圣地亚哥金毛寻回犬俱乐部的救援委员会，选择后者的是梅特罗救援。

冈特韦救援代表了另一种运营模式：它加入了圣路易斯市的德克基金会，成为第一个在同城已有同类型救援组织的情况下成立的金毛寻回犬救援组织。冈特韦救援的官网是这样介绍组织的发展历史的：

> "1984 年 1 月 1 日，两个喜爱并擅长训练金毛寻回犬的人成立了圣路易斯大金毛寻回犬救援组织。该组织很快发展成为一个人手充足、训练有素的志愿者团体。1999 年 11 月，我们采用了冈特韦救援这个名字，以表明我们的服务范围。'冈特韦'这个词不仅代表着圣路易斯市，也代表着我们致力于为金毛寻回犬寻找充满爱的领养家庭。"[17]

关于为什么在已有德克基金会的情况下冈特韦救援仍然会出现，有两种解释。这两种解释之间可能存在矛盾，但某种意义上来说又互为补充。可以肯定的是，当时圣路易斯市所有的动物收容所都知道德克基金会的存在，但我们无法确定该市的金毛寻回犬俱乐部和养金毛的人也听说过鲍勃·蒂雷。有一种可能是，圣路易斯市的金毛寻回犬俱乐部和养金毛的人都没听说过鲍勃·蒂雷的德克基金会，所以想要开展救援行动的志愿者认为有必要成立一家专门的机构。另一种可能是俱乐部和狗主人都听过说德克基金会，但是圣路易斯市有太多金毛等待救援，单凭德克基金会无法满足救援需求或者他们对早期的救援组织没有明确的概念，所以又成立了一家金毛寻回犬救援组织。总之，在犬类救援事业刚刚兴起的时候，圣路易斯市就成为全美第一座拥有两家同类型救援组织的城市。

诺克救援是由几名来自当地金毛寻回犬俱乐部的成员组建的。2008 年和 2009 年,菲尔·费舍尔担任诺克救援的负责人,他向我们讲述了诺克救援组织的成立经过:

> "当时,俱乐部里有一些成员的积极性特别高,有的是家里没有养狗,有的是退休之后时间比较充裕,'1984 年,大家都觉得有必要成立一个救援小组',所以大家临时组建了一个救援委员会,后来意识到,你知道的,如果想要筹集救援资金,就必须获得国税局的批准,申请成为正式的、非营利性的公益组织。"[18]

费舍尔接着说道:"最开始的时候,我们的组织设在湾区附近,规模很小,只能靠卖些饼干或面包来筹集资金。后来我们搬了很多次地方,从夫勒斯诺搬到了现在的俄勒冈州边界。虽然谈不上哪里都有我们的人,但美国有 35 个县,其中 25 个都有我们的足迹,一共有 200 名志愿者。"[19] 从 1984 年成立至今,诺克救援的服务范围不断扩大,这一点是有目共睹的。

1985 年:逐渐扩大的影响力

1985 年,有三家金毛救援组织成立了,直到今天,这三家救援组织在业界仍享有不可撼动的地位。其中一家是洋基金毛寻回犬救援组织(以下简称"洋基救援"),对于美国和加拿大的犬类救援组织来说,洋基救援可谓标杆性的存在。明尼苏达州的莱戈金毛寻回犬救援组织(以下简称"莱戈救援")也是一家影响范围较广的救援组织,在该组织的带领下,明尼苏达州先后建立了不少同类型的救援组织。最后一家是北卡罗来纳州夏洛特市的夏洛特金毛寻回犬救援组织（以下简称"夏洛特救援"），该组织可谓犬类救援组织中的传奇，因为它是第一个从养犬俱乐部转型成救援组织的机构。

洋基救援是美国最具影响力的救援组织之一，也是目前仅存的三大救援组织中成立时间最早的一个（后文将介绍其他两大组织）。洋基救援在业内的地位非常高，因为它积极地与其他救援组织共享各类咨询并主动提供帮助。提起洋基救援，很多受访者都赞不绝口。为了帮助那些尚处在起步阶段的救援组织，洋基救援主动介绍申请免税待遇的流程，提供申请表格模板，分享选择领养家庭的经验等等。不少受访者都认为洋基救援在业界中发挥着模范带头的作用。已故的苏娜尔金毛寻回犬救援组织负责人鲍勃·伯恩斯坦表示：

> "我们打算在新英格兰建立一家像洋基救援一样的组织。1986 年的时候，我有幸和洋基救援的两位创始人交流过，向他们请教经验。当时洋基救援已经成立三四年了，而且做得很成功。所以我们想参考他们的管理模式，负责人和董事会成员都是提前选定好的，不像现在的很多救援组织，从普通成员中选拔出领导者。我们没有举行过内部选拔。当然了，两种管理模式各有优缺。"[20]

洋基救援不仅在美国影响力巨大，而且在国际上也享有盛誉。位于加拿大安大略州巴里市的金毛寻回犬收养服务公司（又名"金毛救援"）称赞道："洋基救援真的非常有名，我们都听说过它的发展历史。从成立到现在，洋基救援一直发展得很好，值得我们学习……我还亲自去考察过，虽然只有两天，但是他们开展救援的方式给我留下了非常深刻的印象。"[21]洋基救援一直为有需要的组织提供宝贵的咨询和帮助，许多新兴的救援组织在它的扶持下逐渐站稳脚跟。毫无疑问，洋基救援不仅是金毛寻回犬救援领域的"拓荒者",更是整个犬类救援领域的"领路人"。

琼·普格利亚和苏珊·福斯特是洋基救援的创始人,两人最早是当地金毛寻回犬俱乐部的成员。刚刚创立洋基救援的时候,琼·普格利亚和苏珊·福斯特打算把"洋基救援"作为"洋基金毛寻回犬俱乐部"的附属机构运营。琼·普格利亚表示:

> "对于俱乐部来说,救援不是他们的本职工作,他们无法承担这个责任。不是说俱乐部的成员不重视救援,而是大家认为俱乐部毕竟不是一个以救援为目的的组织,大家担心救援工作会消耗过多的人力和财力,毕竟救援组织和养犬俱乐部是两回事。"[22]

如此一来,琼·普格利亚和苏珊·福斯特决定让洋基救援离开俱乐部,但是仍然保留"洋基"这个名字。"毕竟我们是一个整体,我们都喜欢金毛。这份爱是我们前行的动力。"[23]起先,琼·普格利亚和苏珊·福斯特认为工作量不会太大,但很快她们就发现事实并非如此。琼·普格利亚向我们介绍了洋基救援早年的历史:

> "一开始我们完全是凭着感觉走,走一步算一步。但很快我们就发现,有太多金毛等待我们的救援。但这就好比蚍蜉撼大树,我们的力量太微弱了。特别是最开始的那几年,方方面面都需要操心。只有我们两个人,能力实在是有限。后来我们就请求俱乐部提供支援,比如长途运输这种事,我们就会拜托俱乐部的朋友,他们可以提供狗箱,而且经验非常丰富。"[24]

　　琼·普格利亚还分享了一些工作经验,同时强调了是文化转向让社会大众开始认识到犬类救援的必要性。其实,洋基金毛寻回犬俱乐部中有不少人都不理解琼·普格利亚和苏珊·福斯特为什么在救援这件事上如此投入,毕竟洋基救援的理念、目标和能力要求与洋基金毛寻回犬俱乐部截然不同。尽管如此,还是有越来越多的人对她们的尝试和付出表示尊重和赞赏。最重要的是,许多人开始意识到,救援绝不是一件无关紧要、自讨苦吃的事。传统的观念认为,金毛寻回犬俱乐部的功能已经十分全面,没有必要成立救援机构。但是琼·普格利亚和苏珊·福斯特用行动证明了救援的必要性,她们也因此获得了广泛的认可。

　　在一切从零开始的情况下,琼·普格利亚和苏珊·福斯特经历了无数挫折,她们不断寻找最有效的经营模式,坚持探索新的发展路径,在不断完善和反思的过程中,打造了今日的洋基救援。琼·普格利亚是这样描述洋基救援的发展历程的:“就是不断地寻求发展,你知道的,渐渐的,尽管没有明确的计划,但我们学会了顺势而为,而且注重总结经验和教训,有了新的收获也会和大家分享。”[25]不断壮大的洋基救援给其他救援组织树立了榜样。琼·普格利亚还介绍了她们是如何帮助其他组织的:“我们组织了许多研讨会,和全国各地的组织都保持联络,我都数不清当年发了多少封信,到今天仍有很多组织和我们保持沟通。当然了,现在大家都用互联网。相信我,网络的力量太强大了。和以前相比,现在可太方便了。”[26]和大多数犬类救援组织的集资方式一样,洋基救援在最开始也通过筹款活动获取运营资金。但洋基救援很快就意识到,要想扩大组织的规模,就需要更专业、更有效的集资办法。乔伊·维奥拉是洋基救援的一员,有着丰富的公益筹款经验。在她的帮助下,筹款工作逐渐有了起色,这使得洋基救援从一开始就走上了一条注定与其他救援组织不同的发展道路。乔伊·维奥拉说道:

"其实很多组织,应该说所有的组织都是从一些简单的筹款活动开始的,比如洗澡服务、蛋糕义卖、拍卖会、收取领养费、福利彩票等等。洋基救援也是这样开始的。但我们会留意潜在的捐赠人,比如家中养金毛而且经济条件不错的人,或者我们认识的一些喜欢金毛或者喜欢狗的朋友。我们不会放弃举办小型的筹款活动,但是总要向前看是不是? 现在完全不需要依靠小型筹款活动集资的组织只有洋基救援,特拉华谷金毛寻回犬救援组织和归途金毛寻回犬救援组织。"[27]

虽然早期的集资方式都大同小异,但洋基救援很早就开始寻找新的途径,不仅仅依靠最基础的小型筹款活动。从这一点上看,洋基救援再次发挥了模范带头作用。

洋基救援的前成员安妮·卡勒斯告诉我们:"在我看来,琼和苏珊一直是这个领域里的领军人物,所有的开始都源自于她们。从某种意义上来说,洋基救援为所有的犬类救援组织提供了可靠的参考。而且,洋基救援的影响范围从美国一路拓展到加拿大。"[28]安妮·卡勒斯还指出了洋基救援在其他方面的贡献。洋基救援在马萨诸塞州哈德森市的里弗维尤建设了专用犬舍,要知道,目前还没有几家组织拥有自己的犬舍。乔伊·维奥拉还提到了宾夕法尼亚州莱茵霍尔德市的特拉华谷金毛寻回犬救援组织和加利福尼亚州艾尔韦德市的归途金毛寻回犬救援组织,这两家组织也在改进筹款方式上起到了关键作用。虽然,两名创始人琼·普格利亚和苏珊·福斯特已经从洋基救援退休,但洋基救援仍然是金毛救援领域的先锋。

琼·普格利亚和苏珊·福斯特意识到洋基救援的成功离不开良好的基础——洋基救援从早期依赖领袖的救援团队转型成规范的法理型救援组织,这种转变非常难得。而要促成这种权力结构的变化,雇佣专职人员是第一步。琼·普格利亚表示：

> "我们的想法是，如果真心热爱这份工作，就应该让洋基救援成为典范。比如哪一天我们这些人不在了或者退休了，还有后继者可以从洋基这里学到一些经验，把这个火炬传递下去。就算洋基救援不在了，也一样有人为救援事业前仆后继。这是我们希望看到的，所以我们设立了执行董事这个职位，而且是带薪的。"[29]

没有人比琼·普格利亚更了解从"魅力型统治"到"法理型统治"的转变过程。不仅洋基救援实行法理型管理模式，许多救援组织也开始尝试。最神奇的是，这种权力的转型总是在无意之间就完成了。琼·普格利亚的看法是："随着组织的不断发展，内部的成员也在不断成长和改变。其实，他们用来管理和经营组织的文件资料，很多都是由我们提供的，只不过他们没有察觉到。"[30]还有什么能比争先恐后的模仿更能说明洋基救援强大的影响力呢？

位于明尼苏达州明尼通卡市的莱戈救援也是一家颇具影响力的救援组织。简·尼加德是莱戈救援的创始人之一，她向我们讲述了营救第一条金毛寻回犬的故事：

> "在明尼苏达，经常有人弃养金毛。我真想不通，怎么会有人不喜欢金毛呢？当时，一位朋友给我们打电话，那时候我刚好要出门。她和另一位朋友去动物收容所打算领养一只猫，发现那儿有一只九个月大的小金毛。她问我要不要把那只金毛也带回家。我当时就说'好！我们来养它！'后来，我们带它看了兽医，给它做了绝育手术，还给它打了疫苗。几天后，兽医竟打来了电话，问道：'那只金毛还在你们家

吗?'、我说:'在的,还在我们家。'兽医接着说:'我们这里有
位客人,他们的狗狗刚刚过世,想打听哪里可以领养小狗,不
知道你那边方不方便呢?'"[31]

就是从这件小事开始,莱戈救援慢慢发展成全美最大的犬类救援
组织之一。在早期的发展阶段,莱戈救援也借鉴了不少洋基救援的运
营方式和管理模式。简·尼加德表示:

　　"洋基救援有很多表格之类的文件资料,而且都是由法
律顾问鉴定过的。我们想申请成为 c3 组织,洋基救援表示
可以提供全套的资料,而且会帮助我们完成申请流程。后
来,我们还拜访过洋基救援,他们带我们看了犬舍还有一些
资料,也让我们看到了他们日常的工作状态。"[32]

此后,莱戈救援发展迅速。简·尼加德表示,她认为这样快速的
成长离不开技术的进步,因为"互联网出现以后,情况就变得不同了,
每个人都愿意施以援手。"[33]在不断成长的过程中,莱戈救援也尽可
能向其他救援组织提供帮助,并因此而闻名。20 世纪 90 年代,卡特里
娜飓风登陆美国时,莱戈救援用行动证明了其乐善好施的理念。贝利
尔·保德是莱戈救援的成员,她向我们讲述了参与灾后救援工作的故
事,那时她刚刚加入莱戈救援不久。

　　"我一直很喜欢金毛寻回犬这个品种……金毛给人的印
象非常温暖……我了解到莱戈救援是一家值得信赖的组
织……组织里的成员,官方网站,还有救援行动,我都很满
意……这种氛围比我在职场中感受到的还要好。"[34]

贝利尔·保德加入的时候,恰巧赶上了卡特里娜飓风过境。她的到来让莱戈救援的内部架构发生了全新的变化。

> "当时刚好赶上卡特里娜飓风登陆,机缘巧合让我有幸进入到管理层……我给莱戈救援的主席打了电话,表达了我的看法。'我有一个想法。如果我能把金毛带出受灾区域,莱戈可以接收它们吗?'后来,我被任命负责灾后救援。高层表示'只要是狗狗需要帮助,只要你能把狗带回来,我们就无条件接收,无论是给它们请兽医还是找领养家庭,都没问题'。"[35]

就这样,莱戈救援奋斗在灾后犬类救援的最前线,数以百计因为飓风而流离失所或受到伤害的金毛因为莱戈而获救。

当政府叫停南达科他州的一家纯种犬养殖场时,莱戈救援也提供了巨大的帮助,解救了 80 只患有疾病的金毛寻回幼犬。"美国农业部联系了我们,他们要关闭一家虐待动物的纯种犬养殖场,需要我们的帮助。当时有 80 只金毛幼犬无处安放,农业部问我们是否可以照看。"贝利尔·保德向我们透露。[36]她继续说道:"一时之间,我们根本找不到 80 名领养人,也没有足够的资金来照看这么多的幼犬。但是那些金毛的健康状况很糟糕,还有很多都已经死掉了,在纯种犬养殖场的时候就冻死了。但是我们没法拒绝,如果我们不接手,这些可怜的小东西还能去哪里呢?"[37]贝利尔·保德认为,莱戈救援的成功与它良好的声誉有极大的关系。她认为,如果没有莱戈救援,很难在明尼苏达州找到第二家能够在危急关头找到大量志愿者和资金的组织。贝利尔·保德接着补充道:

> "在我看来,莱戈救援是成功的。至少在明尼苏达州是

数一数二的救援组织。因为领导层,不管是从前我担任领导的时候,还是现在的高层,甚至包括更早以前的领导者们,大家都拒绝成为利己主义者(请注意,这里的'利己主义'含贬义)。我们不是最好的,我们也不知道捷径在哪里,我们也会犯错误。但是我们真诚地希望能够为那些弱小的动物贡献一份绵薄之力,这一点毋庸置疑。每个人都投入了大量的资源,尤其是时间、金钱和精力,大家都相信多一份努力,就多一分希望。"[38]

莱戈救援不仅会对需要帮助的金毛寻回犬施以援手,还会为其他面临运营或发展难题的救援组织提供帮助。"罗威纳犬救援组织,比特犬救援组织还有明尼苏达犬类绝育项目都联系过我。"贝利尔·保德说道:"他们没想到莱戈救援竟有这么多志愿者,更没想到大家这么敬业。"在谈到莱戈救援如何与其他地区的救援组织合作的时候,贝利尔·保德说:

  "需要的时候,我们会把狗运出去,对方也可能把狗运过来。有些救援组织没有足够的资金支付医疗费用,或者找不到领养家庭,他们也会把狗送到我们这里来。我们刚从俄克拉荷马州收养了7只狗。面对数量庞大的狗狗,像苏娜尔(金毛寻回犬救援组织)这样规模较小的机构就难以应付。所以我们和苏娜尔救援的主席鲍勃·伯恩斯坦达成了一项协议,接收这7只金毛。我想在冬天到来之前,九月或者十月的时候,我们会再接收一批。"[39]

莱戈救援一直在积极帮助其他救援组织,由此可以看出成员们并非偏爱金毛寻回犬这一个品种,而是关心所有犬类动物。支援其他救

援组织、卡特里娜飓风灾后救援、叫停非法纯种犬养殖场……这些都
离不开成员们无悔的付出与投入。莱戈救援和洋基救援一样,成功地
从依赖领导者个人魅力的组织转为制度化的组织。简·尼加德和贝
利尔·保德——就如同洋基救援的琼·普格利亚和苏珊·福斯特一
样——创立了一种发展理念,让莱戈救援蜕变成今天这个备受尊敬、
影响深远的大型组织。

　　位于北卡罗来纳州夏洛特市的夏洛特金毛寻回犬救援组织可谓
是犬类救援领域里的特例。据我们所知,这是唯一一家起源于金毛寻
回犬俱乐部而后将俱乐部完全转变成救援组织的机构,也就是说夏洛
特救援没有留在原来的俱乐部,也没有脱离俱乐部独立运营,而是从
根本上改变了俱乐部的性质。夏洛特救援的主席吉恩·菲茨帕特里
克讲述了该组织成立的契机。当时,吉恩·菲茨帕特里克还只是夏洛
特市金毛寻回犬俱乐部的成员。他说:

　　　　"有一次,俱乐部的成员接到一个电话。对方正在搬家,
　　问我们是否愿意收养他们的宠物狗。所以我们就把狗带了
　　回来。之后就有人提议,'你知道的,要帮助更多的狗,就需
　　要更规范的操作。'后来就成立了一个类似救援组织的
　　部门。"[40]

　　后来,该俱乐部参与的救援行动越来越多。到了 1991 年,成员们
决定将俱乐部转型成专门的救援组织。曾经有过一段时间,一位成员
贡献了一个犬舍,但后来她离开了,夏洛特救援不得不再次转型,从侧
重于寄养金毛的救援组织转为以接收为工作重点的救援组织。

　　从养犬俱乐部到救援组织的转型丝毫没有影响夏洛特救援的行
动效率。事实上,夏洛特救援已经成为美国犬类救援事业中不可或缺
的存在。吉恩·菲茨帕特里克是这样定位夏洛特救援的:

"我们是美国金毛寻回犬俱乐部国家救援委员会的成员。浏览救援委员会的官网,你会发现上面有全美所有犬类救援组织的资料,夏洛特救援也在其中。委员会创建了雅虎邮箱列表,里面有所有救援组织负责人的电邮地址。他们会根据需要给所有联系人分组,比如组织的负责人在一个分组里,负责领养事宜的工作人员在另一个分组里。当然了,他们也会给所有负责人一份联络方式的副本。所以,我可以查到其他地区救援组织的信息。有时,我们还会收到各种各样的诈骗邮件,比如诈捐之类的。偶尔也会收到某家纯种犬养殖场被抢劫的消息。"[41]

夏洛特救援是一个极好的例子,充分说明了金毛寻回犬俱乐部与金毛寻回犬救援组织之间相辅相成的关系。虽然大家都很清楚俱乐部和救援组织存在着本质区别,但二者也有着明显的共同点:关爱和帮助他们所喜爱的金毛寻回犬。

1986 年:苏娜尔金毛寻回犬救援组织和金毛寻回犬救援与训练中心

与前面提到的救援组织不同,位于俄克拉荷马州俄克拉荷马市的苏娜尔金毛寻回犬救援组织(以下简称"苏娜尔救援")是在当地金毛寻回犬俱乐部的帮助下建立而成的。事实上,当地俱乐部坚决反对创立救援组织。已故的鲍勃·伯恩斯坦是苏娜尔救援的创始人之一,当他和妻子听说出现了一种专门向金毛寻回犬提供救援服务的组织时,他立刻意识到了这类组织的稀缺性和重要性,并且非常感兴趣。当时的鲍勃·伯恩斯坦还是俄克拉荷马市金毛寻回犬俱乐部的成员,后来他和妻子着手创建了他们自己的金毛寻回犬救援组织。前文已经提到鲍勃·伯恩斯坦借鉴了洋基救援的经验,模仿了洋基救援的组织架构,可以说这是非常明智的选择。虽然成立之初,已经有几名俱乐部的成员加入了自己的团队,但鲍勃·伯恩斯坦表示:"其实俱乐部的朋友们反对我组建这样一个救援组织,而且并没有人加入我们。的确有几名俱乐部的成员和我们一起工作,但绝大多数的成员以及俱乐部的领导层没有参与过苏娜尔救援的任何工作。"[42]他认为,这是俱乐部领导者与救援组织领导者个性差异造成的结果。他还表示,如果有机会,非常愿意与俱乐部合作。

很多人都不认可苏娜尔救援在纯种犬养殖场举办的拍卖会上购买幼犬的做法。苏娜尔救援这样做的原因很简单,那就是避免幼犬沦为繁殖工具。虽然某种程度上讲,苏娜尔救援让纯种犬养殖场获了益,无形之中助长了这种风气,但从另一方面看,他们的确拯救了那些患有疾病的幼犬,也预防了遗传病的传播。鲍勃·伯恩斯坦向我们介绍了这种饱受争议的非常规操作:

> "在讨论这个话题时,国内有两种观点,我觉得这其实是件好事。我们也很同意反对者的观点,而我们所能做的就是尊重大家的意见,然后做好我们分内的事。有的救援组织不会像我们一样,以购买的方式帮助纯种犬养殖场里的小狗。虽然他们不认可我们的方式,但仍然愿意并且做好准备接收这些小狗。还有一些救援组织没有场地或资源来照顾这些小狗,他们会给我们寄钱,支援我们购买幼犬,这个办法也很奏效。所以在我看来,大家都在用自己的方式参与救援,这一点非常好。"[43]

虽然各自的救援理念不同,但苏娜尔救援秉承着求同存异、开放包容的原则与全国各地的救援组织合作,解救了无数的金毛。虽然在购买金毛幼犬的问题上仍然存在争议,但正如鲍勃·伯恩斯坦解释的那样,这并不妨碍救援组织之间开展合作。在灵缇犬救援领域里同样存在着类似的问题——灵缇犬比赛,关于这一问题的争议将在第九章详细说明。但不同于猎犬比赛的争议,纯种犬养殖场的问题没有给金毛寻回犬救援领域带来重创。虽然理念不同可能导致分歧甚至是冲突,但这些都不会影响合作,更不会给金毛造成二次伤害。

　　位于弗吉尼亚州梅里菲尔德的金毛寻回犬救援与训练中心(以下简称"梅里菲尔德救援")与洋基救援的发展轨迹相似。梅里菲尔德救援的创始人玛丽·简·谢尔瓦斯曾经是波托马克河谷金毛寻回犬俱乐部的成员。刚刚参加救援行动时,她还在兽医医院工作,但不久,她就意识到单凭自己一个人远远不够。于是,她向所属的俱乐部求援,有三名俱乐部的成员与她一起建立了梅里菲尔德救援。在发展的过程中自然少不了磨炼和挫败,"那种感觉就像跳进火坑一样,摸爬滚打之后才明白到底该怎么做"。[44]同洋基救援一样,梅里菲尔德救援"从波托马克河谷金毛寻回犬俱乐部独立出来,我们一开始就离开了俱乐部,而且我们认为这才是明智的做法。独立运营是我们成功的秘诀之一"。[45]和许多救援组织一样,梅里菲尔德救援也接受过洋基救援的帮助。"洋基救援真的帮了我们很多"玛丽·简·谢尔瓦斯表示,"如果洋基救援在我们负责的地区内发现了受困的金毛,他们一定会通知我们,然后我们再去做后续的工作……我想说的是,在成长的道路上,我们并不孤单。我们很清楚还有许多志同道合的朋友们在坚守,比如洋基救援。我们非常愿意和他们合作,从他们身上吸取经验"。成立于1986年的梅里菲尔德救援不断扩大规模,后因地理原因拆分出3个分部,分别是位于弗吉尼亚州东南部约克敦市的金毛寻回犬救援与训练中心、位于马里兰州奥因斯米尔斯的"金色之心"金毛寻回犬救援组织,以及位于弗吉尼亚州西部德尔雷的"天堂乐园"金毛寻回犬救援组织。

　　最令人印象深刻的是梅里菲尔德救援一代和二代领导层的顺利交接。玛丽·简·谢尔瓦斯解释道：

　　　　"2000年12月的时候我离开了弗吉尼亚州，那也是我在梅里菲尔德救援最后的时光，组织里仍有人不认识我。对我来说，这是一件好事。因为这代表我们的组织已经顺利度过了初始阶段，成功地建立起了新的领导团队，他们知道自己的职责是什么，并且没有受到创始人的影响。有些救援组织的内部会爆发冲突或者矛盾，但是我们没有这样的困扰，这一点非常难得。"[46]

　　梅里菲尔德救援获得了只有极少数救援组织才能取得的成功：从"魅力型"组织顺利转型为"法理型"组织。在"削弱个人权威、推崇制度和规则"的新框架下，梅里菲尔德救援仍能保持原有的发展态势，要知道，现实中很少有救援组织像它一样将"魅力型统治"惯例化。

　　苏娜尔救援和梅里菲尔德救援的发展路径截然不同。前者的发展历程较为坎坷，创立之初便遭到了所属俱乐部的极力反对，而后又因为向纯种犬养殖场购买幼犬遭到了同行的批评。与之相比，梅里菲尔德救援发展得比较顺利，正如玛丽·简·谢尔瓦斯在采访中提到的那样，该组织成功地完成了从"魅力型"到"法理型"组织的转变。无论是苏娜尔救援还是梅里菲尔德救援，两者都属于金毛寻回犬救援领域中的特例，但也正因它们的存在，金毛寻回犬的救援历史才更加精彩。

1989~1992年：金毛寻回犬救援事业的
新篇章——第一场救援热潮

　　从1989年到1992年，美国又有7个州出现了金毛寻回犬救援组织。1989 年，犹他州西乔丹市的"伙伴"金毛寻回犬救援组织诞生了。一年后，"金色邦德"金毛寻回犬救援组织在俄勒冈州波特兰市成立了。1991 年，佛罗里达州、佐治亚州、密歇根州分别出现了具有区域代表性的佛罗里达中部金毛寻回犬救援组织、亚特兰大金毛寻回犬救援组织和奥本山金毛寻回犬救援组织，这表明当地居民已经开始重新审视人与狗的关系。位于南卡罗来纳州约翰斯岛的罗康特金毛寻回犬救援组织也成立于 1991 年，成为当地第二个以金毛为主要服务对象的救援组织。1992 年，位于内布拉斯加州少年镇的内布拉斯加金毛寻回犬救援中心成立了，这是少年镇的第一家金毛寻回犬救援组织。同年，俄亥俄州也拥有了第一家金毛寻回犬救援组织——克利夫兰市金毛寻回犬救援服务中心。在短短的四年内，美国金毛寻回犬救援组织的数量增加了整整一倍。新兴的组织大多分布于犹他州、俄勒冈州、佛罗里达州、佐治亚州、密歇根州、内布拉斯加州和俄亥俄州。这种现象表明，在反对忽视和虐待动物的社会背景下，发展了近十年的犬类救援组织已经成为动物保护运动的主力军。金毛寻回犬救援组织的快速发展更加证明了犬类救援的必要性和正确性。

　　要成立一家新的救援组织有两种方式："有样学样"和另立门户。也再没有什么能比这更能说明金毛寻回犬救援组织的热门程度。无论是哪一种方式，都可以反映出一个最基本的问题：人们重视犬类救援这项活动，并且有充分的理由去模仿或者超越。只有在原有的基础上不断改进，才能靠近最终的目标。有的人想借鉴在历史中沉淀下来的经验，有的人则想尝试前人未曾尝试的创新。毫无疑问，越来越多的人关注并且重视犬类救援，不然也不会产生脱离养犬俱乐部的救援组织。当救援区域扩大或救援人数激增时，组织内部就会产生分裂。导致这一时期救援组织内部分裂的原因有两个：一是救援人员想要且认为有必要扩大救援范围；二是内部成员对救援流程、救援理念和组织政策的看法不一。

梅里菲尔德救援是第一家经历过内部分裂的金毛寻回犬救援组织,约克敦金毛寻回犬救援与训练中心(以下简称"约克敦救援")因此诞生。约克敦救援在官网上发表声明,称"1990 年,约克敦救援成立于汉普顿锚地,主要为生活在从北卡罗来纳州与弗吉尼亚州州界到大里士满一带的金毛寻回犬提供救援服务"。[47]约克敦救援成为梅里菲尔德救援在南方的合作伙伴,两家组织将在各自负责的区域内开展联合救援。事实证明,合理的内部分裂不会妨碍区域合作,也不会影响友好关系的建立。梅里菲尔德救援与约克敦救援的成功实践无疑对其他救援组织产生了积极的影响。第一次分裂——这个过程犹如产卵一般——证明金毛寻回犬救援组织已经发展到了一个相对成熟的程度。运营良好的救援组织可以对外提供帮助,最大限度地提高救援效率,满足日益增长的救援需求。这有利于救援组织自身的发展,又有利于犬类救援事业的长足发展。运营犬类救援组织与经营企业的本质是相通的:扩大需求,增加供应,平衡供需关系。随着越来越多的犬类救援组织进入公众的视野,人们开始意识到比起动物收容所或人道主义协会,把宠物送去这样的公益组织似乎是一个更好的选择。1989 年到 1992 年是金毛寻回犬救援组织发展的关键时期。仅仅四年的时间,救援组织的数量增长了一倍,可以说这是金毛寻回犬救援历史上的第一个黄金期。至少对于金毛寻回犬这个品种来说,救援组织不再是不受重视的少数团体,而是愈来愈成熟的机构。

1993~1994 年: 下一个黄金期的开始

来自宾夕法尼亚州莱茵霍尔德市的特拉华谷金毛寻回犬救援组织(以下简称"特拉华谷救援")在美国的金毛寻回犬救援历史上占重要地位。1993 年,罗宾·亚当斯和凯西·欧文创立了特拉华谷救援。到了 2000 年,这家组织已经壮大到能够购买救援设施的程度。在成

立仅仅 7 年之后,特拉华谷救援就成为全美第二家有能力购买救援设
施的救援组织。而洋基救援整整花了 11 年才做到这一点。特拉华谷
救援的成长速度无疑是惊人的,和洋基救援一样,该组织也雇用了专
门照顾狗狗的带薪员工。罗宾·亚当斯描述了她参与救援工作的
经历:

> "(在展会上)我会在椅子后面放一块牌子,上面写着等
> 待领养的金毛的名字。那个时候,还是别人推荐我来做这件
> 事的。打算弃养金毛的人会通过电话联系我,然后我来负责
> 发布领养的消息,大家会一起努力为狗狗找一个合适的家。
> 后来,有人邀请我加入一个即将在新泽西成立的救援组织。
> 我接受了邀请,去了新泽西,还起草了一些重要的文件,一切
> 渐渐走上正轨。但当时,组织里有两名志愿者,他们有一些
> 特立独行,不喜欢循规蹈矩。他们给喜欢乱咬人的金毛也安
> 排了领养家庭,这样做不是很合适。"[48]

因为罗宾·亚当斯并不认同这家组织的救援理念,[49] 所以她离
开了新泽西。"不久之后,我的一个朋友凯西·欧文也离开了那里。
她联系了我,说想根据之前的经验在宾夕法尼亚州成立一个新的救援
组织。于是,我们在 1994 年创办了特拉华谷救援。"[50] 这是美国金毛
寻回犬救援历史上首个因为意见不合而导致内部分裂的案例,这种内
部分裂与地理环境造成的内部分裂有本质上的区别,显然后者更为平
淡和温和。

罗宾·亚当斯又向我们说明了成立特拉华谷救援的始末,她表
示:"当时我们没有多少钱。每安排一次领养,我们都会获得一笔感谢
金。这笔钱就是下一只金毛的医疗费。慢慢地,我们积攒了一笔资
金。因为那个时候还没有场地看管金毛,所以我们把狗都安置在了当

地的一家犬舍。"[51]后来,罗宾·亚当斯和同事们发现犬舍的工作人员虐待小狗,于是他们决定购买专供特拉华谷救援使用的犬舍,防止虐狗事件再次发生。2000年,特拉华谷救援举行了一次内部会议,会上决定利用救援经费购买一栋建筑物。罗宾·亚当斯解释道:

> "2000年我们举行了一次会议,会上宣布了投资建造犬舍的事。当时,我们认为至少要五到十年之后才能完成这个计划。没想到,很快就有人送给我们一张100美元的支票。还有人寄给我们一本房地产宣传手册,上面写着有一家寄宿犬舍正在出售,而且这个犬舍距离我家只有6英里远。我们从没想过我们能买得起这样的东西,但我丈夫说:'我们开车过去看看吧。'一看到实物,我就下定决心了。我们出价一万美元,请求房主将犬舍保留三个月,让我们去筹集抵押贷款和首付款。如果我们筹不到钱,那房主不必退还这一万美元;如果我们筹到了钱,那一万美元就作为购买价。州长艾德·伦德尔在我们这里领养了两只金毛,我们邀请他作我们的荣誉主席,请他的狗曼迪作我们的荣誉宠物。州长很高兴,马上就答应了。后来我们就开始了轰轰烈烈的资本运作,还举办了'电话马拉松活动'。所谓'电话马拉松'就是从每年的领养人中挑选出一位,第一年是1994年,第二年是1995年,以此类推,让他们给同年领养了金毛的人打电话,拜托他们照顾好家中的金毛……后来,我们又遇到了资金问题,当时还差10万美元,州长艾德·伦德尔请到了来自费城的知名慈善家皮特·马瑟帮助我们,这位慈善家非常喜欢金毛,现在他办公室的墙上还挂着一张他和金毛的合影。总之,皮特·马瑟捐了10万美元,帮我们解决了抵押贷款的问题。"[52]

艾德·伦德尔曾连任两届费城市长和两届宾夕法尼亚州州长。作为民主党的关键人物,艾伦·伦德尔身居多职,他是希拉里·克林顿的顾问之一,曾帮助希拉里·克林顿在 2008 年获得竞选总统的提名。在这样一位政治领导的帮助下,特拉华谷救援受益良多,但罗宾·亚当斯和她的同事没有因此而松懈,她们依旧以惊人的耐力和恒心坚守在救援的第一线。

除了这则名人轶事外,特拉华谷救援还因致力于帮助其他犬类救援组织而闻名。对此,罗宾·亚当斯表示:"如果其他的救援组织需要帮助,那我们会把特拉华谷救援的组织政策、救援理念、工作流程等资料发给他们,尽我们所能帮助有需要的朋友。"[53] 在过去的 20 年里,特拉华谷救援已经成为其他救援组织的楷模和榜样,与洋基救援成为金毛救援领域内的领军者。罗宾·亚当斯凭借过人的能力不仅带领她的组织走向成功,还带领美国各地的金毛寻回犬救援组织实现突破和飞跃。关于罗宾·亚当斯的事迹,我们将在后文详细介绍。

1994~1995 年:互联网时代到来前最后一批救援组织和伟大的救援先驱

1994 年和 1995 年见证了最后一批在互联网时代到来前成立的金毛寻回犬救援组织。1994 年,位于印第安纳州南部埃文斯维尔的印第安纳南部金毛寻回犬俱乐部和位于纽约韦斯特尔的秋谷金毛寻回犬俱乐部分别成立了救援委员会。后来,这两个委员会并没有发展成为独立的救援组织,而是选择留在各自的俱乐部。尽管规模有限,但两个救援委员会在俱乐部的领导下完成了出色的救援工作。1995 年,俄亥俄州哥伦布市的金色年华金毛寻回犬救援组织和佛蒙特州沃特伯里市的莱根谭金毛寻回犬救援组织成立了。

在 1994 年和 1995 年成立的 5 个救援组织中,网络空间金毛寻回犬救援组织(以下简称"网络空间救援")最为成功。这个由已故的海伦·雷德鲁斯创立的救援组织可谓金毛寻回犬救援组织的先驱。海伦·雷德鲁和其组织内的成员不仅仅专注于救援工作,还突破性地使用了当时尚未普及但发展迅猛的互联网,率先在网络空间内实现联合救援。海伦·雷德鲁斯的最终目标是拥有专属犬舍,非常遗憾的是,在梦想实现之前她就离开了人世。

海伦·雷德鲁斯的网络空间救援给了许多救援组织新的启发,包括德布·哈格蒂创立的"归途"金毛寻回犬救援组织(后文将有详细介绍)。

凭借开拓创新的精神和持之以恒的意志力,海伦·雷德鲁斯为美国的金毛寻回犬救援组织留下了两个影响深远的传统:其一是一年一度的"金毛家族年度庆典"和"金色露西夏令营"。虽然不是正式的活动,但这两场活动意义重大。年度庆典和夏令营通常在周末举行,汇集全美各地的救援人员,当然还包括他们的金毛,大家欢聚在一起,共度美好的周末(在本章末尾我们将再次介绍这些活动);其二是建立网络空间互动交流平台。毋庸置疑,海伦·雷德鲁斯充分利用了这种全新的技术,成为犬类救援历史上的科技先驱,她为犬类救援做出的贡献远远超出了她本身的期望和想象。在此后的几年内,互联网深刻地改变了美国人民的生产生活方式。当然,互联网也渗透到了犬类救援领域。

1996~1999 年:互联网的普及和
第二次救援热潮的开端

1995 年之前,互联网主要用于学术研究。美国国家科学基金网络发布了"使用政策"[54],禁止互联网用于商业用途。1955 年,美国国家科学基金网络开始使用互联网并解除商用禁令。[55]随后,互联网被广泛地用于商业用途,给未来的通信行业和金融行业带来了革命性的变化。这场技术变革激发了新泽西州贝特西·索尔和贾里德·索尔夫妇的灵感。1996 年,索尔夫妇创建了一个公益网站,名为"宠物之家"[56],专门用来帮助动物收容所中的动物。从此,人们不必再亲自到收容所中挑选宠物,可以在线上虚拟的"收容所"查看全国各地待领养的动物。此举彻底改变了美国人领养宠物的方式,也大大增加了潜在领养人的数量,让更多无家可归的动物找到归宿。

互联网的普及和商业化对现在的犬类救援组织产生了深远的影响,不仅从根本上改变了救援方式,还拓宽了救援的范围,为救援人员提供了新的选择和视野,这远远超出了人们的想象,即便说互联网改变了犬类救援组织的结构和特点也不为过。互联网促进了救援组织之间的交流与互动,比如电子邮件和雅虎网站为救援人员自由讨论问题和分享解决方案提供了可能。筹款活动也发展到了一个全新的水平,曝光率的增长直接导致了捐款的增加,尤其是"贝宝"(线上支付平台)在线捐款功能彻底取代了传统的邮寄支票,一键捐款不再是难事。通过访问救援组织的官方网站、查看待领养的狗狗的照片和阅读介绍狗狗性格的文章,人们越来越了解救援组织的职能,参与救援的积极性越来越高,申请领养的人数也越来越多。简而言之,互联网已经彻底改变了传统,创造了一个让救援组织成长和互动的新世界。对犬类救援组织来说,互联网具有划时代的意义,如果没有互联网,许多救援工作可能仍然无法开展。

从 1980 年到 1995 年的 16 年间,美国涌现了 26 个金毛寻回犬救援组织,而从 1996 年到 1999 年,共成立了 21 个金毛寻回犬救援组织。[57]所以,在 20 世纪 90 年代的最后四年里,金毛寻回犬救援组织的数量翻了一番。这些救援组织可能起源于俱乐部,也可能从原来所属的救援组织中独立出来,当然也有独创的。在这 16 年中,有 7 个州见证了当地首批救援组织的诞生。截止到 90 年代末,美国共有 20 个州建立了金毛寻回犬救援组织。互联网的出现让组织间的互动越来越频繁,所以在这一时期内成立救援组织比以往任何时候都要容易得多。此外,救援人员可以借助互联网获得更多新鲜的咨询和专业的知识,这意味着救援行动将进行得更加彻底。第七章将更详细地介绍互联网对犬类救援的影响,互联网将是我们讨论的重点。1998 年,位于纽约詹姆斯维尔的金毛寻回犬救援组织(以下简称"詹姆斯维尔救援")成立了。起初,詹姆斯维尔救援只是当地金毛寻回犬俱乐部——纽约金毛寻回犬俱乐部下设的救援委员会。委员会的创始人是卡罗尔·艾伦,她也是美国金毛寻回犬救援历史上备受瞩目的人物,甚至可以说站在历史转折点上的领袖。她是这样描述詹姆斯维尔救援的成立过程的:

> "从 1995 年到 1998 年,我们还是金毛寻回犬俱乐部下
> 设的救援委员会。这是詹姆斯维尔救援的起点。最重要的
> 是,俱乐部可以为我们购买保险。要知道,以前为了遏制救
> 援组织的发展,养犬俱乐部一般不会支付这笔保金。我们和
> 俱乐部各自掌管各自的财务报表和会员名单,所以从这个角
> 度来说,我们不完全是俱乐部的一分子——我们尽量与俱乐
> 部保持适当的距离。"[58]

谈到学习经营救援组织的过程时,卡罗尔·艾伦表示再也找不到比罗宾·亚当斯更好的导师了:"某个周末,我向罗宾·亚当斯讨教经验,真的是受益匪浅。"[59]可以看出,要想成功地经营和管理金毛寻回犬救援组织,前辈的指导非常重要。通过这次学习,卡罗尔·艾伦借鉴了特拉华谷救援的发展经验,成功建立了属于自己的詹姆斯维尔救援,并且最终成为像罗宾·亚当斯一样优秀的领路人。

卡罗尔·艾伦认为,尽管俱乐部可以为救援组织提供一个不错的

起点,但俱乐部不是永远的避风港。"我认为离开俱乐部有利于救援组织的发展,哪怕只是为了申请 c3 这个头衔。毕竟免税是福利政策,带给救援组织的好处不言而喻。在我看来,501(c)(3)条款可以为救援组织带来巨大的好处。"[60]卡罗尔·艾伦认为,只有获得俱乐部提供的启动资金,救援委员会才能真正落实救援目标,践行救援理念。c3 组织的身份足以证明詹姆斯维尔救援已经离开了纽约金毛寻回犬俱乐部,但是分裂并没有影响詹姆斯维尔救援与俱乐部保持良好的关系。作为金毛寻回犬俱乐部曾经的成员,卡罗尔·艾伦深知与俱乐部维持关系的重要性:"一直以来,我都积极参与俱乐部和救援组织两边的活动,俱乐部需要帮忙的时候我都会到场。与此同时,我还是詹姆斯维尔救援的主席,这个位子一坐就是十年……俱乐部的成员知道我是发自内心地关心他们……无论是救援工作还是俱乐部的活动,我都很上心。"[61]卡罗尔·艾伦既是詹姆斯维尔救援的领导者,也是美国金毛寻回犬俱乐部的成员,更是推进犬类救援组织制度建设的关键人物,对此后文将展开详细的介绍。

正如前文提到的,救援组织的起源多种多样,除了像詹姆斯维尔救援这种发源于养犬俱乐部的救援组织,还有发源于大型救援机构的组织。位于田纳西州富兰克林市的田纳西中部金毛寻回犬救援组织(以下简称"田纳西中部救援")就是一个典型的例子。该组织的创始人博尔特·奥格斯特以及其他几位创始人曾经是田纳西河谷金毛寻回犬救援组织(以下简称"田纳西河谷救援")的成员,但后来因为地理原因离开了所属的组织。博尔特·奥格斯特表示,纳什维尔地区(位于田纳西州北部)的志愿者主要负责的诺克斯维尔(位于田纳西州东部)的救援工作,但碍于地理条件的限制,纳什维尔地区的团队决定离开并成立新的组织。[62]在谈到组织的发展历程时,博尔特·奥格斯特说道:"我们的组织是 1998 年成立的,当时田纳西河谷救援有足够的场地和人力照看狗狗的生活。没错,差不多 1997 年、1998 年的样子,原来的组织已经发展得非常好了。但 98 年的时候,我们选择离开,而且我们也有能力照看所有的金毛。"[63]这反映出,田纳西中部救援和田纳西河谷救援的相似度较高。在介绍田纳西中部救援的发展方式时,博尔特·奥格斯特告诉我们:"事实上,我们只是在原来的基础上,向前又迈了一步而已。按理说,我应该是最了解这个过程的人,即使组织里的女性成员也认为我更了解我们的发展史。但实际上,我也不是特别清楚到底是怎么走过来的,只能说我们一直在进步。"[64]1998 年,田纳西中部救援从田纳西河谷救援独立出来,直至今日,仍然保持着良好的发展态势。

位于亚利桑那州凤凰城的金毛寻回犬救援组织(以下简称"亚利桑那救援")是一个特例。亚利桑那救援成立于 1998 年,是当地第一家金毛寻回犬救援组织。此后,有三个组织从亚利桑那救援脱离出来,其中有两家仍在运作中。亚利桑那救援的主席芭芭拉·埃尔克表示,虽然有过不欢而散,但董事会决定以大局为重,与所有离开的组织保持联络。她认为与本地的救援组织保持一种"理性的关系"[65]是非常有必要的,这也反映出了如今金毛寻回犬救援组织之间的关系状态。芭芭拉·埃尔克表示,在为亚利桑那救援撰写内部章程的过程中,她曾与当地其他组织沟通,"我们与全国各地同类型的救援组织保持联系,尤其是制度建设比较完善的组织,我与他们都通了电话,表示希望参考他们的内部架构,对方就会把他们的章程副本邮寄给我。"[66]这些救援组织不再"吃老本",而是通过沟通和协商获得新的建议和想法。借鉴已有的规章制度,再结合自身特色,亚利桑那救援在节省了大量时间、人力和金钱的情况下,成功编撰了符合自身发展道路的组织章程。

对于小型救援组织来说,从成立到发展,互联网一直发挥着不可替代的作用。来自宾夕法尼亚州的黄金救援对此深有体会。黄金救援也是一家金毛寻回犬救援组织,成立于 1998 年。当时创始人迈克·达文和莎伦·达文利用互联网为身在加利福尼亚州的儿子寻找丢失的爱犬（结果成功找到）。在寻找的过程中，这对夫妇发现了救援组织的存在，继而决定成立黄金救援。他们援助过一只名叫"帕皮"的金毛，而它的故事反映出了互联网强大的联络功能。达文夫妇告诉我们，他们在一次救援行动中发现了已经 15 岁高龄的帕皮。来自加拿大不列颠哥伦比亚省的网友在黄金救援的网站上看到了帕皮的简介，于是立刻联系达文夫妇，表示帕皮很可能是他们从前走失的宠物。[67]虽然事后发现帕皮并不是他们原来养过的狗，但不得不承认互联网在跨国沟通中发挥的重要作用。作为"宠物控"，达文夫妇的救援理念是给予狗狗毫无保留的爱直到生命最后一刻。所以两年后，当 17 岁的帕皮与世长辞的时候，陪在它身边的依旧是达文夫妇。[68]黄金救援的成员主要包括达文夫妇和其他几名董事会的成员。黄金救援虽人力资源短缺但仍获得了国际关注，因为在互联网时代正式到来之前，没有几家组织可以像黄金救援一样利用网络开展高效的救援工作。

　　1999 年成立于纽约奥尔巴尼的胡椒树犬类动物救援组织（以下简称"胡椒树救援"）也有一段有趣的发展史。胡椒树救援不仅仅为金毛寻回犬提供援救服务，同时也救助其他犬种。胡椒树救援的主席凯文·威尔科克斯说："只要是小狗，我们都会帮助。每次行动救助的品种完全由志愿者决定。我们这里人才济济，有些人负责多个犬种的救援工作，或者曾经参与过多个犬种的救援行动，他们见多识广，对我们的帮助非常大。"[69]虽然有些金毛寻回犬救援组织偶尔会把大白熊犬、拉布拉多寻回犬或平毛寻回犬误认成金毛寻回犬，但是胡椒树救援是与众不同的，除了金毛之外，他们还多次救助过美国比特犬和西施犬。很少有金毛寻回犬救援组织像胡椒树救援一样奉行自由、包容的救援理念。

　　如果要研究针对不同犬种而开展的救援行动的效率，那胡椒树救援是再合适不过的研究对象。出于实际需要，胡椒树救援必须与各种

各样的犬类救援组织保持稳定的联系。在评估不同犬种的救援效率时,凯文·威尔科克斯表示:

　　"总体来看,金毛寻回犬救援组织普遍比其他犬种的救援组织效率要高。我认为,这是因为喜欢金毛的人原本就很多,参与金毛救援的志愿者也很多。因为喜欢,所以高效。当然了,也会有人喜欢其他的犬种。只不过因为金毛的数量多、人气高,所以金毛寻回犬救援组织出现得较早。也许以后情况会有变化,但至少目前看来,金毛寻回犬救援组织的行动效率最高。"[70]

　　胡椒树救援无疑是最特殊的金毛寻回犬救援组织之一,但从另一个方面来看,它为我们的研究提供了新颖的角度。

　　1999 年唯一一家新成立的金毛寻回犬救援组织来自北卡罗来纳州的威尔明顿——凯普菲尔金毛寻回犬救援组织(以下简称"凯普菲尔救援")。凯普菲尔救援的创始人之一普里西拉·斯卡雷原本是当地另一家救援组织——纽斯河金毛寻回犬救援组织(以下简称"纽斯河救援")的一员,但后来她发现,这家组织的救援范围超出了她的想象。所以普里西拉·斯卡雷决定离开,与另一位女性仿照原组织的形式创立了凯普菲尔救援。在谈及与其他救援组织之间的关系时,普里西拉·斯卡雷说道:"我们和外界的互动越来越多,尤其与纽斯河救援交往密切,经常互相帮助。"[71]她还表示,尽管凯普菲尔救援的活动区域曾经也是纽斯河救援的活动区域,但这两家组织并没有暗中较量,而是选择合作。由此可以看出大多数的犬类救援组织更倾向于与其他救援组织保持合作关系,而不是竞争关系。当然,不排除有特例情况。

2000~2006 年：“新千年”的救援工作

21 世纪，技术的飞跃为犬类救援活动带来了巨大的便利。新时代见证了社交媒体的诞生：2003 年的“聚友网”，2004 年的“脸书”还有 2006 年的“推特”。我们将在第七章具体介绍社交媒体对特定犬类救援组织的影响，在这里我们只做简短的介绍。随着互联网的普及和通讯方式的改变，志愿者招募、筹款、活动策划和日常运营都变得容易起来，一站式服务，免费便捷。社交媒体的出现更是带来了前所未有的变化。这种新颖的社交方式为救援组织提供了新的曝光渠道，简化了救援组织的组建过程。从 2000 年到 2006 年，有 41 家金毛寻回犬救援组织成立了，这标志着互联网时代开启了金毛寻回犬救援历史的新篇章。

2000 年，来自威斯康星州华盛顿港的威斯康星金毛寻回犬救援组织（以下简称“威斯康星救援”）正式成立。该组织从前文提到明尼苏达州的莱戈救援中脱离出来，成为以威斯康星地区为主要活动区域的独立机构。即便是一分为二，两家救援组织仍然保持着良好的关系。在莱戈救援的帮助下，威斯康星救援逐渐在当地站稳脚跟。随后，威斯康星救援的规模不断壮大，活动范围逐渐外扩，渐渐渗透到了伊利诺伊州北部。可想而知，威斯康星救援面临的挑战越来越多，主席黛比·卢卡斯克表示道：

> “在鼎盛时期，整个伊利诺伊州都由我们负责。就像莱戈救援帮助我们一样，我们也帮助纯金之心救援在伊利诺伊落地生根。以前，伊利诺伊州的北部也在我们的活动范围内，但是现在不一样了，那里需要一家专属的救援组织，所以纯金之心救援诞生了。以前，我们在伊利诺伊州救助过两三

百只金毛。后来纯金之心救援成立了，我们就把狗狗和那片地区全权交托交给他们。"[72]

黛比·卢卡斯克所提到的纯金之心救援是位于伊利诺伊州伍德里奇的一家金毛寻回犬救援组织。受地理条件制约，威斯康星救援与纯金之心救援离开了原所属组织，这样做的好处是：他们可以借鉴原所属组织的政策和模式，结合自身所需，找到合适的发展路径；在遇到问题时，可以随时向原所属组织求助。

全美只有三家金毛寻回犬救援组织拥有自己的犬舍，位于加利福尼亚州艾尔韦德市的归途金毛寻回犬救援组织（以下简称"归途救援"）就是其中之一，另外两家分别是洋基救援和特拉华谷救援。虽然归途救援成立的时间较短，但规模数一数二。实际上，归途救援很可能是全美最大的金毛寻回犬救援组织。迈克·琼斯和乔迪·琼斯是归途救援的创始人，当时他们养的金毛出了车祸，这让他们萌生了加入救援组织的想法。夫妇二人最先选择加入加州的诺克救援，后因与领导人意见不合而离开。2000 年，他们决定成立归途救援。起初，组织里只有夫妇两个人，乔迪·琼斯说："周六的时候会有志愿者来帮忙。我们把马槽改造成浴缸，然后把浴缸从车库推到车道上，志愿者负责给狗狗洗澡。"[73]毕竟，琼斯夫妇家的空间有限，无法收留太多金毛，所以他们决定再找一个合适的场地。迈克·琼斯说道："我们必须搬家，需要找一个足够大的地方来照顾金毛，所以我们就建造了一个犬舍……有一天晚上，乔迪给我打电话，说她母亲在艾尔韦德有一片 8英亩的空地。"[74]于是，归途救援就在距离加州首府萨克拉曼多不远的艾尔韦德落脚了。归途救援的志愿者德布·哈格蒂曾与网络空间救援的海伦·雷德鲁斯合作过，她谈起了刚刚加入归途救援的那段经历："这里有很多志愿者都曾与海伦·雷德鲁斯共过事。加入归途救援后，我们发现乔迪和迈克正在做海伦一直想做的事。"[75]此后，归途救援的活动区域逐步扩大到萨克拉曼多和湾区，几乎覆盖了整个加州，在雷丁、费雷斯诺和贝克斯菲尔德都有归途救援的联络员。

2001 年，位于密苏里州圣路易斯的"宠爱金毛"救援组织（以下简称"宠爱金毛救援"）成立了。宠爱金毛救援的创始人原本是堪萨斯城一家金毛寻回犬救援组织的成员，为了在密苏里州和伊利诺伊州的乡村地区活动，他们专门成立了宠爱金毛救援。主席兼创始人简·诺什告诉我们，她和同事离开了原来的组织并借鉴了他们的章程。[76]宠爱金毛救援发展得非常顺利，定期与其他同类型的救援组织（包括总部位于圣路易斯的德克基金会）联络，同时协助有需要的组织开展救援工作。通过圣路易斯宠物爱好者联盟和美国金毛寻回犬俱乐部，宠爱金毛救援能够与当地乃至全国的犬类救援组织保持良好的互动。简·诺什表示："本地的救援组织都非常友好，大家相互尊重，我觉得这样的氛围特别好。在美国金毛寻回犬俱乐部的帮助下，全美各地的金毛寻回犬救援组织都拥有了严密的组织架构。一旦遇到问题，俱乐部和卡罗尔·艾伦都会帮我们解决。"[77]所以，不只是金毛，其他犬种的救援组织也受到了宠爱金毛救援的照顾。

既不是因为个人因素也不是因为地理因素而导致的内部分裂实属少见，而位于佐治亚州的亚特兰大"遇见金毛"救援组织（以下简称"遇见金毛救援"）就是这样一家特殊的组织。成员们希望致力于救助被主人遗弃的金毛，所以成立了遇见金毛救援。劳伦·根金格尔是该组织的创始人之一。当初，她把自己的狗交给亚特兰大金毛寻回犬救援组织（以下简称"亚特兰大救援"）照顾，同时成为该组织的一员。不久，她注意到亚特兰大救援救助的对象主要是动物收容所中的金毛。劳伦·根金格尔和其他几位亚特兰大救援的成员决定组建自己的救援队伍，重点帮助那些被主人弃养的金毛，他们认为：

　　　　"直接与狗主人沟通可以帮助我们了解狗的行为习惯和

病史,动物收容所可不会告诉你这些。有了这些资料,我们就能更快地为狗狗找到新的领养家庭,因为有小孩子的家庭一般不会选择领养收容所里来历不明的狗。"[78]

遇见金毛救援的发展速度非常快,经常与亚特兰大救援和周围地区的金毛寻回犬救援组织合作。与其他金毛寻回犬救援组织一样,遇见金毛救援还帮助了除金毛寻回犬之外的犬种。劳伦·根金格尔说道:"几年前,佐治亚州旱灾严重,北边的农场都倒闭了,很多大白熊犬流离失所。所以我们也为大白熊犬提供救援服务。直到去年,我们找到了一群朋友,他们打算成立大白熊犬救援组织。"[79]遇见金毛救援能够主动为其他犬种的救援组织提供帮助,这表明该组织运转良好,有足够的资金和人力来扶持新兴的组织。

位于密歇根州大急流城的五大湖金毛寻回犬救援组织(以下简称"五大湖救援")成立于2003年。由于救援理念不同,五大湖救援与密歇根金毛寻回犬救援组织分道扬镳。五大湖救援的创始人之一艾莉·梅登多普向我们介绍了早期的发展历史:

> "起初,我们一无所有。大家一起凑钱交了注册费。直到一年半前,其实也快有两年了,我们还是只能勉强支撑下去……的确很困难。我们还不能接收生了病的金毛,因为拿不出医药费。"[80]

起步艰难的五大湖救援能够发展到今天实属不易,成员们克服了所有内部分裂带来的困难才换来现在的稳定。其实,早在21世纪初期,五大湖救援就已经具备成立的基础,但因为遇到了重重考验,所以发展速度较为缓慢。

来自新泽西州拉诺卡港的海岸之心金毛寻回犬救援组织(以下简

称"海岸之心救援")与其他救援组织有所不同,因为它与位于密苏里州蓝泉市中西部地区的黄金复原救援组织(以下简称"黄金复原救援")保持着长期稳定的合作关系。海岸之心救援的创始人拉娜·温特斯曾负责照看黄金复原救援的金毛,但黄金复原救援位于密苏里州,而她住在新泽西州。后来,拉娜·温特斯又加入了黄金复原救援在新泽西州成立的分部,在那里,她找到了想法相近的同伴。2003年,拉娜·温特斯与这群志同道合的伙伴成立了海岸之心救援。在海岸之心救援成立之前,拉娜·温斯特一直在黄金复原救援和其分部负责犬只的运送工作。在海岸之心救援成立之后,拉娜·温斯特仍然与黄金复原救援及其分部保持着非常密切的联系。这种情况在金毛寻回犬救援领域内十分少见。

　　2003年,位于得克萨斯州的休斯敦金毛寻回犬救援组织(以下简称"休斯敦救援")成立了。休斯敦救援的创始人员原来是当地另一家救援组织(金色年华救援)的成员,而成立休斯敦救援的原因非常简单——救援对象的数量过于庞大。[81]休斯敦救援的负责人汤姆·惠特森向我们介绍了当前的运营状况:

　　　　"我们一直与奥斯汀市的救援组织,也就是金色丝带救援,保持合作关系。在奥斯汀市,想要领养成年金毛的人数较多,这也许和市场或者人口密度情况有关系吧。而休斯敦这边呢,无论成犬还是幼犬,申请领养的人都很多,所以我们经常把金色丝带救援的幼犬接过来。"[82]

　　在意识到领养人对金毛的年龄有所要求后,金色丝带救援和休斯敦救援建立了合作伙伴关系,最大限度地保障了资源的合理配置。这种伙伴关系比较特别,因为这种合作更像是生产中的分工模式,将集中在不同城市不同年龄段的金毛与相应年龄段的领养人匹配起来,满足领养人的特殊需求,确保他们找到心仪的狗狗。也正是这样特殊的分工在无形之中促进了两家救援组织的互动与交流。

2004 年,位于威斯康星州布鲁克菲尔德的金色威斯救援组织(以下简称"金色威斯救援")成立了。金色威斯救援的发展历史为其他犬类救援组织提供了颇具参考价值的经验。在救助金毛寻回犬的同时,金色威斯救援也对其他犬种施以援手。金色威斯救援的主席克雷格·库克洛夫斯基向我们介绍了他们的救援理念:"今年,金色威斯救援加入了美国金毛寻回犬俱乐部国家救援委员会。委员会那边有我的电邮地址,所以有什么重大的事件,我都能第一时间获知。接下来,我计划在做好本地服务的基础上,让金色威斯参与全国性的大型救援活动。我们每个人的工作量都加大了,大家都在积极地分享经验。"[83]从与克雷格·库克洛夫斯基的对话中我们可以发现,2005 年前后,也就是在美国第一家金毛寻回犬救援组织成立的 20 年后,金毛寻回犬救援组织广泛兴起的 10 年后,救援组织对互联网的依赖度非常高,互联网将美国各地的救援组织紧密地联系在了一起。我们有理由相信,在人犬关系不断改善的社会背景下,未来的犬类救援组织将取得更加喜人的成绩。接下来,我们将简要介绍一下国家级金毛寻回犬救援机构。如果没有这些机构的支持和引领,美国各地的金毛寻回犬救援组织是无法从无人问津的边缘团体发展到如今影响巨大的公益组织的。

国家级金毛寻回犬救援机构的诞生

2002 年,一家能够影响所有金毛寻回犬救援组织的机构诞生了,那就是隶属于美国金毛寻回犬俱乐部的国家救援委员会,它的前身是成立于 20 世纪 90 年代的协助救援委员会。美国金毛寻回犬俱乐部国家救援委员会在许多方面都做出了突出贡献,其中最重要的当属每年向各地金毛寻回犬救援组织发放的调查问卷。特拉华谷救援的创始人罗宾·亚当斯负责设计和管理问卷,她向我们讲述了开展调查的初衷。起初,许多俱乐部成员都认为救援这件事根本是无稽之谈。罗宾·亚当斯曾多次表明,不仅有必要成立救援组织,而且要制订一套规章制度,但迎接她的却是怀疑和抵制。为了让大家明白救援的意义,罗宾·亚当斯决定开展一项大规模的调查:

> "我自费组织了一次面向全国的调查活动。我写信给每一家金毛寻回犬救援组织,拜托他们统计这些数据:救助了多少狗,就医花了多少钱,有多少狗接受了安乐死等等。我把这些数据按照狗的年龄分了类,分别是 0 到 1 岁,1 到 4 岁,4 到 10 岁以及 10 岁以上。最后,我把数据分享给俱乐部的成员。"[84]

可以说,为了建立一个名副其实的美国金毛寻回犬俱乐部,为了真正帮助到深受大家喜爱的金毛,罗宾·亚当斯成为一名社会学家。罗宾·亚当斯将各地的数据清晰地按照狗的年龄、数量以及医药费分门别类,有力地证明了美国各地涌现大量亟待救援的金毛寻回犬的事实。在调查结束后,罗宾·亚当斯不仅证明了犬类救援的必要性,还完成了几项重要任务,其中最关键的就是拓宽了与各地金毛寻回犬救援组织的沟通渠道,为未来的跨州合作打下了基础。罗宾·亚当斯不仅为金毛寻回犬救援事业的长期发展铺平了道路,还让俱乐部的成员坚定了参与救援的决心。她将所有的质疑和阻力转化为无私的奉献与投入,让更多的人加入救援的队伍中。

罗宾·亚当斯对金毛寻回犬所面临的困境进行了系统的研究,这不仅转变了美国金毛寻回犬俱乐部领导者和成员们的观念,还催生了重大的制度变革,对美国的金毛寻回犬救援事业产生了深远有益的影响。正如罗宾·亚当斯所说的那样：

> "我们成立了金毛寻回犬基金会,用捐款所得资助全国
> 各地的救援组织,帮助他们建立专属的犬舍……我们还成立
> 过类似于俱乐部分支的一个机构,名叫'协助救援委员会',
> 我还是创始人之一……有一年,我们在科罗拉多州的丹佛市
> 举行了隆重的会议,会上确定了我们的宗旨、目标、行动计划
> 等等,包括为救援组织提供哪些帮助,如何帮助结构松散的
> 救援团体成为一个规范务实的救援组织等等。"[85]

协助救援委员会是第一家专门资助金毛寻回犬救援组织的慈善机构。美国金毛寻回犬俱乐部并没有参与或协调实际的救援行动,反而选择成立协助救援委员会,为的是组建一个能够为各州提供经济支持和全方位服务的机构。虽然最终被美国金毛寻回犬俱乐部国家救援委员会取代,但协助救援委员会在建设全国金毛寻回犬救援网络的道路上留下了浓墨重彩的一笔。

在接下来的几年里,除经济支持外,美国金毛寻回犬俱乐部还向各地的救援组织提供各种各样的帮助。现在的美国金毛寻回犬俱乐部已经发展成为一个能够为任何一家金毛寻回犬救援组织出谋划策的可靠机构。罗宾·亚当斯说:"我还写了一本名为'如何建立和管理救援组织'的手册,我把它捐给了美国金毛寻回犬俱乐部……俱乐部终于意识到原来讨人喜爱的金毛也可能流落街头,原来金毛的数量太多也不是一件好事,而他们能做的就是在救援组织的背后给予支持。"[86]

在美国金毛寻回犬俱乐部的引导和扶持之下,各地的金毛寻回犬救援组织得以繁荣发展。受访者们多次强调,正是因为有了美国金毛寻回犬俱乐部的帮助,他们的组织才能顺利度过早期的发展阶段。他

们还提到,俱乐部的章程具有极高的参考价值,领导团队多次与他们分享经验、传授心得,使得他们的组织少走了许多弯路,从成立到壮大,俱乐部一直在为他们护航。

金毛寻回犬基金会就是美国金毛寻回犬俱乐部最突出的贡献之一。金毛寻回犬基金会是一家由美国金毛寻回犬俱乐部创立但独立运营的组织,对美国的金毛寻回犬救援事业影响深远。该基金会主要为金毛寻回犬救援组织提供资金,帮助它们支付各项开支,尤其是医疗费用。和所有规范的机构一样,金毛寻回犬基金会有明确的要求和申请程序,救援组织必须满足要求并办理手续,才能获得资金。在一定程度上,这样的规定塑造了犬类救援的组织文化。罗宾·亚当斯谈道:

"我们希望救援组织可以更加规范化,所以我们立下了这些规定。只有非营利性质的 c3 组织才能申请获得基金会的拨款。此外,他们还需要提交年度财务报表并完成年度调查。而且,组织内必须有一套完整的政策、流程和规章制度等。基金会还提出了四个申请条件,如果想获得资金,就必须满足要求。"[87]

这四项条件代表着一种统一的标准,规范了金毛寻回犬救援组织的行为,有利于救援组织实现他们的终极目标,即竭尽所能救助无家可归的金毛。而在其他犬种的救援组织中,缺少一个可以与金毛寻回犬基金会相媲美的国家级机构。既没有经济支持,又缺乏统一的标准,加之没有共同的文化和严密的组织框架,其他犬种的救援组织很难达到金毛寻回犬救援组织的发展水平。这一点我们将在后文详细说明。

正如前文提到的,俱乐部下设的协助救援委员会最终被美国金毛寻回犬俱乐部国家救援委员会取代。卡罗尔·艾伦向我们讲述了国家救援委员会的现状:

"金毛寻回犬基金会取代了原有的协助救援委员会,这是一个独立运营的机构。没人可以左右基金会的决定,一切都由基金会内部安排,它甚至不受政治因素影响……再后来,国家救援委员会成立了,这样便于与各地的救援组织交流。基金会和国家救援委员会各司其职,既可以与各地的救援组织保持联络,又可以提供资金帮助,两全其美。"[88]

卡罗尔·艾伦还肯定了罗宾·亚当斯的年度普查。为了及时获取有关金毛寻回犬救援的重要信息,全国调查已经成为美国金毛寻回犬俱乐部国家救援委员会每年必办的活动:

"每年的问卷足有好几页纸,问卷内容都是一样的,每年出的题目也都是一样的。这样做的好处是可以持续收集数据。我们的问题包括:接受结扎或绝育手术的金毛的数量、这一年遇到的特殊情况、支出与收入、医药费用、志愿者人数等等。"[89]

瞧,这就是规范化的好处!显然,美国的金毛寻回犬救援组织已经发展得比较成熟,但是金毛寻回犬的救援历史才不过 30 年。在如此短的时间内,能够取得巨大的进步,实在是非常难得。

将资助机构和援助机构分开建立有利于让救援组织各取所需,不会因向一方求援而对另一方产生不利影响。美国金毛寻回犬俱乐部国家救援委员会不仅在必要时施以援手,还会给各救援小组提供信息支持,包括规章制度的副本等。此外,委员会还在每个地区派驻了两名代表,专门负责协助当地的救援工作。通过国家救援委员会,新兴的救援组织可以直接联系到国家级机构,这不仅有利于建立自上而下的关系网络,更有利于拓宽救援组织之间的沟通渠道,因为不少救援组织都是通过国家级机构提供的信息了解并帮助其他组织的,在降低救援成本的同时也提高了救助量。

在制度创新和对外联络方面,卡罗尔·艾伦发挥了核心作用。作为国家救援委员会的主席,卡罗尔·艾伦负责管理各地救援组织的电邮地址。因此,对于绝大多数救援组织的负责人来说,卡罗尔·艾伦这个名字并不陌生。如果没有她,国家救援委员会可能不会取得今日的成绩。当谈到这个话题时,无数受访者都表达了对卡罗尔·艾伦的敬佩之意。归途救援的创始人乔迪·琼斯说:"我认为,卡罗尔·艾伦在国家救援委员会所做的工作非常出色,她让所有喜爱金毛的人了解到救援的重要性,让大家更加认真地对待救援工作、尊重救援人员……所以当基金会开展资本运作时,社会反响非常好。"[90]在建立健全国家联络网的过程中,卡罗尔·艾伦发挥着关键作用。不仅如此,她还在"卡特里娜飓风"的灾后救援工作中表现突出,推进了救援组织的制度化建设。直到今天,美国的金毛寻回犬救援组织还在遵循她制定的政策。乔迪·琼斯谈道:

> "卡特里娜飓风登陆后,卡罗尔 24 小时不间断地指挥着救援行动,她在第一时间与亚拉巴马州、密西西比州和路易斯安那州的动物收容所取得联系,组建灾后救援队伍,营救困在受灾地区的金毛寻回犬……因为现在的经济环境不太好,很多纯种犬养殖场都倒闭了。所以,卡罗尔建立了一个专门负责联络纯种犬养殖场的团队。她太了不起了,责任心强又见多识广,她带领全美的金毛寻回犬救援组织走向了一个全新的水平。"[91]

在这之前,全美各地的救援组织已经拥有完整的框架和结构,能够采取有效措施应对这场可怕的灾难,这一点毋庸置疑。而卡罗尔·

艾伦所做的是建立一个全方位的灾后救援机制,在面临像"卡特里娜飓风"这样突如其来的自然灾害时,能够有条不紊地调动各地的救援组织相互配合,集中资源进行灾后救援。事实证明,这种制度创新带来的好处是巨大的,尤其在处理纯种犬养殖场的问题上,表现出来的优势非常明显。

但有一点是肯定的,并不是所有人都对像卡罗尔·艾伦、罗宾·亚当斯这些人一样发现了制度层面的缺陷并致力于实现突破。在采访的过程中,我们遇到了一些持有不同观点的受访者,只能说他们对这一话题并不感兴趣,并不能说他们完全反对卡罗尔·艾伦等人的做法。比如,迈克·达文表示:

> "我不想谈论任何关于金毛寻回犬基金会的事情。不过,这个基金会确实规模很大,我们的组织和东北地区的分会有联系。所谓有联系,就是我们每年都会从他们那里收到一份调查问卷。除此之外,几乎没有其他往来。基金会从来没有主动找过我们,尽管他们知道我们的存在,这一点我很确定。而且据我所知,他们可以提供经济援助,但是我们从来没有寻求过任何帮助。"[92]

对于各地的救援组织来说,与像美国金毛寻回犬俱乐部和金毛寻回犬基金会这样的大型机构建立联系,既能够节省运营成本,又能够获得一定的收益。但对于小型的救援组织来说,与这样大型的机构保持往来需要投入人力资源,所以小型组织不得不审慎抉择、权衡利弊。

在前文中,我们提到了两项有助于建立全国救援关系网的活动:"金毛家族年度庆典"和"金色露西夏令营"。在谈到曾经的同事海伦·雷德鲁斯时,德布·哈格蒂详细介绍了这两项的活动:

　　"金毛家族年度庆典创立于 1999 年。当时的想法是,应该把救援人员聚到一起,让大家互相认识一下。那个时候,盖尔·卢斯蒂克刚好在宾夕法尼亚州开设了儿童夏令营。所以第一年的庆典是在那儿举办的,参与人数大概有 50 人左右吧……那个时候,大家都是单独行动的,没有人组建自己的救援队伍,也没听说过其他救援组织,更不用说联合救援了……现在,金毛家族年度庆典仍在举办。(采访时间为 2009 年 8 月)。作为 c3 组织,金毛寻回犬基金会也参与庆典活动。后来又出现了金色露西夏令营,一个在周末举办且具有一定教育意义的活动,旨在拉近人与狗之间的关系。今年要举办第二届夏令营了。今年的年度庆典将在劳工节当日举行,劳工节之后的周末将举办夏令营,大概是 9 月 12 号。"[93]

　　所以,除了美国金毛寻回犬俱乐部和金毛寻回犬基金会这样国家级的大型机构,也有金毛家族年度庆典和金色露西夏令营这样非官方举办的活动为各地的金毛寻回犬救援组织提供交流的机会。

总　　结

　　直到今天,美国各地仍然不断涌现出大大小小的金毛寻回犬救援组织。从 2007 年到 2010 年,有 11 家救援组织成立了。到 2013 年夏天又出现了 9 家。所有的迹象都表明,经过数年的发展,美国的金毛寻回犬救援组织已经在犬类救援领域打下了坚实的基础,而且出色地完成他们唯一的使命:让成千上万的金毛寻回犬感受到爱、安全与尊重。从长远角度看,救援组织需要将领导者的个人魅力惯例化。换句话说,就是要从仰仗领导人个人能力的组织转型成采用选举制或任命制的规范化组织。

在成立初期,绝大多数救援组织的管理模式都属于"魅力型"。组织内部往往有一位或多位富有魅力的领导者,大事小情都由他/她(们)定夺。然而,成功是需要付出代价的,事必躬亲意味着领导者不得不牺牲掉大把的个人时间,光是这一点就超出了大多数人的能力范围,更何况并不是所有人都愿意这样付出。对于任何一家企业的创始人和管理者来说,要找到一位像自己一样负责、勤勉的接班人并不容易。对于金毛寻回犬救援组织来说,也是如此。但仅仅做到负责或者勤勉是远远不够的,奉献精神和同情之心是支撑犬类救援组织发展的基石,接班人须得具有一定的共情能力和自我牺牲精神。为了长远的发展,创始人们必须找到一种行之有效的办法,确保退休后组织仍能正常运转。这个办法就是改变现有的模式,让组织的大事小情不再由领导者一人决定。也就是说,救援组织依靠的不再是管理者的个人魅力,而是管理者的领导能力,虽然接班人不一定像初代领导者一样拥有强大的个人魅力,但他(她)必须具备决策和授权的能力,采取以规则和制度为基础的"法理型"管理模式。目前为止,许多金毛寻回犬救援组织已经成功转型,其中包括洋基救援和梅里菲尔德救援,但并不是所有组织都完成了这样的转型。对于那些尚未开始转型的救援组织来说,要想在创始人离开后仍能继续发展,须得脱离依靠领导人魅力和品格的初始阶段,打破原有的组织架构,建立科学规范的管理机制。这并不是一件容易的事情,因为凭借着自身的魅力和坚持不懈的努力,创始人创建了由自己领导的救援组织,所以从某种程度上来说,创始人的思想观念就是这个组织遵循的救援理念和宗旨,在这样的组织文化下,创始人的地位难以撼动,所以对于接班人、整个组织乃至是创始人自己来说,转型都是一件非常困难的事。

虽然犬类救援领域中不乏佼佼者,但金毛寻回犬救援组织无疑是最成功的代表之一。在过去的三十年中,美国各地逐渐涌现出服务于当地的金毛寻回犬救援组织,可以说,救援网络已经覆盖全国。如果有需要,国家级的救援机构,即美国金毛寻回犬俱乐部,随时可以提供支援。金毛寻回犬救援组织之间合作的方式堪称犬类救援组织的典范。洋基救援、莱戈救援、特拉华谷救援和归途救援等出色的金毛寻回犬救援组织主动为其他犬种的救援组织提供帮助。琼·普格利亚[94]、简·尼加德、罗宾·亚当斯、乔迪·琼斯、卡罗尔·艾伦,还有无数前仆后继的拓荒者,为金毛寻回犬救援组织的长足发展立下了汗马功劳。他们不仅为救援组织打下扎实的根基,更为其他组织提供了良好的示范和积极的帮助。

金毛寻回犬救援组织最显著的特点就是它们拥有独特的联络渠道,后文将重点分析这些组织是如何维护外部关系的。其他犬种的救援组织就没有这样成熟的关系网,比如,与金毛寻回犬救援历史相似的拉布拉多寻回犬就是非常典型的例子。虽然后者与前者在外形和习性方面非常相似,且后者似乎更受人类的青睐,但拉布拉多寻回犬救援组织没有金毛寻回犬救援组织那样长寿,更没有成熟的关系网。第八章将详细介绍拉布拉多寻回犬救援组织的情况。

下一章将重点介绍犬类救援行动的地域差异。外部环境的变化——从文化到气候,都会对犬类救援组织产生影响,包括资金来源、领养方式、兽医服务和行动目标:为狗狗找到充满爱与温暖的领养家庭。

注释

[1]~[9]　珍妮特·波林,于 2009 年 6 月 22 日接受安德烈·马克维茨的电话采访。

[10]~[15]　鲍勃·蒂雷,于 2010 年 8 月 18 日接受安德烈·马克维茨的电话采访。

[16]　玛丽·威廉姆斯,"新闻"米德兰兹救援(未注明日期)http://midlandsgoldenrescue. org/AboutUs. html(2011 年 9 月 26 日)。

[17]　冈特韦救援,"关于我们"(未注明日期)"About Us." n. d. http://www. goldenrescuestlouis. org/AboutUs. asp(2011 年 9 月 26 日)。

[18][19]   菲尔·费舍尔,于2009年7月30日接受安德烈·马克维茨的电话采访。

[20]   鲍勃·伯恩斯坦,于2010年8月12日接受安德烈·马克维茨的电话采访。

[21]   巴布·德梅特里克,于2009年6月23日接受安德烈·马克维茨的电话采访。

[22]~[26]   琼·普格利亚,于2009年6月30日接受安德烈·马克维茨的电话采访。

[27]   乔伊·维奥拉,于2009年7月16日接受安德烈·马克维茨的电话采访。

[28]   安妮·卡勒斯,于2009年7月9日接受安德烈·马克维茨的电话采访。

[29][30]   琼·普格利亚,于2009年6月30日接受安德烈·马克维茨的电话采访。

[31]~[33]   简·尼加德,于2009年8月6日接受安德烈·马克维茨的电话采访。

[34]~[39]   贝利尔·保德,于2009年7月29日接受安德烈·马克维茨的电话采访。

[40][41]   吉恩·菲茨帕特里克,于2010年8月17日接受安德烈·马克维茨的电话采访。

[42][43]   鲍勃·伯恩斯坦,于2010年8月12日接受安德烈·马克维茨的电话采访。

[44]~[46]   玛丽·简·谢尔瓦斯,于2009年8月17日接受安德烈·马克维茨的电话采访。

[47]   约克敦金毛寻回犬救援与训练中心,"常见问题"(未注明日期)http://www.sevagrreat.org/index.php? option=com_content&view=article&id=2&Itemid=3(2011年9月26日)。

[48]   罗宾·亚当斯,于2009年7月7日接受安德烈·马克维茨的电话采访。

[49]   尽管罗宾·亚当斯在采访中提到了该组织的名字,但该组织与原文相关性较弱,故此处选择不公开。

[50]~[53]   罗宾·亚当斯,于2009年7月7日接受安德烈·马克维茨的电话采访。

[54][55]   珍妮特·阿贝特:"政府,商业与互联网的诞生"商业历史评论75,第1期(2001年4月1日),页码:147-176。

[56]   宠物之家,"宠物之家的故事",2012最终版 http://www.petfinder.com/birthday-petfinder-story(2013年6月15日)。

[57]   1996年:落基金毛寻回犬救援组织(科罗拉多州,阿瓦达),金毛寻回犬救援与收养中心(肯塔基州,路易斯维尔),北得克萨斯金毛寻回犬救援组织(得克萨斯州,达拉斯)。1997年:金毛寻回犬救援与社区教育中心(印第安纳州,普莱恩菲尔德),金三角救援组织(北卡罗来纳,格林斯伯勒),金毛寻回犬救援—新泽西州(新泽西州,橡树岭),田纳西河谷金毛寻回犬救援组织(田纳西州,诺克斯维尔),黄金时刻金毛寻回犬救援组织(怀俄明州,卡斯珀),长岛金毛寻回犬救援组织(纽约州,普莱恩维尤)1998年:纽兹河金毛寻回犬救援组织(北卡罗来纳州,罗利市),詹姆斯维尔金毛寻回犬救援组织(纽约州,詹姆斯维尔),哈特兰金毛寻回犬救援队(田纳西州,诺克斯维尔),田纳西州中部金毛寻回犬救援组织(田纳西州,富兰克林),金色丝带金毛寻回犬救援组织(得克萨斯州,奥斯汀),亚利桑那金毛寻回犬救援组织(亚利桑那州,凤凰城),加州南方之友金毛寻回犬救援组织(加利福尼亚州,蒂梅丘拉),南佛罗里达金毛寻回犬救援组织(佛罗里达州,种植园)。1999年:胡椒树金毛寻回犬救援

组织(纽约州,奥尔巴尼),金色之心金毛寻回犬救援组织(马里兰州,奥因斯米尔斯),金色启航金毛寻回犬救援组织(得克萨斯州,休斯敦),内陆帝国金毛寻回犬救援组织(华盛顿州,斯波坎)。

［58］~［61］　卡罗尔·艾伦,于2009年7月7日接受安德烈·马克维茨的电话采访。

［62］~［64］　博尔特·奥格斯特,于2009年7月28日接受安德烈·马克维茨的电话采访。

［65］［66］　芭芭拉·埃尔克,于2010年8月19日接受安德烈·马克维茨的电话采访。

［67］　迈克·达文,于2010年8月23日接受凯瑟琳·克罗斯比的电话采访。

［68］　宠物之家,"宠物之家收养中心/金毛寻回犬/欧文"2012年最终版 http://www. petfinder.com/petdetail/12728691-Pappy-Golden Retriever-Dog-Irwin-PA（2013 年 6 月 16 日）。

［69］［70］　凯文·威尔科克斯,于2010年8月18日接受安德烈·马克维茨的电话采访。

［71］　普里西拉·斯卡雷,于2010年8月19日接受安德烈·马克维茨的电话采访。

［72］　黛比·卢卡斯克,于2010年8月12日接受安德烈·马克维茨的电话采访。

［73］［74］　乔迪·琼斯,于2009年8月20日在加利福尼亚州的艾尔韦德市接受安德烈·马克维茨的个人采访。

［75］　德布·哈格蒂,于2009年8月20日在加利福尼亚州的艾尔韦德市接受安德烈·马克维茨的个人采访。

［76］　简·诺什在采访中没有提及该组织的名字。

［77］　简·诺什,于2010年8月9日接受凯瑟琳·克罗斯比的电话采访。

［78］［79］　劳伦·根金格尔,于2010年8月18日接受凯瑟琳·克罗斯比的电话采访。

［80］　艾莉·梅登多普,于2010年8月10日接受凯瑟琳·克罗斯比的电话采访。

［81］［82］　汤姆·惠特森,于2010年8月9日接受凯瑟琳·克罗斯比的电话采访。

［83］　克雷格·库库洛夫斯基,于2010年8月20日接受安德烈·马克维茨的电话采访。

［84］~［87］　罗宾·亚当斯,于2009年7月7日接受安德烈·马克维茨的电话采访。

［88］［89］　卡罗尔·艾伦,于2009年7月7日接受安德烈·马克维茨的电话采访。

［90］［91］　乔迪·琼斯,于2009年8月20日在加利福尼亚州的艾尔韦德市接受安德烈·马克维茨的个人采访。

［92］　迈克·达文,于2010年8月23日接受凯瑟琳·克罗斯比的电话采访。

［93］　德布·哈格蒂,于2009年8月20日在加利福尼亚州的艾尔韦德市接受安德烈·马克维茨的个人采访。

［94］　琼·普格利亚致力于为狗狗的终生幸福而奋斗,她不仅创立并领导了洋基金毛寻回犬救援组织,而且在金毛老年犬保护与教育中心也发挥了模范带头作用。后者的使命是"为进入老年期的金毛寻回犬提供终身服务,包括临终关怀"（http://www. goldenretrieversanctuary.org/The_History.html）。除了琼·普格利亚的贡献之外,该组织还以并入金毛寻回犬救援领域中最权威、最成功、最具声望的大型救援组织而闻名,那就是由罗宾·亚当斯领导的特拉华谷金毛寻回犬救援组织。

第五章

犬类救援组织的区域特征

美国各地的人道主义协会和救援组织差异巨大[1]

——埃琳娜·佩斯维托,
南方之友拉布拉多寻回犬救援组织

特定犬类救援组织不是凭空产生的,可以说,犬类救援组织的发展路线和行动方式深受其创立初期所处环境的影响。在比较和分析各犬类救援组织之间的差异时,如果不将组织所处的地理位置作为一个客观因素单独进行研究的话,得出的结论肯定是不全面的。考虑到这一点,本章将从救援组织所处区域的实际状况出发,重点研究区域因素对犬类救援组织的影响。为了确保得出科学的分析结果,我们采用了美国行政管理和预算局的地区划分标准,将全美划分成 10 个标准联邦地区,具体划分情况如下:

地区 1:康涅狄格州、缅因州、马萨诸塞州、新罕布什尔州、罗得岛州和佛蒙特州。

地区 2:新泽西州和纽约州(波多黎各和美属维尔京群岛也位于这一地区,但我们没有研究这两个地方)。

地区 3:特拉华州、马里兰州、宾夕法尼亚州、弗吉尼亚州和西弗吉尼亚州。

地区 4：亚拉巴马州，佛罗里达州，佐治亚州，肯塔基州，密西西比州，北卡罗来纳州，南卡罗来纳州和田纳西州。

地区 5：伊利诺伊州，印第安纳州，密歇根州，明尼苏达州，俄亥俄州和威斯康星州。

地区 6：阿肯色州、路易斯安那州、新墨西哥州、俄克拉荷马州和得克萨斯州。

地区 7：爱荷华州、堪萨斯州、密苏里州和内布拉斯加州。

地区 8：科罗拉多州，蒙大拿州，北达科他州，南达科他州，犹他州和怀俄明州。

地区 9：亚利桑那州，加利福尼亚州，夏威夷州和内华达州。

地区 10：阿拉斯加州，爱达荷州，俄勒冈州和华盛顿州。

以此为基础，我们找出了几个变量来研究这些地区对犬类救援组织的影响。基于这样科学的分析方法，我们相信最终的比较性结果是真实可靠的。在不同的地区，宠物医院、动物收容所、动物绝育法、纯种犬养殖场、救援网络、当地居民对待狗和其他动物的态度都不尽相同。这些客观条件在某种程度上决定着当地是否有组建犬类救援组织的必要，外部环境对救援组织的实际工作、救援行动和救援效率的重要性可见一斑。本章将具体地针对各项影响因素展开讨论。

可预防的犬类动物常见疾病

可预防疾病的平均治疗成本取决于疾病的相对发病率和实际医疗费用。有些可预防的疾病，如心丝虫病，需要特殊治疗，费用昂贵。其他疾病，如莱姆病，只需让狗服用一个疗程的抗生素，因此医药费相对便宜。为了计算平均治疗成本，我们收集了 4 种常见但可预防的疾病的数据：心丝虫病、莱姆病、无浆体病和埃立克体病。心丝虫病通过蚊子传播,而莱姆病、无浆体病和埃立克体病都是通过蜱虫传播的。不同宠物医院治疗心丝虫病的费用有所差距,不易估计,但经过大量研究,我们估算出了大致的治疗费用,平均约为 400 美元。至于其他3 种疾病,则都需服用一个疗程的抗生素。按兽医推荐的服用剂量来计算,一个疗程的费用平均为 43.20 美元。

在确定了治疗这些疾病的大致成本之后,我们统计了 2007 年至2011 年期间各州各类犬类动物疾病的发病率。[2]数据参见图 5.1 和图 5.2。

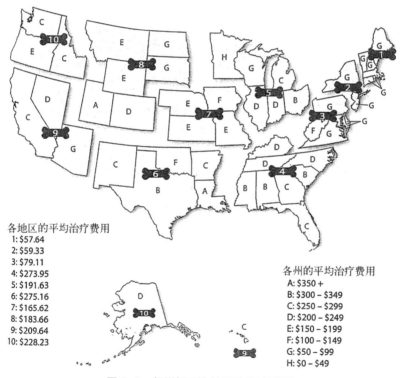

各地区的平均治疗费用
1: $57.64
2: $59.33
3: $79.11
4: $273.95
5: $191.63
6: $275.16
7: $165.62
8: $183.66
9: $209.64
10: $228.23

各州的平均治疗费用
A: $350 +
B: $300 – $349
C: $250 – $299
D: $200 – $249
E: $150 – $199
F: $100 – $149
G: $50 – $99
H: $0 – $49

图5.1　各州每只狗的平均治疗费用

6 区和 4 区是治疗费最高的地区,而且心丝虫病发病率很高,但其他 3 种疾病的发病率较低。遇见金毛救援的劳伦·根金格尔表示:"在这里(佐治亚州),我们的钱主要用于治疗心丝虫病。我们救助的

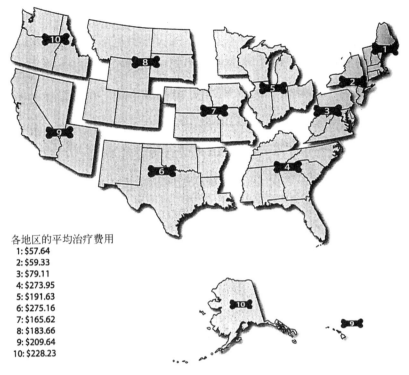

各地区的平均治疗费用
1: $57.64
2: $59.33
3: $79.11
4: $273.95
5: $191.63
6: $275.16
7: $165.62
8: $183.66
9: $209.64
10: $228.23

图 5.2　各地区每只狗的平均治疗费用

金毛中有 25% 患有心丝虫病,每只狗要花费 500 美元左右的治疗费。所以我们大力科普如何预防心丝虫病。"[3] 1 区和 2 区是治疗费用最低的地区,莱姆病发病率很高,但心丝虫病的发病率较低。

　　综合各州的情况,治疗这 4 种常见疾病平均需要花费 328.96 美元,其中路易斯安那州最高,治疗费高达 378.79 美元,明尼苏达州最低,治疗费为 49.83 美元。当然也存在一些特例,例如位于 8 区的犹他州与路易斯安那州。在这两个州,平均每只狗的治疗费用超过了 350 美元,而该地区的平均治疗费用,约为 183.66 美元,局部比整体的平均水平高出了一倍之多。

　　这些数据对各地区的特定犬类救援组织来说意味着什么呢? 在平均费用最低的 1 区,平均每只狗的治疗费用为 57.64 美元,而在平均费用最高的 6 区,平均每只狗的治疗费用为 275.16 美元。这意味着 6 区治疗可预防犬类动物疾病的费用几乎是 1 区的 5 倍。实际上，这让心丝虫病感染率高且莱姆病、无浆体病和埃立克体病感染率低的地区处于劣势，因为治疗心丝虫病的成本大约是治疗其他 3 种疾病的 10 倍。救助一只狗所需要的医疗费用越高，能够获得治疗的狗的数量就越少，这可能会造成救援缺口。降低实际的救助量。同时，这也意味着在治疗费用昂贵的地区进行救援，需要投入更多宝贵的人力资源和筹集更多的救援资金。

动 物 绝 育 法

动物收容所绝育法和社区绝育法同样影响着救援行动：这些法律不仅影响着各州宠物的数量，而且决定了犬类救援组织的开销。如果某个州颁布了动物收容所绝育法，那么当地的犬类救援组织必须给尚未结扎的狗做绝育手术。因此，要准确地比较犬类救援组织之间的差异并评估他们的工作成果，我们有必要了解国家颁布的统一律法和各地实际执行的地方绝育法。

为了比较各州的动物绝育法，我们罗列了一份清单。现行的动物绝育法大致分为两种基本的类型：一是由州政府颁布的动物收容所绝育法，即动物收容所必须给等待领养的动物做绝育手术；二是社区绝育法，即居住在城市内的宠物必须接受绝育手术。[4] 图 5.3 中呈现出了各州可能面对的 4 种情况：① 两种法律都有；② 目前只有动物收容所绝育法；③ 目前只有社区绝育法；④ 没有绝育/绝育法。

在研究过程中，我们并没有发现明显的规律。除了 6 区之外，其他各州都至少执行一种动物绝育法。在这些州中，只有新墨西哥州、得克萨斯州和俄克拉荷马州实行两种类型的绝育法，其他地区则因州而异。我们猜测政治倾向可能是一个影响因素，所以我们比较了支持民主党（蓝州）和支持共和党（红州）的地区，但并没有总结出任何规

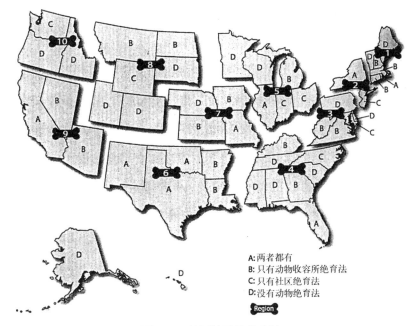

图5.3 美国的动物绝育法

律。只能说,动物绝育法在支持民主党(蓝州)的区域比较常见,而在支持共和党(红州)的区域比较少见。在实行动物收容所绝育法的25个州中,有13个州在2008年的总统大选中将选票投给了贝拉克·奥巴马(52%),12个州投给了约翰·麦凯恩(48%)。实行社区绝育法的州共有16个,其中12个州在2008年的总统大选中支持贝拉克·奥巴马(75%),4个州支持约翰·麦凯恩(25%)。[5]如此看来,比较地区差异不如比较各州差异更有意义。

在一定程度上,当地是否实施动物绝育法决定着是否有必要组建犬类救援组织,同时也影响着救援组织的职能。如果某个州不执行任何动物绝育法,那么在被列入救助计划的狗狗中,未绝育的比例可能偏高,为此,救援组织不得不预留出绝育手术的费用,这直接导致每只狗的救援成本上升,可支配的救援经费减少。而在执行动物绝育法的区域,绝育手术的费用仅占救援组织总预算中很小的一部分,因此这些组织可以将救援资金花费在其他救援项目上面。

纯种犬养殖场

　　决定是否有必要组建一家犬类救援组织的关键因素,还包括当地纯种犬养殖场的数量。毕竟,纯种犬养殖场直接决定当地犬类动物的数量。如果纯种犬养殖场倒闭,那么救援组织就要接收养殖场中的狗。而且,纯种犬养殖场的狗大多患有疾病或行为异常,救援组织不得不投入大量的时间和金钱来帮助它们恢复健康。纯种犬养殖场为犬类救援组织带来了无数的麻烦,珍妮特·波林气愤地表示:"如果在我定居的州内存在纯种犬养殖场,我根本没那个精力参与其他救援行动。"[6]政策限制可能影响待救援犬类动物的数量,因为如果政府严格限制纯种犬养殖场的发展,那么当地不太可能会出现纯种犬养殖场。在密歇根州立大学"动物法与历史"网络中心的帮助下,我们确定了哪些州颁布了纯种犬养殖场管理法。在图 5.4 中,我们仍以 10 个地区

图5.4　美国各地的纯种犬养殖场管理法

为基准,呈现了各地纯种犬养殖场的数量。

数据显示,在4个地区中有2个及以上的州没有颁布纯种犬养殖场管理法,它们分别是4区(肯塔基州、密西西比州、亚拉巴马州、佛罗里达州和南卡罗来纳州)、6区(新墨西哥州和得克萨斯州)、8区(蒙大拿州、北达科他州、南达科他州、怀俄明州和犹他州)以及10区(阿拉斯加州和爱达荷州)。由此可以推断,这些地区的纯种犬养殖场数量较多,尤其是在4区、6区和8区,因为10区中有阿拉斯加州,考虑到该州人口少、面积小且气候恶劣,故该州存在纯种犬养殖场的可能性不大。

在限制纯种犬养殖场发展的州,出现大型纯种犬养殖场的概率很低。与不受法律约束的同类型养殖场相比,受到法律限制的纯种犬养殖场会以更高的标准培育幼犬。纯种犬养殖场一旦倒闭,养殖场附近将出现大量患有疾病或行为异常的狗,照顾它们的重任就落到了救援组织的肩上。在纯种犬养殖场发展环境较为宽松的地区,救助对象的健康情况普遍较差,救援任务更为繁重。有的狗因为健康问题严重可能永远不会被领养,有的狗需要接受一系列治疗才能康复,这对于救援组织来说意味着一笔不菲的开销。如果可以省下这笔钱,救援组织可以帮助更多的小狗。所以,因为纯种犬养殖场不人道的繁育方式,犬类救援组织不得不额外支付一大笔费用,为前者的过失买单。

虽然有些州实行纯种犬养殖场管理法,但法律覆盖的范围和严苛程度大不相同。当然,执法情况也因地而异,但这一点我们不做研究。宾夕法尼亚州也实行纯种犬养殖场管理法,但这里也是美国纯种犬养殖场最为集中的地方。宾夕法尼亚州的养殖场大多由兰开斯特县的阿米什人经营,但是养殖场的条件极为恶劣,而且操作违法。在当地人的眼中,狗只不过是赚钱的工具。宾夕法尼亚州"主线动物"救援组织的创始人比尔·史密斯表示:"(这里的)人们认为,狗就是狗,畜生而已,和鸡、猪、羊一样,没什么区别,就是一个营生。"[7]宾夕法尼亚州的法律以养殖场中狗的数量为基准,规定经营方式。例如,当犬舍中狗的数量少于 60 只时,[8] 经营者可以随意地射杀它们。由此可以看出,即便有相关法律规定,如果规定不合理或者执行不到位,也会引发问题。

各地的救援联盟

服务于同一地区的动物救援组织联合起来就构成了当地的救援联盟。这些救援组织救助的对象各不相同,不仅包括当地的猫、狗和鱼,还包括鸟和蜥蜴之类的外来物种。通常情况下,救援联盟的服务范围覆盖城市及周边的郊区,还有一些大规模的救援联盟可以服务整个州。一般来说,建立救援联盟的目的是促进当地的动物救援组织相互合作。各地的动物救援联盟负责举办联合救援行动或者大型的筹款活动,各个救援组织可以相互分享纯种犬养殖场和领养人的"黑名单"。按照救援联盟的要求,各组织需公开关键的内部资料,比如如何带动物做绝育手术等。简而言之,各地动物救援联盟的作用是为救援组织提供交流经验和共享信息的平台,鼓励并支持救援组织的各项行动。加入当地的救援联盟对救援组织来说是一种"认可"——要获得业内的支持和肯定,救援组织就必须通过加入救援联盟来证明自身的价值。同时,加入救援联盟也代表着救援组织已经发展得较为成熟,且已经取得了一定的成绩。

动物救援组织是否加入救援联盟完全取决于当地救援联盟的数量。一般来说,有以下三种可能的情况:① 当地没有任何的救援联盟;② 当地仅有一家救援联盟;③ 当地存在两个或两个以上的救援联盟,动物救援组织可自行选择。当然,某些组织可能加入了当地所有的救援联盟。

第一种情况通常出现在人口稀少的地区和州,比如怀俄明州。如果当地根本没有救援联盟,那么救援组织很被动,没有选择的余地。
而在分析第二种情况和第三种情况之前,我们需要注意,救援组织可
能出于各种各样的原因拒绝加入救援联盟,比如成立时间短、成员较
少、不感兴趣或者没有注意到救援联盟的存在。在这里,我们只研究
加入了当地救援联盟的组织,其他情况暂不考虑。第二种情况,也就
是当地只有一家救援联盟,如果救援组织选择加入,我们可以根据救
援联盟的政策和理念推断出加入该联盟的救援组织的政策和理念。
比如,在绝育问题和救援方式上,救援组织应该与救援联盟的做法高
度一致。加入救援联盟,表示救援组织已经顺利度过发展的初始阶
段,建立起相对完整的体系和制度,能够渐渐拓宽业务范围,帮助和支
援其他救援组织。在第三种情况下,救援组织能够结合自身条件选择
合适的救援联盟,这侧面反映出救援组织在业内的地位和口碑。只有
资金充足、制度完善的救援组织才能选择和判断哪一家救援联盟更符
合自己的救援理念。要了解一家犬类救援组织的救援宗旨、理念和政
策,不妨看看该组织选择加入什么类型的救援联盟。在很大程度上,
救援联盟影响着救援组织的救援能力以及该组织在业内的地位。因
此,在研究救援组织的过程中,救援联盟也是一个重要的参考因素。

乡村(和南方)效应

　　各地的文化风俗也会影响救援组织的救援能力。我们不会比较
各地的文化并评出优劣,但也不会忽略或美化陈规陋习。通过研究,
我们发现在美国的乡村和南部地区,人们对待动物的方式几乎未曾改
变。但前文已经提到,受 20 世纪六七十年代社会新思潮的影响,美国
社会中人与狗之间的关系已然发生改变,犬类动物越来越受重视,人
们将它们视为最值得信赖的同伴之一,尽管很少有人把它们看作家
人。随着"同情话语"的兴起和扩散,生活在美国城市及周边郊区的人

们开始重新审视陪在他们身边的宠物狗。

我们来看一下各区的人口密度。1 区、2 区和 3 区每平方英里的人口数量超过 200 人;4 区、5 区和 9 区每平方英里的人口数量在 100人以上 200 人以下;6 区、7 区、8 区和 10 区每平方英里的人口数量少于 100 人。其中,2 区人口最为密集,每平方英里有 445 人,而 10 区人口最为稀少,每平方英里只有 14 人。

在美国的乡村和南部地区,大多数的主人都把宠物狗当成动物而不是家中的一员。在这些地区中,狗扮演着同伴的角色,人们养狗主要是为了让它们帮忙放牧、看家和打猎,而不是为了给它们一个温暖的"避风港"。而实际上,人类最应该做的就是给予狗狗无限的关爱和照拂。在南部和乡下地区,人们很少会给宠物做绝育,也很少采取防护措施。至于州政府或者社区,几乎不会设立动物绝育法。不同于城市,南方和乡下几乎见不到特定犬类救援组织,更常见的是我们称之为"犬控"的人。而另一类人,也就是"宠物控",大多集中在人口密集的地区。

当谈到狗的社会地位及其所扮演的社会角色时,许多人都主动谈起各地的差异。来自南方之友拉布拉多寻回犬救援组织的埃琳娜·佩斯维托谈到了美国南部的拉布拉多寻回犬救援组织:

> "在佐治亚州,拉布拉多寻回犬救援组织的规模都不是很大,不过在美国养犬俱乐部的官网上,你可以查到我们(组织)的资料。情况就是这样,大家几乎不怎么做事……组织内部也没有绝育的规定,这在南方很常见,但这个问题非同小可。竟然还有人在自家的后院繁殖幼犬……人道主义协会和救援组织简直就是形同虚设。"[9]

凯文·威尔科克斯也强调了这一点。他表示:"我们与很多南方的动物收容所有合作关系。他们收留了不少只有一两岁大的串种狗,金毛寻回犬的串种,非常可爱。南方不重视绝育的问题,非常可惜。"[10]乔伊·维奥拉表示:"特拉华谷金毛寻回犬救援组织与佛罗里达中部金毛寻回犬救援组织关系很好,因为他们都不认同南方不重视绝育的做法。"[11]绝育不仅会影响领养,还会妨碍救援人员与潜在领养人的沟通。对此,鲍勃·伯恩斯坦表达了自己的观点:

> "所以我们会对领养人强调绝育的重要性,确保金毛拥有一个健康的生活环境。可是,你知道的,在美国这样开放的地方,你总会听到反对的声音。不过没有关系,我们有权拒绝他们的领养申请。如果他们坚持不做绝育手术的话,那只能去其他的组织那里碰碰运气。"[12]

其他地区的救援组织大多对南部地区的组织有所耳闻,主要是因为后者的救援工作做得不够到位。与其他地区相比,南部地区似乎没有意识到绝育的重要性。就这一点而言,南部地区稍显落后。

这种观念和文化上的差异对救援产生了切实的影响——越来越多的小狗被救援组织从南方运到了北方,造成了单向输出的局面。汤姆·惠特森认为:"与南方相比,北方对金毛和拉布拉多的需求更大,而且是供不应求。"[13]汤姆·惠特森所在的组织,也就是休斯敦救援,定期将金毛运送到北方。"最远的是从佛罗里达州和得克萨斯州运来的",来自加利福尼亚州归途救援的乔迪·琼斯说,[14]"我们当然希望当地的工作人员能对狗狗好一些,不过如果他们条件有限的话,我们来照看也是一样"。[15]另一位受访者蕾妮·里格尔告诉我们:"我们的狗有的来自佐治亚州,有的来自田纳西州,还有的来自肯塔基州。是的,南方的部分地区经常往我们这里运送小狗。"[16]如果没有大型的运输工具,救援组织还会考虑其他的运送方法。莫林·迪斯特勒向我们描述了其所在的组织是如何安排长途运输的:"好了,伙计们,必须把这条拉布拉多送到新泽西州去。我在东海岸安排了志愿者,他们只能腾出来两个小时的时间。志愿者会带着狗,把它交给高速公路上加油站的接应人员,然后接应人员再开两个小时的车,把狗交给在下一个加油站等候的人。就这样,一个传一个。多亏了互联网,大家能及时联络彼此,顺利完成接力。"[17]

美国南部有大量的狗需要运送,为了将狗安全无虞地运送到北方,犬类动物运输公司应运而生。有一家公司的运输团队十分专业,凯茜·马勒就曾与之有过合作:"我从密苏里州接收了一条狗,然后又把它送到了康涅狄格州……因为很难找到经常往返于田纳西和缅因的志愿者,所以我们索性雇用了运输车。每个星期,他们都会把南方的拉布拉多送到我们这里。这样一来,我们省下了不少钱。"[18]莫林·迪斯特勒告诉我们:"有几个救援网站会安排从南方动物收容所出来的狗做身体检查,这些狗主要由面包车运送。我的意思是,他们安排了一辆十八轮的大卡车在东海岸一带负责运输工作,把狗从南方送到通过审核的领养人那里。"[19]贝利尔·保德和其他受访者也提到了这种长途运输的方法。来自4区、6区、7区和8区的狗分别前往1区和2区,有的狗也会被运往3区、5区以及加利福尼亚州,不过最后一种情况较为少见。

可以肯定的是,这种长距离的跨区运输是可行的。比如穿梭在连接堪萨斯城和丹佛的I-70州际高速公路上的"科罗拉多救援专线"运送了无数条小狗。贝基·希尔德布兰德分享了她对这个话题的看法:"科罗拉多救援专线的工作人员琳达负责调配运输工具,为科罗拉多州内的救援组织或是领养家庭提供运输服务。大概已经参加过25或者35次救援行动了吧,具体我不是很清楚。总之,他们帮了大忙……琳达还会组织车辆运送小猫……我们这里大约有一半以上的狗都是坐着这趟专线离开的。"[20]因为不同犬种的分布情况不同,加之南方的救援组织与其他地区的救援组织有异,救援组织必须合理地调配资源,让更多的小狗有家可归。

博尔特·奥格斯特曾表示,在当代美国,人们对狗的看法各有不同,而且这种文化差异无关南北,更多地体现在城乡之间:

> "我是土生土长的美国人。在我看来,这里(田纳西州)被打上了'南方'的标签,但实际上,很多所谓的南方文化只流行于乡间……我的意思是,田纳西州的乡下和威斯康星州的乡下差不了多少,人们对狗的看法并没有太大的不同。所以我认为,城乡之间可能存在认知上的差异,可能这种城乡差异在南方表现得更明显。不过,依我看,现在北方城乡之间的差异也越来越明显了。"[21]

博尔特·奥格斯特的城乡差异论与南北方差异论并不矛盾。毕竟,南部地区(4区和6区的一部分)的人口密度低于其他几个地区。20世纪60年代末和70年代出现了文化转向后,人们对犬类动物的看法有所转变,与当地的文化相碰撞和融合之后,形成了独具区域特色的文化。

犬类动物的数量

研究地区差异时,我们还需考虑到各个犬种的实际数量。即便是同一个犬种,各地动物收容所中犬只的平均数量也相差甚远。造成这种差异的原因有很多,比如当地是否有纯种犬养殖场、当地动物收容所的数量、当地犬类救援组织的数量,以及某一犬种在当地的受欢迎程度等等。通过比较金毛寻回犬、拉布拉多寻回犬和比特犬的分布情况,我们揭示了这种差异并分析了这种差异给犬类救援组织带来的影响。

在全国范围内,2011年平均每一家动物收容收留0.18只金毛寻回犬。如果具体到每个地区,你会发现有一个地区非常突出:8 区。该区动物收容所中金毛的数量大约是其他地区的 2 倍。在 8 区,平均每个收容所拥有 0.64 只狗,而其他地区的数据为 0.3 只,甚至更少。从图 5.5 可知,这一区的金毛寻回犬分布较为集中,人口稀少是造成这种情况的原因之一。除此之外,最主要的原因还是与纯种犬养殖场有关。在过去的十年里,北达科他州的几家纯种犬养殖场相继关闭,大量金毛流离失所,再加上该地区人口密度的下降,金毛大多集中在救援组织之中,无形之中加大了救援组织的工作量。明尼苏达州的寻回金毛救援组织情况最为突出,该组织接收了养殖场中所有的金毛,甚至包括周边地区纯种犬养殖场中的狗。和北达科他州相比,明尼苏达州的人口密度更高。然而,北达科他州的金毛寻回犬救援组织没有能力接收这么多狗,只能向周边地区的救援组织求助。[22] 这意味着2011 年 8 区的救援工作可能比其他地区繁重得多。详情参见图 5.5。

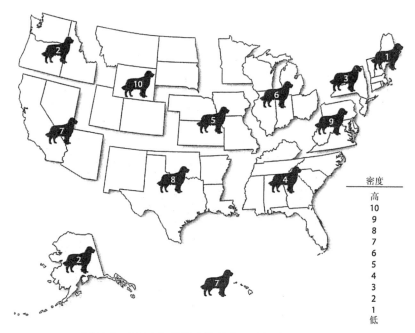

图 5.5　2011 年美国动物收容所中的金毛寻回犬

仍然是 2011 年,从宏观的角度出发,平均每家收容所有 2.97 只
拉布拉多寻回犬。如果按地区分类,差异就非常明显了。拉布拉多大
多集中在 6 区(每个收容所有 4.37 只狗)、7 区(每个收容所有 4.05
只狗)和 4 区(每个收容所有 3.63 只狗)。而在其他地区,大约每家收
容所有不到 3 只的拉布拉多。1 区(每个收容所有 1.35 只)、2 区(每
个收容所有 1.54 只)和 8 区(每个收容所有 1.67 只)最为稀疏。这意
味着,6 区的救援工作量是 1 区的 3.27 倍,救援成本也远远高于 1 区。
详情参见图 5.6。

图 5.6　2011 年美国动物收容所中的拉布拉多寻回犬

比特犬与金毛和拉布拉多的情况完全不同。2011 年,平均每个收
容所有 2.54 只比特犬。它们主要集中在 9 区(每个收容所有 4.66
只),10 区(每个收容所有 3.94 只)和 1 区(每个收容所有 3.05 只);
6 区(每个收容所有 1.41 只)、7 区(每个收容所有 1.47 只)和 8 区(每
个收容所有 1.54 只)的比特犬数量较少。这表明,9 区、10 区和 1 区

的比特犬救援工作十分困难,而6区、7区和8区相对容易。值得注意的是,《恶犬法案》(Breed Selective Legislation)影响了比特犬等犬种的分布。《恶犬法案》通常在县级或市级行政区域实行,该法对宠物登记和佩戴防咬罩等一系列相关事宜做出了详细的规定。[23]在丹佛、科罗拉多、辛辛那提、俄亥俄和佛罗里达州的迈阿密戴德县,当地的《恶犬法案》禁止饲养比特犬,这无疑对当地比特犬的数量产生了影响。但由于这些禁令在较小的范围内实行,所以很难衡量是否会影响整个州内比特犬的数量。[24]详情参见图5.7。

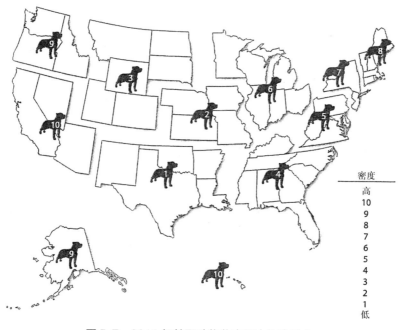

密度
高
10
9
8
7
6
5
4
3
2
1
低

图5.7　2011年美国动物收容所中的比特犬

前文介绍了2011年美国各地金毛寻回犬、拉布拉多寻回犬和比特犬的分布情况。有理由相信,我们的研究结果可以反映出2000年到2010年中每个年份的整体趋势。在这里,我们还需要格外关注一下10区,因为当地收容所中犬种之间的数量差异也非常之大。每个收容所大约有0.04只金毛,2.54只拉布拉多和3.94只比特犬。这意味着在整个地区中,拉布拉多的数量是金毛的 63.5 倍,而比特犬的数量是拉布拉多的 1.55 倍。所以在 10 区,各犬种的救援组织所面临的工作量是不同的。比起金毛寻回犬救援组织,拉布拉多寻回犬和比特犬的救援组织面临的任务更为艰巨。所以在衡量这三类救援组织的工作成果时,外部环境也是重要的考量因素。总之,犬类救援组织之间体现出来的地区差异,既受到了当地文化和地理环境的影响,也受到各犬种实际数量和分布情况的影响。

总　　结

这些数据对救援组织意味着什么? 首先,我们可以得出一个结论,狗的品种在某种程度上决定了救援组织工作量的多少,通过对比各地金毛寻回犬、拉布拉多寻回犬和比特犬的相关数据,就可以证明这一点。其次,地理位置非常关键。为了准确比较某一地区两个不同犬种的救援情况,我们要尽可能选择分布密度相近的犬种进行比较。我们选择了亚拉巴马州(位于 4 区)和纽约州(位于 1 区)。在亚拉巴马州,治疗可预防的犬类疾病大约要花费 335.80 美元,而在纽约州仅需 61.21 美元。这意味着亚拉巴马州的医疗费是纽约州的 5.5 倍。亚拉巴马州没有纯种犬养殖场管理法,但纽约州设立了相关法律,所以,亚拉巴马州的纯种犬养殖场问题更加严重,救援任务也随之变得复杂起来。亚拉巴马州既没有动物收容所绝育法,也没有社区动物绝育法,而纽约州两者兼而有之。因此,在亚拉巴马州需要绝育的狗很可能比纽约州多得多。此外,与亚拉巴马州相比,纽约州的人口更为稠密,"宠物控"的占比也更高,因此纽约州的救援组织可能获得更多的救援资源。

以拉布拉多寻回犬为例: 在亚拉巴马州,平均每家动物收容所有 3.62 只拉布拉多,而纽约州则有 1.54 只,还不到前者的一半。非常明显,亚拉巴马州的救援组织工作并不占优势,所以,草率地批评亚拉巴马州的救援组织工作低效是不公正的,应该更多地考虑其他因素对当地救援组织的影响。

分析救援组织的运作模式,也需考虑到救援组织所处的环境。医疗费用高昂、没有法律监管的纯种犬养殖场、救援联盟和城乡差异等因素既影响待救援犬类动物的数量,也影响着救援组织的整体效能。4区和6区尤其值得我们关注,因为两地的就医成本较高,且缺乏约束纯种犬养殖场的法律。这二者之中,4区的情况更令人担忧。因为与6区相比,4区的就医成本更高,几乎没有绝育法或纯种犬养殖场管理法,于是导致了这样的情况:

4区当地待救援的狗数量庞大,且每只狗的看护成本过高。与位于1区、2区和3区的救援组织相比,位于4区和6区的救援组织面临的挑战更加多样、复杂。所以,在分析各地救援组织的地区差异时,我们需要更加深入地探究各州的具体情况。

下一章将分析另一个影响犬类救援组织发展的重要因素。在第六章中,我们将从自然、地理和气候等方面出发,考察救援组织的制度和政策。我们还将重点研究救援组织与当地的动物收容所、人道主义协会、其他同类型的救援组织、其他犬种的救援组织、纯种犬养殖场、国家级养犬俱乐部之间的关系。

注释

[1]   埃琳娜·佩斯维托,于2010年8月8日接受凯瑟琳·克罗斯比的电话采访。

[2]   爱犬网站,"莱姆病,犬埃里希氏体病,心丝虫病和无浆体病的发病区域"2012年,http://www.dogsandticks.com/diseases_in_your_area.php(2014年4月26日)。

[3]   劳伦·根金格尔,于2010年8月18日接受凯瑟琳·克罗斯比的电话采访。

[4]   美国人道主义协会官网(http://www.americanhumane.org/animals/adoption-pet-care/caring-for-your-pet/spaying-neutering.html)并未直接提及动物绝育法,但提供了有关绝

育的各类信息。以下是两个密歇根州立大学"动物法与历史"网络中心的网页链接，第一个网页介绍了一次针对美国动物绝育法开展的社会调查（http：//www. animallaw. info/articles/ddusspayneuter. htm），第二个网页介绍了实行动物绝育法的行政区域（http：//www. animallaw. info/articles/armpusspayneuter/htm）。

［ 5 ］ "美国总统大选选情地图"，纽约时报，2008 年 12 月 9 日 http：//elections. nytimes. com/2008/results/president/map. html（2013 年 7 月 4 日）。

［ 6 ］ 珍妮特·波林，于 2009 年 6 月 22 日接受安德烈·马克维茨的电话采访。

［ 7 ］［ 8 ］ "阿米什地区与牲畜无异的狗狗——救援组织在哪里"，ABC 新闻，2009 年 3 月 31 日 http：//abcnews. go. com/Business/story？id = 7187712&page = 1（2014 年 4 月 26 日）。

［ 9 ］ 埃琳娜·佩斯维托，于 2010 年 8 月 8 日接受凯瑟琳·克罗斯比的电话采访。

［10］ 凯文·威尔科克斯，于 2010 年 8 月 18 日接受安德烈·马克维茨的电话采访。

［11］ 乔伊·维奥拉，于 2009 年 7 月 16 日接受安德烈·马克维茨的电话采访。

［12］ 鲍勃·伯恩斯坦，于 2010 年 8 月 12 日接受安德烈·马克维茨的电话采访。

［13］ 汤姆·惠特森，于 2010 年 8 月 9 日接受凯瑟琳·克罗斯比的电话采访。

［14］［15］ 乔迪·琼斯，于 2009 年 8 月 20 日在加利福尼亚州的艾尔韦德市接受安德烈·马克维茨的个人采访。

［16］ 蕾妮·里格尔，于 2010 年 8 月 18 日接受凯瑟琳·克罗斯比的电话采访。

［17］ 莫林·迪斯特勒，于 2010 年 7 月 28 日接受凯瑟琳·克罗斯比的电话采访。

［18］ 凯茜·马勒，于 2010 年 8 月 3 日接受凯瑟琳·克罗斯比的电话采访，考特尼·沙利文 2014 年 5 月 26 日发表在《纽约时报》上的文章"收养来自南方的小狗"证实了这一点。作者在文章中明确表示，为了保护小狗免遭安乐死，当务之急是为它们在北方寻找安家落户之所。

［19］ 莫林·迪斯特勒，于 2010 年 7 月 28 日接受凯瑟琳·克罗斯比的电话采访。

［20］ 贝基·希尔德布兰德，于 2010 年 7 月 29 日接受凯瑟琳·克罗斯比的电话采访。

［21］ 博尔特·奥格斯特，于 2010 年 7 月 28 日接受安德烈·马克维茨的电话采访。

［22］ 关爱 11 网，"从纯种犬养殖场脱困的小狗正在康复中"http：//www. kare11. com/news/article/904698/0/Puppies-rescued-from-ND-puppy-mill-recovering（2014 年 4 月 26 日）；双城网，"正在恢复健康的寻回犬"http：//www. twincities. com/ci_5520662（2014 年 4 月 26 日）。

［23］ 琳达·维斯，动物法律与历史研究中心，"美国的动物法"http：//www. animallaw. info/articles/aruslweiss2001. htm（2014 年 4 月 26 日）。

［24］ 利比·谢里尔，《超越传奇》，（影视资料，2013 年）。

第六章

救援组织的外部关系

我们希望保持良好的外部关系，我们也做到了
与各方融洽相处。

——博尔特·奥格斯特，
田纳西中部金毛寻回犬救援组织创始人

与所有独立运营的机构一样，特定犬类救援组织存在于社会的大
环境中。在工作过程中，无论是接收救援对象还是寻找领养家庭，救
援人员都必须与救援组织之外的人或机构建立联系，甚至这些联络对
象所从事的工作与动物救援毫无关系，更不要说与犬类救援有什么联
系了。所以，犬类救援组织与外界交流的方式、内容、形式都深刻地影
响着救援工作的方方面面：从日常照料救援组织中的每一只小狗，到
为它们寻找一个充满爱的领养家庭。因此，与外界建立联系并积极地
维护这种关系是犬类救援组织的工作之一，只有正确理解外部关系的
种类和外部关系对救援工作的影响，我们才能更好地了解犬类救援组
织的社会地位。

首先，我们将分析犬类救援组织可能与哪些群体产生互动。一般
来说，与犬类救援组织互动最多的就是普通民众，包括非救援人员和
非救援组织。实际上，公众对犬类救援组织一无所知，既不知晓他们

的存在,也不了解他们的使命。在本章中,我们将研究犬类救援组织与动物收容所及人道主义协会的关系,因为被遗弃的宠物或流浪狗一般会先被送去收容所或人道主义协会,犬类救援组织救助的对象也大多来自这两类机构。此外,我们将探究救援组织与当地的其他犬类救援组织的关系。考虑到养犬俱乐部也会为救援组织提供帮助,所以二者之间的关系也是我们研究的一个方面。最后,美国养犬俱乐部及附属的救援委员会也是救援组织经常合作的伙伴,他们也在本章的讨论范围之内。不同的互动对象会对救援组织的活动、资源、机会产生不同的影响。反之亦然。本章将详细介绍上述各种外部关系的重要性及其对救援组织产生的影响。

救援组织与普通民众

到目前为止,普通民众是所有犬类救援组织最主要的联络对象。他们可能是与动物救援毫不相关的个人或机构,甚至更多时候,他们根本与"动物"二字沾不上边。毕竟,不管怎么说,狗狗们不可能永远留在救援组织,它们最终的归属是千家万户。救援组织与公众的互动方式多种多样,有的简洁高效,有的复杂烦琐,最终关乎救援组织在当地的口碑、筹款的效果和其他影响救援组织形象与发展的因素。因此,我们有必要总结各种互动方式并分析每一种互动方式的积极影响与消极影响,从而了解救援组织与普通民众的关系是如何影响前者的发展与行动的。

1. 二者的联络方式

犬类救援组织可以通过许多渠道与大众建立联系。简报、公共宣传或科普教育活动以及互联网,都可以成为沟通的媒介。简报是一种较为稳定和开放的互动方式。通过简报,已经与救援组织合作过的领养人能够及时获知该组织的最新动态,而有意捐赠或申请领养的人也可以有的放矢。

公共宣传和科普教育是犬类救援组织在当地扩大人脉资源的重要手段。比如,在公园或宠物店举办活动可以吸引对狗感兴趣或者喜欢狗的人群。也许,参加活动的人从未听说过犬类救援组织。也许,他们只是单纯地希望养一条狗。无论怎样,这都是让大众了解救援组织的好机会。除此之外,救援组织还会举办科普教育活动,专门向公众普及养狗知识。正如前文所提到的,美国仍有很大一部分人不曾了解犬类救援,更不了解犬类救援组织。在 20 世纪 80 年代以前,美国只有动物收容所和人道主义协会,并没有真正意义上的犬类救援组织。直到 90 年代,这一群体才广泛地发展起来,而公共宣传和科普教育活动无疑可以增加大众对这类新兴机构的了解,同时还可以纠正大众对绝育手术错误的认知。

最后,互联网为犬类救援组织提供了一个多维的互动空间,救援组织与社会公众交流的内容也丰富起来,包括筹集善款、招募成员,养狗注意事项和应急处理等等。在过去的十年中,社交媒体逐渐发展成救援组织与社会公众沟通的主要手段,第七章将详细介绍互联网发挥的核心作用。

2. 二者关系所带来的影响

简报、公共宣传或科普教育活动以及互联网,都是犬类救援组织与公众沟通的方式。每种方法各有优缺,从不同程度上影响着救援组织可获得的机会和资源。如果可以做到有效利用,救援组织无疑将有更多机会获得公众提供的资源。如果救援组织忽视与公众的互动或沟通的方式存在问题,那么将失去许多潜在的资源。其中以下三种资源尤为重要:志愿者、捐赠人和弃养者。

如果可以做到合理利用,那么无论是简报、公共宣传或科普教育活动还是互联网,都能够有效地动员志愿者加入救援组织。其中,简报发挥的作用最为强大,可以号召曾经的领养人和捐赠人更加积极地参与救援工作。公共宣传或科普教育活动以及社交媒体可用于寻找和动员没有救援经验的志愿者和捐赠人，正如莫林·迪斯特勒强调的那样：

> "（救援）组织会把收容所中等待领养的小狗的图片公示出来……我们会在超市里搞活动，带上小狗，摆上桌子，给感兴趣的人答疑解惑。我们努力地向人们科普绝育手术的重要性，呼吁大家关注那些困在动物收容所的狗狗。当然了，我们还向大家科普了心丝虫病，毕竟知道的人还是少数。我们在脸书上也会发帖子，科普这些知识。"[1]

活动非常成功，大众的反响异常热烈。事实证明，合理的互动可以带来积极的影响。如果犬类救援的根本目的是让无家可归的狗狗找到真正的归宿，那么救援组织就必须积极地与社会公众互动，让更多的人走进狗狗的世界，尤其是那些未曾受到"同情话语"影响的人。也正因为许多犬类救援组织积极地向公众普及犬类救援的相关知识，人们开始关注宠物的健康，主动让它们接受绝育手术，防止出现更多病狗。

伊迪丝·布莱恩再次强调了宣传与科普的重要性：

> "在这方面，普吉特海湾拉布拉多寻回犬救援组织做得非常好，他们要求所有志愿者参与教育科普活动。到了夏天，几乎每个周末都会有展览，西雅图纯种犬救援组织几乎每个星期都会参加，展位就有数十余个。他们这么做，无非是为了让更多人了解犬类救援这件事。"[2]

黛比·卢卡斯克谈到了简报的作用：

"我们会在线上及时更新简报,也会把简报打印出来,装订成册。与我们合作的宠物医院经常给我们很大的优惠,有时会提供免费的问诊服务。反过来,我们也会定期送一份简报给宠物医院,让他们放在候诊室里。如果有人想订阅我们的简报,每年只需缴纳 5 美元的订阅费。我们会直接把简报邮寄到订阅人的家中。每次有了新的简报,我们就会给志愿者发一封邮件,通知他们去官网更新简报。"[3]

最后,菲尔·费舍尔也分享了简报的用途:

"我们每年年底都会发出一封圣诞捐款邀请信,发给所有过去捐过款的人以及我们通讯名单上的人,现在这份名单上有大约六千个人的信息,包括姓名和地址。每到年底,我们都会获得一笔可观的善款。多亏了简报,大家才能及时掌握我们的动态。"[4]

如果救援组织未能与公众进行及时有效的沟通,那很可能失去潜在的志愿者和捐赠人,白白浪费掉宝贵的人力和资金。如果救援组织不主动与公众进行互动,那么"同情话语"影响的永远只是原来的一小部分人,社会中的绝大多数仍处于尚未启蒙的状态。

毫无疑问,有了社交媒体,募捐活动就简便多了。在这个互联网驱动的时代,救援组织的知名度越高,募捐的成果就越丰硕。要知道,犬类救援组织与其他慈善组织一样,需要依靠社会募捐和政府拨款才能维持运营。

救援组织与民众沟通的质量也会影响到弃养率。通过宣传活动或社交媒体,人们可能会了解到除了动物收容所,犬类救援组织也可以收留宠物。在线下的科普活动中,救援组织可以留意潜在的弃养者,主动帮助他们解决问题,防止随意丢弃的现象发生。受访者苏珊·威尔斯告诉我们:"如果有人联系我们,说他们打算弃养不听话的宠物,那我们会努力地劝说对方不要丢下小狗,必要时还会提供上门服务。"[5]救援组织没有第一时间接管狗狗,而是选择帮助主人解决问题,这种方式的效果非常显著,大大减少了由狗狗行为异常而被弃养的情况。

受访者艾莉·梅登多普表示,狗主人一般会把弃养的消息发布在克雷格网站上:

"如果我们的工作人员看到这些弃养的消息,就会主动联系狗主人,表示救援组织可以帮上忙……工作人员会介绍一些流程,还有注意事项。在网站上,有些人会给狗主人留言,谎称自己愿意照顾狗狗,但转过头就把狗卖到了科研机构。为了防止这种情况发生,我们会提前给狗主人一份救援宣传手册。大家都没想到,原来愿意领养狗狗的人有这么多。所以他们基本都会选择把狗狗交给我们,让我们来安排领养的事宜。"[6]

由此可见,与公众保持有效的沟通,可以做到及时止损。提前与弃养者联系可以避免狗狗被丢进科研机构或过分拥挤的动物收容所。为了防止狗狗落入心怀不轨的领养人手中,许多犬类救援组织联合起来,共同制作了领养"黑名单",同时也采取了其他有效的筛选措施。来自达拉斯沃斯堡的塔米·斯坦利谈到了为保护狗狗的安全,当地的救援组织是如何开展合作的:

"达拉斯沃斯堡关爱犬类动物协会(也是一家犬类救援组织)有一份'黑名单',所有的犬种都包括在内。还有一份文件,详细记载了哪些人不让宠物在室内过夜、哪些人抛弃了宠物、哪些人不让宠物接种心丝虫病疫苗等等。沃斯堡的救援组织之间会分享这些信息,一旦遇到'黑名单'上的人,大家不仅会拒绝领养申请,而且不会告知对方被拒的原因,以防对方换一个理由再去下一家救援组织申请。"[7]

如果能做到与公众及其他机构进行合理有效的沟通,救援组织不仅可以降低弃养率,还可以减少被遗弃的狗狗遭受二次伤害的概率。

如果未能做到这一点,救援组织很可能遇到许多不必要的麻烦。简报、公共宣传或科普教育活动和互联网是通讯的手段,可以用于招募志愿者,发布筹款信息,以及联络弃养者。当然,与公众保持良好的互动也有助于拓宽集资渠道。总而言之,与不善维护公共关系的救援组织相比,善于与公众沟通的救援组织能够获得更多资源,从而提高救援效率。

救援组织与动物收容所

犬类救援组织与当地动物收容所及人道主义协会的关系非常复杂,有的关系良好,有的只是商业合作,有的不相往来,有的甚至互为敌对。无论犬类救援组织与收容所或人道主义协会的关系如何,最终影响的还是狗狗的幸福。如果救援组织能够与这两类机构展开友好合作,那么狗狗的生活可以得到最大限度的改善。反之,破裂的关系会让无辜的小狗备受牵连。而影响关系好坏的正是犬类救援组织与当地动物收容所沟通的频率和质量。

尽管并不全面,但我们仍然总结出了影响二者之间关系的三个方面:第一,领导者发挥着至关重要的作用。无论是犬类救援组织,还是动物收容所,两者都高度依赖领导者的能力。"魅力型统治"是此类机构最常采用的管理方式,领导者最具权威和话语权。所以,领导者的态度和选择对这种关系的影响不可忽视。第二,救援组织参与或组织的各项活动都会影响其与动物收容所或人道主义协会的关系。第三,狗的品种也起到关键性的作用。因为救援组织中通常有一部分狗狗来自动物收容所或人道主义协会,所以两者之间的关系直接决定了犬类救援组织的救助数量和救援质量。

在我们的采访过程中,绝大多数的救援组织表示他们与当地的动物收容所关系良好。60 位受访者中,只有 6 人认为其所在的组织与当地动物收容所的关系较差。明尼苏达州的贝利尔·保德认为,信任是基础,救援组织必须表现出高度的责任感和合作的诚意。贝利尔·保德谈道:

> "我们和收容所的联系非常密切。收容所的食宿条件有限,这一点我们非常理解。我们可以照顾小狗。有时,收容所会主动联系我们,比如有一只金毛的腿断了,不得不接受安乐死,那么收容所就会询问我们是否愿意将它带走。只要他们需要帮助,我们就愿意施以援手。比如,收容所的狗粮储备不足,我们就会分给他们一些。我不敢保证事事都能帮上忙,但我们会竭尽全力。所以,我们的关系一直很不错。而且我们一向说到做到。比如说,如果约定好星期六 1 点钟到收容所接狗,那我们一定会提前 15 分钟到达。取得对方的信任非常重要,尤其在于大型机构打交道的时候,你更要拿出诚意。"[8]

宾夕法尼亚州的罗宾·亚当斯对此表示赞同:

> "这些年来,我们一直与动物收容所保持联络。如果他

们照看不过来,就会联系我们。不管是什么样子的金毛,我们都会接受。有的时候,收容所负担不起高昂的治疗费用,有的时候,老弱病残非常多,这个时候就需要我们来善后。所以,我们的关系一直很好。"[9]

来自亚特兰大的劳伦·根金格尔谈道:

> "我们与收容所的关系非常好。亚特兰大有 25 到 30 个收容所,所有的收容所都有我们的登记信息。首次与他们联系时,我们就学到了一些经验。关键在于你要说清楚来意,还要有实际的行动。不能只是说'我可以把狗带走',而是真的把狗狗接走。说到做到,这一点很关键。"[10]

收容所十分看重救援组织在交流过程中表现出的诚意,这对建立相互尊重、平等互助的关系来说至关重要。犬类救援组织不仅要做到言行一致,而且要了解当地动物收容所的需求,比如有哪些狗需要救援组织的帮助,哪些狗可以由收容所自行安置,哪些狗需要由救援组织接收等等。当救援组织与收容所的关系发展到一定程度时,就会出现这种状况:每当有新的小狗被送到动物收容所,无论狗的状态如何,工作人员都会直接联系救援组织。比如简·卡罗尔创立的海地贵宾犬救援俱乐部就是这种情况。该俱乐部的成员艾米·康普顿说:

> "简在这个领域里摸爬滚打了很多年,一直和当地的收容所保持着良好的关系。每当有贵宾犬被送进收容所,他们便会马上联系简。比如有人会把贵宾幼犬送去收容所,但是因为年纪太小,收容所难以照看,也难以找到合适的领养家

庭。这个时候,他们就会打电话。"[11]

菲尔·费舍尔也谈到了动物收容所:"大多数的收容所都很喜欢我们。如果遇到麻烦的情况,比如有的小狗遭受过虐待,身体状况极差,但是收容所无力看管,那么他们就会联系我们。"[12]如此看来,似乎只要救援组织不侵犯动物收容所的权益,并且明确表明愿意助其一臂之力的决心,那么救援组织还是可以与动物收容所和平共处、互相帮助的。

然而,并非所有救援组织都能够做到与动物收容所互帮互助,有些救援组织甚至与收容所的关系非常尴尬,原因之一可能是领导者性格不合,难以相交。除此之外,还有其他的可能。在这里,我们重点分析三种情况:其一,动物收容所与从前合作过的犬类救援组织发生过不愉快;其二,动物收容所不认同犬类救援组织的做法,担心救援组织会囤积小狗,或者担心救援组织只挑选最健康的狗,把问题最严重的狗都丢给收容所,加重收容所的工作负担。除了以上两个与犬类动物福利相关的原因之外,还有一个非常简单的原因,即利益纠纷——哪一家组织会在合作中获得最大的利益。动物收容所和救援组织的关系一直处在亦松亦弛的状态,因为两种组织的性质相近,业务范围有所交叠,如果开展合作,难以划分职责。

如果犬类救援组织与动物收容所之间有过不愉快的经历,那么后者很可能拒绝与前者进行二次合作。所谓不愉快的经历包括:救援人员公开诋毁动物收容所,指责收容所滥杀无辜(大多被送入收容所的动物都会被迫接受安乐死);心怀不轨的人假扮成救援组织的代表,把从收容所带走的狗卖到了科研机构;收容所的负责人与救援组织的领导者之间发生了纠纷,导致收容所拒绝配合救援组织的任何行动。基于种种原因,动物收容所可能彻底断绝与救援组织往来,甚至可能牵连到未曾与收容所有过合作的其他救援组织。当然,也有可能出现相反的情况,即犬类救援组织拒绝与动物收容所进行合作。

担心救援组织大量囤积小狗是动物收容所谨慎选择合作对象的原因之一。所谓囤积动物,系指在一定范围内囤积了超过一般常见数量的动物,却没有能力安置照料的行为。这种做法不仅严重威胁犬只的生命健康,而且有损动物收容所的形象,因为将犬只交给囤积者会被贴上不负责任的标签。尚未通过 c3 认证的救援组织和知名度较低的小型救援组织都是收容所重点关注的对象。一般来说,动物收容所不会轻易将狗狗托付给陌生的救援组织。来自南加州的朱莉·琼斯谈到了这个话题:

> "动物收容所的工作负担太重了,他们忙都忙不过来。站在救援组织的角度,我们完全可以体会他们的辛苦。很多收容所对待救援组织的态度并不友好,因为的确有一些救援组织因为恶意囤积或者工作失职而声名狼藉。但问题是,只要有一家救援组织犯了错,所有的同行都会受到牵连。南加州就有两家救援组织从患有动物囤积症的人那里带走了一批小狗,但最后却把狗丢给了动物收容所。这种不负责任的做法有损所有救援组织的声誉。因此,救援组织大多独来独往,我们只和信得过的同行合作。"[13]

如果动物囤积症患者伪装成救援人员到处收集小狗,很可能招来收容所的不满,甚至干脆拒绝与任何救援组织合作。本着对动物负责的态度,大多数的动物收容所都不希望将狗狗交给患有心理疾病的领养人,尽可能选择可靠的救援组织合作。

只"挑选"最受欢迎的,也就是最适合领养的狗,把状态糟糕的狗统统留给动物收容所,这种"利己主义"的行为无疑会导致动物收容所与犬类救援组织关系的破裂。因为很少有人会领养状态较差的狗,甚至有些小狗可能永远不会被领养。把"送不出去的"小狗留在动物收容所,意味着逃避困难和推卸责任。收容所里很少有像金毛寻回犬、拉布拉多寻回犬或贵宾犬这样受欢迎的纯种犬,更多的是血统不纯的串种狗。因为大众对串种狗存在偏见,所以收容所更愿意收留几只像金毛、拉布拉多和贵宾这样可爱温顺的纯种犬,吸引更多的领养人前来咨询。只有这样,收容所才有机会向人们推荐串种狗。整个过程大致是这样的:第一位领养人顺利地找到了心仪的小狗。于是第二位领养人慕名而来,收容所的工作人员会为其推荐一条性格开朗但鲜有人问津的串种狗。所以,在动物收容所看来,那些上门单选某一品种(很可能是备受人们喜爱的品种)的犬类救援组织是百分之百的利己主义者。再没有什么单词比"利己"更具有贬义了。

　　一方面,动物收容所认为救援组织基于特定品种的"挑选"非常无礼,甚至有些目中无人。救援组织所表现出来的明显的排他性由其内在本质所决定,这种排他性不可避免,因此不少收容所将救援组织的"利己主义"称为"品种主义"并不牵强。"品种主义",顾名思义,是一种以品种为唯一考量标准的行为模式。从概念上看,这的确带有一定的"种族主义"色彩,虽然这并非犬类救援组织的本意。另一方面,收容所欢迎各界人士领养小狗,也希望小狗能够早日离开只能满足它们基本生存需求的收容所。原因有二:首先,大部分(当然并不是所有)离开收容所的小狗都能获得更人道的待遇;其次,收容所的空间有限,离开的小狗为无数流离失所的同类腾出了地方。

　　动物收容所与犬类救援组织之间的矛盾很难化解,因为二者在一个关键问题上的观点截然相反。这个问题就是:什么是最有效的救援方式。许多收容所仍然坚信,他们一视同仁的救援方式不仅是最好的,也是最人性化的。与此同时,救援组织却坚信针对性强的方法才是最有效的,他们认为"因为喜欢,所以拯救"才是最负责任的做法。我们的许多受访者都提到了关于最佳救援的争议,并且表达了他们的观点。

菲尔·费舍尔说:"很多动物收容所都很喜欢我们……有一些收容会说,'嘿,这里有一条金毛。但是我们需要金毛来打广告,所以不要打电话给救援组织,留下金毛吸引更多的人吧。这个小家伙能为我们带来不少好处呢。'"[14]

玛丽·简·谢尔瓦斯说:"如果我们那里的收容所发现了一条金毛,他们肯定会主动联系我们……如果我们把金毛带走,他们就可以腾出空间给新来的小狗了。毕竟收容所的地方有限,在那里待太久的小狗都会被人道毁灭,没错,就是安乐死。"[15]

黛比·卢卡斯克说:"在我们那里,很多人道主义协会和动物收容所都不愿意把金毛交给我们,因为金毛对他们来说就是金字招牌。要是他们找到了一只健康活泼的金毛,他们是绝对不会把它交给救援组织的。他们喜欢金毛,因为金毛很快就会被领走。所以,我们很难从收容所那里接走金毛。如果可以,那一定是一条患有重度焦虑症的病狗……或者行为异常,或者身染重病,总之,就是收容所无法处理的狗。"[16]

罗宾·亚当斯说:"我想,我们和许多动物收容所的关系都很好……的确,大部分的收容所都喜欢金毛,因为金毛一般待的时间不会太久。金毛对收容所来说是宝贵的资源,他们想要用金毛招揽领养人,这一点我们表示理解,所以我们从来不会强迫他们把狗交出来。但同时,收容所也清楚,只要他们愿意把金毛交给我们,无论健康状况如何,我们都会接受。所以,收容所会把那些需要一大笔护理费的金毛交给我们,而且老狗居多。因为这些上了年纪的狗,就算留在收容所,也多半会被安乐死。"[17]

吉恩·菲茨帕特里克说:"有些收容所会问'你们就要金毛是吧'。我说'是的,不然呢? 我们只负责金毛'。然后他们会说,'哦,你们都不管其他狗的死活吗。'我说,'听着,我们是来帮忙的,你为什么还要抱怨'。这样的情况并不多见,但的确有人会认为我们偏心,因为我们只接管金毛。但话说回来,我们毕竟不是动物救援机构,只是专门救助金毛寻回犬的机构。"[18]

博尔特·奥格斯特说:"我们有一位专门负责与动物收容所联系的志愿者,她专门负责维护我们与收容所的关系……各地收容所对待救援组织的态度都不同。有些很友善……我的意思是,至少他们不讨厌我们,但是他们坚持原则,而且在这方面做得很好……总之,我们会认真地维护我们与收容所的关系。"[19]

乔伊·维奥拉说:"有一些动物收容所的工作人员会说,'好的,太好了,你们愿意把狗接走,我们就可以再去找一只新的小狗了'。但是也有人认为这是一种利己主义的行为。他们憎恨救援组织,因为收容所平等地对待每一只小狗,从来不会因为品种问题过分关照或者忽略它们。"[20]

对于动物收容所而言,并非所有救援组织都在"挑三拣四",这主要取决于狗的品种。像金毛寻回犬这样受欢迎的犬种对收容所来说是极具吸引力的品种,所以金毛寻回犬救援组织很可能背负上"挑挑拣拣"的污名。但有些犬种人气不高,甚至备受嫌弃,比如比特犬,为此,动物收容所不太可能指责比特犬救援组织"挑三拣四"。

贝利尔·保德认为,动物收容所通常只会把情况不理想的小狗交给救援组织,救援组织都必须摆正心态,接受现实。也许这才是最实际,也是最有利于合作的办法。虽然动物收容所或人道主义协会可能与犬类救援组织的救援理念不同,但至少出发点是一样的。因此,犬类救援组织与动物收容所更可能发展为合作伙伴。

有一点可以确定的是：双方之间的良性互动有利于合理配置资源。最理想的情况是所有的小狗都能找到安全的归属。有救援组织的小狗可以离开收容所，由救援组织照料和安置。没有救援组织的小狗可以待在动物收容所，不必为有组织的小狗腾出犬舍。收容所可以留下健康活泼的小狗，吸引潜在的领养人。而那些健康状况较差的小狗交由救援组织照看。毫无疑问，只有二者相互配合才能实现双赢。

反之，当救援组织与收容所之间出现摩擦，双方都会蒙受损失。比如，个别救援人员伪造领养申请人并且隐瞒与救援组织的关系，[21]这种诈欺行为一旦被收容所识破，救援组织的形象将遭受重创，可能再也无法从收容所那里接管小狗。如果动物收容所拒绝与犬类救援组织合作，那么收容所一定会人道毁灭那些长期未被领养且性情日渐孤僻或暴躁的小狗。如果一只非常适合领养的小狗未能被成功领养，这对动物收容所和犬类救援组织来说都是一种棘手的情况，最终的结果就是让它接受安乐死。虽然安乐死不是上上之策，但它的长期滞留会影响收容所接收其他无家可归的小狗，因为它会占用数量有限的空间资源。如果它被迫接受安乐死，救援人员一定会因为它的枉死而备受打击。对动物收容所来说，安乐死也是最不理想的情况。无论对犬类救援组织来说还是对动物收容所来说，安乐死都难以让人接受。所以，关系恶劣不仅会影响犬类救援组织和动物收容所的工作效率，还会伤害他们最关心的对象——弱小的狗狗。

如果致力于动物福利事业的各方能够携手合作，成立救援联盟并发挥协同效用，那么救援工作无疑可以获得最佳效果。贝利尔·保德谈道：

> "明尼苏达州新成立了一家动物救援联盟，莱戈救援是发起者之一。该联盟又名'明尼苏达动物福利合作组织'……这是一个真正意义上的联盟……参与的机构包括大

型的人道主义协会、小规模的猫咪救援团体、本地的比特犬
救援组织。联盟下设动物管理办公室,本地事务办公室,动
物绝育问题办公室等等。每一个在明尼苏达参与动物救援
的人都可以在这里获得帮助和支持。"[22]

当救援团体能够以结果为导向团结在一起时,就可以实现资源的
最优配置,在保持独立的同时,共同为救援事业尽一分力量。

救援组织与当地的养犬俱乐部

犬类救援组织与当地养犬俱乐部之间的关系往往比救援组织与
动物收容所的关系更加复杂。养犬俱乐部的宗旨是支持某一犬种的
自然繁殖,并在各大犬类比赛中展示狗的各项能力,如狩猎能力和反
应能力。这使得大多数的养犬俱乐部与犬类救援组织有了本质上的
区别,甚至有时,二者之间存在严重的意见分歧。比如,救援组织认为
滞留在收容所中的小狗不应该交配,因为这很可能孕育出体弱多病的
串种狗。在研究过程中,我们发现救援组织与养犬俱乐部之间的关系
非常微妙。我们遇到了各种各样的情况:二者之间毫无联系、二者之
间关系密切以及二者之间关系紧张。

大多数的救援组织不会与当地的养犬俱乐部保持联络,博尔特·
奥格斯特尖锐地指出:"我们与他们(当地的养犬俱乐部)的关系并不
是不好,应该说我们根本就和他们没有关系。当然,我们也会偶尔联
系俱乐部,但往来并不频繁。"[23]一般来说,救援组织和养犬俱乐部并
不关注(更不用说关心)对方的动向,后者甚至希望前者能够消失。养
犬俱乐部虽然不能否认救援组织的存在,但很少主动谈起。俱乐部认
为,犬类救援组织贬低了狗的价值。克莱尔·康托斯说:

"我的感觉是,养犬俱乐部似乎并不喜欢救援组织。他们认为根本没有成立犬类救援组织的必要。然而实际上,我们不能否定救援组织存在的价值……俱乐部的人常常认为只有那些没有受过良好训练或者性情暴躁的狗才需要被送去救援组织。换句话说,如果养犬俱乐部做好本职工作,就不需要救援组织了。俱乐部不愿意去想,当然也不会承认,他们所训练的狗也有生理缺陷,也需要救援组织的照顾。而且养犬俱乐部认为,他们比救援组织更擅长寻找领养家庭。"[24]

虽然养犬俱乐部和犬类救援组织喜欢的品种可能相同,但是他们在如何珍爱和保护狗狗的问题上存在分歧。

一般来说,犬类救援组织与养犬俱乐部之间的关系比较紧张,我们极少遇到与养犬俱乐部关系亲密的救援组织。关系亲近的基础是长期稳定的互动。比如,有些犬类救援组织起源于养犬俱乐部,有些则与俱乐部长期保持合作关系。卡罗尔·艾伦所创立的詹姆斯维尔救援就是非常典型的例子。詹姆斯维尔救援最初只是当地养犬俱乐部下设的救援委员会,后从俱乐部中独立出来,一直发展到今天。"俱乐部仍然非常关注救援工作,而且对我们非常慷慨。我们会分享一些内部信息,比如展览的开销……作为俱乐部曾经的主席,我有能力平衡詹姆斯维尔救援与俱乐部的关系。"[25]因为救援组织最初是俱乐部的一部分,所以救援组织的创始成员都认同养犬俱乐部"支持自然繁殖"的做法,直到今天仍是如此。观念一致有利于双方维护诚挚和互利的合作关系。来自威斯康星救援的黛比·卢卡斯克说道:"我们和他们(当地的养犬俱乐部)的关系相当不错。你知道,这并不容易,我们花费了大量的时间来经营和俱乐部的关系,而且我们之间的关系总是在不断发展的。"[26]黛比·卢卡斯克还表示,虽然两家组织的观念不同,但二者都坚守相同的底线——放下偏见,一切为了狗狗。这条底线是相互尊重的基础,也化解了思想上的分歧。可以肯定的是,在俱乐部接受(甚至是欣赏)救援组织并与之开展合作之前,有一段漫长的磨合期。琼·普格利亚就这个问题发表了自己的看法:

"我们刚刚成立的时候,人人都在看我们的笑话。有一次,我们参加美国金毛寻回犬俱乐部举办的活动,请求获得一个展位,但是对方却说,'不不不,这不在我们的职责范围内'。那个时候,我们没什么名气,更谈不上信誉,所以俱乐部并不待见我们,他们把我们的站位安排在临时洗手间的旁边……我们就是边缘群体,根本没有人在意。不,应该说他们真的讨厌我们,这对我们来说简直是一种侮辱,是一种不必要的负担。这些年来,情况发生了很大的变化。现在的我们终于得到了尊重,虽然不能说俱乐部有多么喜欢我们,但至少会以礼相待。"[27]

琼·普格利亚所在的洋基救援与当地金毛寻回犬俱乐部的关系非常密切,甚至引起了各地救援组织的广泛关注。乔迪·琼斯也提到了这一点:"新英格兰地区的情况是最理想的,俱乐部与救援组织之间的互动非常频繁。俱乐部一直对救援工作表示支持,还会参加救援组织的拍卖会和筹款活动。而且在救援组织开展资本运作的时候,俱乐部还给予了经济援助。"[28]密切的关系会给救援组织和俱乐部带来双赢的结果:救援组织从俱乐部处获得资源和支持,俱乐部通过与救援组织合作树立良好的形象。

当然,导致救援组织与养犬俱乐部关系不和的成因不止一个。首先,我们永远不能低估私人恩怨的影响。准确来说,私人恩怨直接决定了二者关系的好坏。但观念上的差异才是最常见的原因,尤其当俱乐部和救援组织的喜好相同时,观念差异最为致命。一些救援组织之所以难以与养犬俱乐部相处,是因为"俱乐部董事会中有一部分人认为根本没有救援的必要,救援人员都是在小题大做,哗众取宠"。[29]在俱乐部看来,救援根本就是多余的。诚然,救援组织持相反观点,这使得救援组织也对俱乐部产生了反感。由此可见,认知偏差阻碍了双方建立友好关系。最糟糕的情况是,二者关系极其恶劣,难以达成共识、开展合作。

　　救援人员对养犬俱乐部饲养和训练小狗的方式不满,这也是导致二者关系僵化的原因之一。如果救援组织认为俱乐部培育出来的小狗状态较差并建议领养人去其他机构看看,那这很可能会招致养犬俱乐部的反感。这不仅是救援人员和饲养人之间的矛盾,还牵扯到整个救援组织和当地所有的养犬俱乐部。如果养犬俱乐部公开反对设立救援组织,担心救援组织会接受和安置质量"较低"的狗,从而降低俱乐部精心培育的小狗的价值,那么这也会引发激烈的矛盾。一家犬类救援组织表示:"我们那里的养犬俱乐部非常反对我们的存在,从来没有真正地参与过救援行动……俱乐部里有一种不良风气,他们认为'我们培育出来的狗品种优良,而你们这些人和你们救助的狗根本没有为纯种犬的繁衍与发展做出任何贡献。'"[30]当鲍勃·蒂雷被问及他的组织与当地金毛寻回犬俱乐部的关系时,他表示:"如果我们参加了同一场活动,他们,用你的话怎么说来着,把我们'当成臭狗屎'。金毛寻回犬俱乐部和我们的组织,以及宠爱金毛救援(另一家位于圣路易斯地区的救援组织)没有任何关系。"[31]救援人员能够明显地感觉到俱乐部中纯种犬饲养人对救援组织的轻视。不用说,后者也不重视前者。因此,琼·普格利亚的观点是有道理的:"当你和救援人员聊天时,你会发现许多人对俱乐部心怀不满。"[32]在面对有缺陷的小狗时,救援组织和俱乐部的做法截然不同,这是二者之间产生摩擦的原因之一。

　　问题又回到了养犬俱乐部的宗旨——鼓励繁殖，培育最优良的品种，训练出能够参加全国比赛的狗。所以，养犬俱乐部从不会关注有健康问题或行为异常的狗。对于优良品种的定义，养犬俱乐部显然和犬类救援组织的理解相差甚远。后者常常质疑前者评判狗狗价值的标准缺乏人道主义精神，甚至超越了道德的边界。所以，二者之间的冲突达到了一种可以用"激烈"来形容的程度，双方都难以心平气和地开展合作。动物收容所和人道主义协会认为犬类救援组织不能做到一视同仁，将救援人员视为"利己主义者"。反之，救援组织认为养犬俱乐部及纯种犬饲养人只看重血统和繁殖能力，同样也是"利己主义者"。强烈的胜负欲和攀比之心点燃了犬类救援组织与养犬俱乐部之间的战火。在这里，我们还需再次强调，"利己主义"并不是一个褒义词，而是一个带有强烈轻蔑和讽刺意味的贬义词。

　　救援组织与俱乐部的关系好坏直接影响到双方的可用资源。与救援组织关系密切的俱乐部能够在救援方面提供一定的支持，甚至投入人力和财力帮助救援组织完成救援任务。反过来，救援组织可以为俱乐部提供人性化的服务，接管身体状况较差的小狗。"为了留下最精良的品种，俱乐部也会处理一批狗，这个时候救援组织就可以帮忙，而且救援组织都会为俱乐部保守秘密。"[33]对于救援组织来说，俱乐部是一位慷慨的盟友。对于养犬俱乐部来说，救援组织能够帮忙安置不具备竞赛能力的小狗。正如前文所提到的，有些俱乐部与救援组织之间保持着相对疏远的关系，二者互不往来。虽然这不会对双方造成任何实质上的损失，但还是会影响到二者的合作。而公开的对立关系，则会严重影响双方的发展。这种对立关系往往伴随着相互谴责，不仅会造成经济损失，更重要的是有损双方的地位和声誉——对于一家机构来说，声誉是最宝贵的资产。公开为敌以及随之而来的指责和谩骂不会给任何一方带来任何好处，相反，救援组织会错失一位捐赠人，养犬俱乐部会失去一位善后的帮手。最重要的是，这种剑拔弩张的关系也会影响到自身的口碑。如果因为不必要的争吵而失去社会公众的关注和支持,那么无论是救援机构还是养犬俱乐部,都将名誉扫地,孤立无援。

救援组织与其他当地救援组织

互利共赢的合作伙伴关系将为犬类救援组织和当地其他的救援组织带来无数的机遇。这种合作伙伴关系可能是一种内部救援关系(为同一犬种提供救援服务的两个或多个救援组织之间的合作),也可能是一种外部救援关系(为不同犬种提供救援服务的多个救援组织之间的合作)。无论是前者还是后者,都能为各方带来明显的好处。喜爱同一犬种的救援组织团结在一起,就会形成一张覆盖当地的救援网络。没有任何一家独立的救援组织可以在不借助外力的情况下顾全当地所有的狗。德克基金会的鲍勃·蒂雷提到了这种内部救援关系:"宠爱金毛救援和我们一直有联系。比如他们发现了一只受困的金毛,但无法成功将其救出,他们就会立即联系我。遇到类似的情况,我也会第一时间问问他们,'你们能照顾它吗',我们热衷于为对方提供帮助,就像我们热衷于为金毛提供救援服务一样。"[34] 对于有能力参与救援联盟的救援组织来说,这种良性的互动大有裨益。大家有着相同的喜好和追求,如果可以在长途运输、上门调查和资源共享(如食物和犬舍)等方面开展合作,必然会产生事半功倍的效果。

外部救援关系通常形成于特定的地理区域,例如亚利桑那州动物救援联盟,亚利桑那金毛寻回犬救援组织就是联盟中的成员。亚利桑那救援的主席芭芭拉·埃尔克提到了动物救援联盟发挥的作用:

"联盟会定期提供绝育手术的服务,我们也积极响应。亚利桑那救援每隔一个月就会参与一次活动,而且联盟还会

帮忙到当地政府给金毛作登记。除此之外,联盟还会帮忙联
系其他救援组织,让我们有机会认识到新朋友。"[35]

两种外部关系的性质不同,使得救援组织在不同情况下获得的外
部支持也不一样。比如,在外部救援关系中,救援组织的服务对象不
同,彼此之间没有情感共鸣,提供的只是物质层面的支持。所以,类似
于上门调查和长途运输这种物质支持,无论是内部救援关系还是外部
救援关系,都可以满足。但是,犬类救援组织在不断发展,人与动物之
间的关系也在不断改善,如今各犬种救援组织之间的差异越来越小。

除了上述的情况外,救援组织与救援组织之间的关系可能不远不
近。这其中的缘由,无论救援对象的品种是否相同,在很大程度上与
"救援组织和养犬俱乐部之间关系一般"的原因相同——双方都不关
心对方的事业。这不代表救援组织不关心救援事业的发展,只是缺少
频繁互动的理由。尤其当救助的对象不同时,救援组织更容易忽视与
其他犬种救援组织展开合作可能带来的宝贵资源,进而忽视跨犬种合
作对犬类救援事业的推动作用。

救援组织与救援组织之间的关系也可能非常紧张。内部分裂是
关系恶化的主要原因。如果不是因为地理条件的限制,而是因理念不
同或成员性格不合导致的内部分裂,那么原救援组织与新救援组织之
间的关系往往是敌对的。这种剑拔弩张有时会表现为恶性竞争,有时
表现为消极对抗,都大大减少了合作的可能。

两家救援组织的关系会对双方的救援行动和救援成果产生巨大
的影响。正如密切的合作关系有助于救援工作的开展,互为敌对的关
系将使得救援工作困难重重。这条规律适用于所有类型的救援关系,
无论内外。但如果两家救援组织之间的关系不远不近,那么未来则有
无限的可能,可能是合作共赢,也可能是针锋相对,没有规律可循。

在没有救援联盟的地区,不同犬种的救援组织之间大多保持着不

远不近的距离。与内部救援关系相比,处在外部救援关系网中的各救援组织只能共享物质资源,但前者却可以分享信息资源,比如领养家庭、捐赠人和志愿者的资料,这是类型相同的救援组织所拥有的独特优势,尽管同类型救援组织之间的关系也可能非常一般。

然而,一旦同类型的救援组织之间产生了激烈的矛盾,那么双方不仅不能充分利用彼此的资源,而且会严重影响救援的效果。比如,双方为了争夺小狗和资源进行激烈地争吵,最终耽误了救援的时间,未能实现救援目标。

救援组织与国家级犬类机构

所谓的国家级犬类机构是指各地养犬俱乐部所属的国家级养犬俱乐部。国家级养犬俱乐部影响着各地养犬俱乐部的方方面面,包括各地养犬俱乐部与当地救援组织之间的关系。除去在政策方面的影响,国家级养犬俱乐部还可能影响到各地救援联盟的组建,因为国家级别的机构可以直接调动和协调地方的救援机构。我们将以美国金毛寻回犬俱乐部和美国拉布拉多寻回犬俱乐部为例,分析国家级养犬俱乐部对救援事业的影响。

绝大部分的金毛寻回犬救援组织都与美国金毛寻回犬俱乐部及其下设的国家救援委员会保持着良好的关系,且沟通的渠道非常之多:最常见的是美国金毛寻回犬俱乐部发布的年度调查,救援组织有权选择参加或不参加。再比如国家救援委员会的雅虎邮箱联络列表,包括救援组织负责人的联系方式、新成立的救援组织名单以及与纯种犬养殖场有合作关系的救援组织资料。[36]美国金毛寻回犬俱乐部还与金毛寻回犬基金会合作密切,基金会的资助对象主要是遇到经济困难的救援组织。[37]在采访过程中,我们还遇到了未曾听说过美国养犬俱乐部、国家救援委员会和卡罗尔·艾伦的金毛寻回犬救援组织。值得注意的是,这类组织大多是早期成立的金毛寻回犬救援组织,很可能在国家救援委员会成立之前就已经实现经济独立,因此不曾向国家级机构寻求帮助也是情理之中。

然而,大多数与美国金毛寻回犬俱乐部以及国家救援基金会保持联络的金毛寻回犬救援组织都受益匪浅,包括经济支持、信息资讯和抗灾援助(如 2005 年的"卡特里娜飓风")。时至今日,国家救援基金会的官网上仍更新着新奥尔良地区金毛寻回犬救援组织的灾后救援动态,以便及时调遣当地的动物收容所协助救援工作。[38]总而言之,与美国金毛寻回犬养犬俱乐部、国家救援委员会和金毛寻回犬基金会保持积极的互动,可以为各地的金毛寻回犬救援组织带来诸多好处。

在美国,同样有这样一家负责管理各地拉布拉多寻回犬的国家级机构——美国拉布拉多寻回犬俱乐部。然而这家国家级俱乐部却与美国金毛寻回犬俱乐部形成了鲜明的对比。在接受采访的众多拉布拉多寻回犬救援组织中,竟然没有人听说过美国拉布拉多寻回犬俱乐部及其救援委员会,也从未与之有过联系。或许我们可以稍作推论:与美国金毛寻回犬俱乐部相比,美国拉布拉多寻回犬俱乐部很少参与救援工作。这种缺乏存在感的消极表现会带来更多负面的影响。该俱乐部的"低调"不仅影响各地拉布拉多寻回犬救援组织的交流和互动,还使得后者在维护外部关系这一方面远远落后于金毛寻回犬救援组织。至少,在没有美国拉布拉多寻回犬俱乐部介入的情况下,拉布拉多寻回犬救援组织将会错失大量救援资源。因此,与其他犬种的救援组织相比,尤其与金毛寻回犬救援组织相比,拉布拉多寻回犬救援组织明显处于劣势。

定 量 比 较

通过上述的分析,我们可以肯定外部关系对犬类救援组织的发展至关重要。为了进一步阐明这种重要性,我们用定量的方式来衡量各种外部关系的好坏,科学理性地分析犬类救援组织与其他各类机构的关系。我们充分意识到这种量化的评估方式具有一定的局限性,且不排除定性比较优于定量比较的可能性,但我们相信定量比较法可以为我们的研究提供一定的帮助。

我们以金毛寻回犬救援组织和拉布拉多寻回犬为研究对象,设计了一个评分体系。我们筛选出受访者对本章讨论的 5 种外部关系的看法,即犬类救援组织与国家级养犬俱乐部、各地的养犬俱乐部、其他犬类救援组织、动物收容所和社会公众的关系,并分别给出分值。分值范围为−1 分到+1 分,其中,−1 表示完全敌对的负关系,+1 表示非常密切的正关系,0 表示关系一般或未提及,+/−0.5 取决于受访者是否使用概括性的表达和是否举出反例。表 6.1 大致呈现出评分表的模样,作为示范供读者朋友们参考。

此外,我们还额外设计了 5 个分数,用以评估犬类救援组织的社交能力。分值范围为−5 分(与所有外部机构的关系都非常恶劣)到+5分(与所有外部机构的关系都非常密切)。具体来说,参与采访的救援组织得分从 1.5 分(1 个+5 分,1 个−5 分,3 个中间分值)到 5 分(5个+5 分)不等。在我们采访的 24 个金毛寻回犬救援组织中,平均分为 3.5 分,而 18 个拉布拉多寻回犬救援组织的平均分为 2.78 分。这种差异与国家级养犬俱乐部的参与度有关,比如美国金毛寻回犬俱乐部一直与各地的金毛寻回犬救援组织保持联络,但美国拉布拉多寻回犬俱乐部却不然。在接受采访的金毛寻回犬救援组织中,79%都与美国金毛寻回犬俱乐部保持着积极的互动。与之形成鲜明对比的是,没有任何一家拉布拉多寻回犬救援组织与国家级的俱乐部产生过任何联系,许多受访者表示他们从来没有接触过美国拉布拉多寻回犬俱乐部。与美国拉布拉多寻回犬俱乐部几乎为零的参与度相比,美国金毛寻回犬俱乐部的积极参与为各地的金毛寻回犬救援组织赢得了巨大的优势。正如前文所提到的,美国金毛寻回犬俱乐部为各地的救援组织带来正面、积极的影响,但美国拉布拉多寻回犬俱乐部未能发挥其影响力。

表6.1　金毛寻回犬救援组织和拉布拉多寻回犬外部关系评估表

得　分	描　　述	例　　证
-1	与某一类机构的关系极差	与当地所有的养犬俱乐部关系极差
-0.5	与某一类机构中的大部分关系较差,与少部分关系较好	与大部分当地的养犬俱乐部关系较差,与少部分关系较好
0	与某一类机构的关系一般/没有联系,或者未在采访中提及某一类机构	与国家级养犬俱乐部没有联系
0.5	与某一类机构中大部分的关系较好,与少部分关系较差	与大部分当地的其他救援组织关系较好,与少部分关系较差
1	与某一类机构的关系非常好	与社会公众的关系非常好

这些分数显示出两类救援组织在维护外部关系方面表现出来的巨大差异。最显著的差异体现在救援组织与国家级养犬俱乐部的关系上。采访的结果显示,79.17%的金毛寻回犬救援组织与美国金毛寻回犬俱乐部关系较好,但拉布拉多寻回犬救援组织与美国拉布拉多寻回犬俱乐部几乎没有任何关系。[39]62.5%的金毛寻回犬救援组织与当地俱乐部保持着某种形式的联系(合作或敌对),所以金毛寻回犬救援组织与当地俱乐部的互动是拉布拉多的两倍。这与我们从其他渠道获得的信息相符,即各地金毛寻回犬俱乐部参与救援工作的积极性较高,拉布拉多寻回犬俱乐部的积极性较低。数据显示,有82.54%的金毛寻回犬俱乐部被动地(如在官网上公示当地金毛寻回犬救援组织的信息)、主动地(如提供支援或组建救援联盟)或积极地(前两者兼而有之)参与过救援。相比而言,只有27.78%的拉布拉多寻回犬俱乐

部参与过救援。此外,有 15.84% 的金毛寻回犬救援组织出身于当地养犬俱乐部,而拉布拉多只有 3.41%。

如果救援组织起源于养犬俱乐部,那么二者之间极有可能保持良好的合作关系。在俱乐部的努力下,救援组织还可能与其他犬种的救援组织产生交流和互动。同时,如果一家救援组织与俱乐部的关系较为密切,那该组织很有可能与当地的动物收容所也保持着积极的互动。反之亦然。

通过定量比较,我们得出了哪些结论呢? 首先,与拉布拉多相比,金毛寻回犬救援组织更有可能与外部机构或团体建立友好关系,因此也更容易获得救援资源和各项支持,优势非常明显。其中,救援组织与国家级养犬俱乐部的关系尤其重要,因为在美国金毛寻回犬俱乐部和国家救援委员会的协调下,各地的金毛寻回犬救援组织得以进行沟通,并有效地交换信息和物资。在我们研究的大多数金毛寻回犬救援组织中,有许多做出杰出贡献的领袖,比如琼·普格利亚,苏珊·福斯特和卡罗尔·艾伦,他们的名字在金毛寻回犬救援领域中可谓家喻户晓。但是,相比而言,在拉布拉多寻回犬救援领域中,几乎没有出现过类似的领袖。事实上,在接受采访的拉布拉多寻回犬救援组织中,没有任何一家与美国拉布拉多寻回犬俱乐部有过接触,这表明拉布拉多寻回犬俱乐部不如美国金毛寻回犬俱乐部在救援行动中发挥的作用大。

总　　结

每一天,特定犬类救援组织都要与其他机构进行互动。经济、社会、文化等种种因素都影响着救援事业的发展,任何独立的机构都可能帮助或阻碍救援组织开展行动,包括社会公众、动物收容所、各地的养犬俱乐部、其他救援组织和国家级救援机构。与上述机构或团体建立友好关系并非易事,因为影响外部关系的因素纷繁复杂,许多因素甚至超出了救援组织的可控范围。努力与其他机构建立联系并积极互动的救援组织可以获得更多的机遇和资源,这是独来独往的救援组织无法拥有的。虽然积极的外部关系并不是救援组织生存和发展的必要条件,但它肯定会给救援组织带来丰厚的回报。

下一章将集中讨论社交能力的重要性,可以说,其重要性仅次于救援组织的口碑。特定犬类救援组织的社交能力决定了救援行动的效率和成果,这种说法并不过分。我们还将重点分析互联网的作用——我们认为,互联网的出现彻底改变了犬类救援事业的发展方向。

注释

[1] 莫林·迪斯特勒,于 2010 年 7 月 28 日接受凯瑟琳·克罗斯比的电话采访。

[2] 伊迪丝·布莱恩,于 2010 年 8 月 12 日接受凯瑟琳·克罗斯比的电话采访。

[3] 黛比·卢卡斯克,于 2010 年 8 月 12 日接受凯瑟琳·克罗斯比的电话采访。

[4] 菲尔·费舍尔,于 2009 年 7 月 30 日接受安德烈·马克维茨的电话采访。

[5] 苏珊·威尔斯,于 2010 年 8 月 12 日接受凯瑟琳·克罗斯比的电话采访。

[6] 艾莉·梅登多普,于 2010 年 8 月 12 日接受凯瑟琳·克罗斯比的电话采访。

[7] 塔米·斯坦利,于 2010 年 7 月 29 日接受凯瑟琳·克罗斯比的电话采访。

[8] 贝利尔·保德,于 2009 年 7 月 29 日接受安德烈·马克维茨的电话采访。

[9] 罗宾·亚当斯,于 2009 年 7 月 7 日接受安德烈·马克维茨的电话采访。

[10] 劳伦·根金格尔,于 2010 年 8 月 18 日接受凯瑟琳·克罗斯比的电话采访。

[11] 艾米·康普顿,于 2009 年 8 月 17 日接受安德烈·马克维茨的电话采访。

[12] 菲尔·费舍尔,于 2009 年 7 月 30 日接受安德烈·马克维茨的电话采访。

[13] 朱莉·琼斯,于 2010 年 7 月 29 日接受凯瑟琳·克罗斯比的电话采访。

[14] 菲尔·费舍尔,于 2009 年 7 月 30 日接受安德烈·马克维茨的电话采访。

[15] 玛丽·简·谢尔瓦斯,于 2009 年 8 月 17 日接受安德烈·马克维茨的电话采访。

[16] 黛比·卢卡斯克,于 2010 年 8 月 12 日接受凯瑟琳·克罗斯比的电话采访。

[17] 罗宾·亚当斯,于 2009 年 7 月 7 日接受安德烈·马克维茨的电话采访。

[18] 吉恩·菲茨帕特里克,于 2010 年 8 月 17 日接受安德烈·马克维茨的电话采访。

[19] 博尔特·奥格斯特,于 2009 年 7 月 28 日接受安德烈·马克维茨的电话采访。

[20] 乔伊·维奥拉,于 2009 年 7 月 16 日接受安德烈·马克维茨的电话采访。

[21] 因文中所涉及的信息较为敏感,故提供材料的受访者要求匿名。

[22] 贝利尔·保德,于 2009 年 7 月 29 日接受安德烈·马克维茨的电话采访。

[23] 博尔特·奥格斯特,于 2009 年 7 月 28 日接受安德烈·马克维茨的电话采访。

[24] 克莱尔·康托斯,于 2009 年 8 月 3 日接受安德烈·马克维茨的电话采访。

[25] 卡罗尔·艾伦,于 2009 年 7 月 7 日接受安德烈·马克维茨的电话采访。

[26] 黛比·卢卡斯克,于 2010 年 8 月 12 日接受凯瑟琳·克罗斯比的电话采访。

[27] 琼·普格利亚,于 2009 年 6 月 30 日接受安德烈·马克维茨的电话采访。

[28] 乔迪·琼斯,于 2009 年 8 月 20 日在加利福尼亚州的艾尔韦德市接受安德烈·马克维茨的个人采访。

[29] 由于此处引用性质较为特殊,故隐去受访者姓名。

[30] 由于此处引用性质较为特殊,故隐去受访者姓名。

[31] 鲍勃·蒂雷,于 2010 年 8 月 18 日接受安德烈·马克维茨的电话采访。

[32] 琼·普格利亚,于 2009 年 6 月 30 日接受安德烈·马克维茨的电话采访。

[33] 由于此处引用性质较为特殊,故隐去受访者姓名。

[34] 鲍勃·蒂雷,于 2010 年 8 月 18 日接受安德烈·马克维茨的电话采访。

[35] 芭芭拉·埃尔克,于 2010 年 8 月 19 日接受安德烈·马克维茨的电话采访。

[36] 鲍勃·伯恩斯坦,于 2010 年 8 月 12 日接受安德烈·马克维茨的电话采访。

[37] 卡罗尔·艾伦,于 2009 年 7 月 7 日接受安德烈·马克维茨的电话采访。

[38] 网络文章,"飓风卡特里娜灾后联合救援"http://web. archive. org/web/20051230064510/http://www. grca-nrc. org/HurricaneKatrina. htm(2014 年 4 月 27 日)。

[39] 两名来自拉布拉多寻回犬救援组织的受访者无意中提到,其所在的组织被列入了美国拉布拉多寻回犬俱乐部官网公布的救援组织名单之中。他们表示,除此之外,与美国拉布拉多寻回犬俱乐部再没有任何联系。

第七章

外联、网络和物资

我认为,在今天这个时代,如果没有互联网,任何规模的救援行动都将寸步难行。

——博尔特·奥格斯特,
田纳西中部金毛寻回犬救援组织

无论是为了救援行动,还是为了方便沟通,我们都离不开互联网。

——凯文·威尔科克斯,
胡椒树金毛寻回犬救援组织

互联网实在是太强大了……工作中处处都要用到互联网。但就像我说过的,如果救援组织真的出了什么错,很快就会在网上传开的。

——蕾妮·里格尔,
代顿拉布拉多寻回犬救援组织

第六章介绍了特定犬类救援组织的外部关系。第七章将重点分析犬类救援组织维护外部关系的方式。我们针对下列问题进行了深入的探讨:救援组织如何与其他机构取得联络?各种联络方式的优点和缺点分别是什么?其他机构能给救援组织带来哪些好处?为什么救援组织必须与外界建立联系？简而言之，本章将全面地研究救援组织与外界的沟通问题。为了维持正常运转，犬类救援组织必须与其他机构或团体建立联系，诸如运输犬只、申请援助和举办筹款之类的活动，都少不了外界的参与。可见，犬类救援组织在很大程度上依赖于外界的支持。因此，与外界保持有效且及时的沟通是犬类救援组织生存和发展的基本要素。

联 络 方 式

犬类救援组织与外界交流的方式五花八门，其中最常规、最基本、最为广泛使用的通信工具就是简报。简报是专门发表救援组织最新动态并定期发行的出版物，其中刊载的内容一般根据救援组织的喜好和实际需要而确定，信息丰富，实用性强。例如，简报上会及时更新救援组织内小狗的数量和它们的生活情况，包括被领养的小狗。简报上还会刊登救援组织近期的活动计划、健康指南、养狗小贴士、上门服务等信息。在过去的二十年里，美国特定犬类救援组织的数量不断攀升，简报的内容也越来越多样。实际上，你可以在这些出版物上找到所有与狗有关的资讯。

救援组织发行简报的周期各不相同，每月、每两个月或每季度发行一次都是有可能的。通常来说，简报内容一定会包含救援组织的最新动态、近期活动、特殊需要（如某只小狗需要手术，但是费用昂贵，需要众筹）以及看诊服务等。要追踪一家救援组织的最新动向，简报是最直接有效的方式，对于那些曾经与某一犬类救援组织合作过的个人或机构来说更是如此。

通常，犬类救援组织通过以下两种方式发行简报：美国邮政服务或电子邮件。纸质版简报方便阅读，对于那些不习惯使用电脑或没有电脑的订阅人来说更是如此（没错，仍有这样一批读者）。纸质版简报也是救援组织所采用的最传统的通讯方式。此外,纸质版简报有一定的格式要求,救援组织须得在编辑和排版方面下一些功夫。虽然,在过去的几年中,这种通信手段逐渐失去了它的竞争力,但完全消失的可能性并不大。吉恩·菲茨帕特里克谈到了这一点:"是的,我们仍然在制作简报,信不信由你。我们已经从每季度发行一次改为每四个月发行一次,因为我们必须削减开支,而且我们从来都不知道该把哪些信息放在头版上,所以我们索性改为每四个月发行一次。"[1]

从采访结果来看,像吉恩·菲茨帕特里克一样还在制作简报的组织明显占少数。大多数受访者表示他们的组织会同时制作电子版和纸质版简报,但近几年电子版越来越受欢迎,纸质版越来越少,甚至有些组织完全取消了纸质版。"基本上,我们都是通过电邮与外界联络的",另一位受访者玛丽·范德布卢宁表示,接着她补充道:"我们只在官网上更新消息,不会再制作纸质版的简报了。"[2]劳伦·根金格尔则谈道:"我们组织每个月都会给订阅者发送一份电子版的简报。读者可以在我们的官网上订阅。同时我们还开设了脸书账户和博客,大家都可以在这些平台上关注我们的最新消息。我们的订阅人大概有3 000 位,只要在我们这里领养过小狗,都会被自动算作订阅人。"[3]只要"婴儿潮一代"仍然活跃在犬类救援事业第一线,纸质版简报就会继续存在下去,毕竟,是"婴儿潮一代"开创了犬类救援的先河。受访者杰克·艾克尔德谈到了"婴儿潮一代"与犬类救援的问题,并给出了一些有趣的观点:

"我们每个月都会发放电子版的简报,收件人包括领养人和捐赠人等等。最近,我们在尝试一种新方法,给捐款额排在前100 的捐赠人邮寄了一份纸质版的简报。因为这100 位捐赠人大多数都属于'婴儿潮一代',所以我们猜想他们可能更习惯这种邮局派发信件的寄送方式。不过这个方法刚刚实行,这一周才发出去第一批纸质版简报,我们很期待大家的反馈。"[4]

与电子版相比,纸质版简报更为传统,因为救援组织认为,纸质版简报有利于与领养人建立稳定长期的关系,通信的速度不是重点。此外,纸质版简报在某种程度上体现出一种神圣的仪式感,但电子版简报显然不具备这一特点。利用实时通信软件,救援组织不仅可以同时向许多人发送电子简报,还能节省一笔不菲的印刷费和快递费,这是纸质版简报所不能及的。当然,无论是纸质版还是电子版都各有优缺,但结果都是相同的。如果救援组织的经济条件允许,那么纸质版与电子版可以互为补充,在满足各类订阅者需求的同时提高通讯效率。

发行简报的主要目的是与个人建立并保持联系。简报的订阅者虽不是救援组织的内部成员,却关注救援组织的一举一动,通常是领养人或捐赠人。无论是纸质版还是电子版,定期发行有利于游离于救援组织之外但支持救援事业的爱心人士及时了解救援组织的动向。尤其当救援组织有特殊需求时,比如招募志愿者或急需筹款时,简报非常有效。简单来说,有一群没有加入救援组织但关心犬类救援的积极分子,简报是他们"参与"救援的重要途径。通常,救援组织在简报上发布的求助信息都能获得积极的反馈,因为读者与救援组织成员的目标近乎一致,尽管读者并没有像救援人员一样投身到实际的救援工作中,但精神上的支持非常重要。这群订阅者徘徊在救援领域的边缘,尽管不能算作核心力量。琼·普格利亚也提到了简报的作用:

"在我看来,如果把救援组织比作人体,那么简报就是类似于血液一样的存在,像循环系统一样渗透到机体的每一个角落。有很多人都对救援这件事感兴趣,但是他们了解得不多,甚至根本就不了解。简报作为一种信息传播的媒介,可以有效、及时地向大家普及救援知识。我们和不少救援组织合作过，他们也会收到我们的简报。我们一直在强调这种联络方式的重要性。"[5]

"循环系统"这个比喻非常恰当，形象地描述出简报的本质——无论是传统的纸质版还是后来居上的电子版，简报是救援组织必不可少的运营手段之一。

作为与公众交流的媒介，简报的缺陷主要在于它不能有效地扩大读者基础，也不能扩大救援组织的规模。只有在提交家庭住址或电邮地址之后，订阅人才能定期收到简报，这意味着订阅人必须首先与救援组织取得联系，而不是救援组织主动联系订阅人，这就把主动权交给了潜在的订阅人，让救援组织处在被动的地位。从这一点上看，简报并不具备扩大读者基础的作用，就如同唱诗班一样，参与者仅限于虔诚的信徒和对宗教感兴趣的人，难以影响其他。因此，简报并不是扩大影响力的最佳途径。

公共宣传或科普教育活动也是犬类救援组织与公众交流的方式之一。犬类救援组织经常在公共场所组织宣传和科普活动，比如在社区的宣传栏中张贴传单和海报，招募志愿者或科普养狗常识。活动地点并不固定，小到宠物商店和停车场，大到公园和广场。无论规模如何，活动主题基本围绕着五个话题展开，即狗的种类、绝育与结扎、养狗与驯狗、养狗与儿童安全和宠物健康。救援组织的成员会亲临现场分发资料，同时结合活动主题进行讲解和示范。

公共宣传或科普教育活动具有简报无法相比的优点，当然也有缺点。在宠物商店和公园这样开放的场所举行活动，可以吸引到过路行人，哪怕他们对犬类救援和救援组织和活动目的一无所知。所以，这种交流方式有助于扩大群众基础，让更多的人了解犬类救援，尤其是那些本来就喜爱动物的爱心人士，救援组织完全可以把他们发展为捐赠人、志愿者和领养人。宣传和科普不仅可以让越来越多人了解犬类救援，还可以提高群众保护动物的意识。比如，校园宣讲活动不仅可以培养孩子的责任感和同理心，还可以树立保护动物的意识，这有助于提高救援组织的知名度和影响力。简而言之，各类宣传和科普活动可以引起爱心人士对救援组织的关注，同时动员社会各阶层的力量参与救援事业。

当然，公共宣传或科普教育活动有两大明显的缺点：策划和执行活动需耗费大量时间；活动地点受地理条件限制。举办一场成功的活动并非易事，救援组织不得不耗费大量的时间完成策划和准备工作，以确保现场人手充足，所有人充分了解自己的任务和职责。举办活动势必要消耗人力、物力和财力，然而对于救援组织来说，每一项资源都非常珍贵，为了保留充足的资源供日后救援之用，救援组织必须精打细算，这可不是一件容易的事。从受众群体的角度来看，这些活动也有缺点——随机性太强。救援组织很难保证在特定的时间和地点吸引到潜在的领养人或捐赠人，如果活动效果不佳，那救援组织的努力将付诸东流。虽然宣传或科普活动可以帮助救援组织招募新成员或获得捐款，但效果着实有限，因为从根本上讲，活动只能在救援组织的所在地举办，难以影响到周边地区，更不用说影响全国了。所以，无论从时间还是空间来看，公共宣传或科普教育活动的影响范围十分有限。

除上述两种方式外，网络也是救援组织与外界保持联系的途径之一。虽然后文将专门讨论救援组织可以在线使用的各类通信工具，但这里我们将集中分析互联网的利弊。互联网的优势非常明显：网络催生了社交媒体，世界各地的人都可以通过脸书、推特、“宠物之家”网站和犬类救援组织的官网联系到救援组织，优点是成本低、速度快、覆盖范围广。救援组织完全可以发展非当地的志愿者、领养人和捐赠人，全面地提高组织的影响力，进而获得更多的救援机会。互联网可以帮助救援组织最大限度地吸引当地潜在的志愿者、领养人和捐赠人,因为后者只需在搜索引擎上输入地点和犬类救援等关键字,就可以检索到相关救援组织的资料,当然也包括救援组织的联系方式。

无论是内部沟通,还是外部联络,再没有比互联网更加强大的通信工具了。有三位受访者的发言充分证实了这一点。首先,伊迪丝·布莱恩在谈到领养问题时,提起了互联网发挥的作用:

> "如果有人想申请领养,他们可以访问西雅图纯种犬救援组织的官网,在网上填写一份领养申请表。提交之后,系统会自动生成三份副本,一份给领养人,一份给西雅图纯种犬救援组织,另一份给我们。然后我们会联系申请人。因为我们负责的区域范围比较大,所以除非有特殊原因,否则我们不会家访,但我们可以利用谷歌地球查看申请人家中的环境,收集各种重要信息。"[6]

贝基·希尔德布兰德则谈到了互联网是如何帮助他们联系到愿意暂时收养小狗的志愿者的:

> "我们用谷歌邮箱联系寄养志愿者,邮件内容就是一份调查表,比如家中养了多少条狗、想要什么样的狗等。如果志愿者家中有一只有需要交配的母狗,那么我们就可以给他们送去一只公狗。这些事由专门负责安置工作的人来安排,他们很清楚哪些家庭有特殊要求,哪些家庭接受公狗,哪些接受母狗,哪些接受幼犬,哪些接受成犬。你知道的,不管对方的要求是什么,我们都可以相互沟通,相互配合。"[7]

最后,妮娜·帕尔莫谈到了互联网在促进寄养人与公众交流的过程中所发挥的作用:

"我们给每只狗都制作了寄养档案,寄养人可以随时上网更新狗狗的状态,上传照片和视频。我们还在网站上设置了专门管理申请表的程序,每当有人提交寄养申请表,表格就会自动录入数据库,我们可以在数据库里进行筛选。如果申请人进入到电话面试的阶段,这个程序会自动更新申请进度。所以整个流程都是在网上完成的,申请人和狗狗的详细资料一览无余。"[8]

互联网的发展彻底改变了救援组织的发展模式,不仅可以帮助救援组织招募志愿者,还可以吸引并发展潜在的寄养人。

利用互联网,救援组织还可以向公众科普犬类救援的相关知识,比如介绍救援对象和救援组织。吉恩·菲茨帕特里克谈到了这个话题:"我们会在网上发布一些养狗常识,比如如何照顾好金毛,出现问题该如何应对。什么样的家庭适合养金毛,什么样的家庭不建议养金毛,什么样的家庭不适合饲养金毛幼犬等等。我们希望好好利用网络来普及养狗的知识,而不仅仅用它来寻找领养家庭。"[9]

最重要的是,互联网还可能在一些关键领域发挥出惊人的影响力,比如促进救援组织实现向制度化和规范化的转型,尽管这听起来有些不可思议。在谈及这一话题时,鲍勃·蒂雷的发言堪称精彩:"互联网和网络可以弱化个人的影响力,比如德克基金会,没人叫它鲍勃基金会,而这正是我想要的。我希望大家关注的是救援这件事,而不是鲍勃是谁。当人们提到德克基金会时,我不希望他们想到的是鲍勃·蒂雷,而是联想到这个组织做出的贡献。德克基金会的使命是保护动物,而不是保护鲍勃。"[10]可见,互联网可以削弱领导人的影响力,变相地推动组织转型。

作为与公众交流的工具,互联网也有缺点。比如,互联网最主要的缺点就是不易管理。在谈到所在的救援组织是否使用脸书或推特之类的社交媒体时,来自"保护灵缇犬"救援组织的艾伦·乔达诺给了一个完全出乎我们意料的答案:"不!社交媒体可能有用,但管理社交账户太浪费时间了,而且还有信息泄露的风险!社交媒体简直像怪物一样可怕!"[11]虽然只有寥寥几句,但足以看出她的态度。还有一位救援人员表达了相似的观点:

> "我认为互联网唯一的缺陷就是人们太容易陷入其中无法自拔了。有的时候,网民特别情绪化,而且有些挑剔。在电话或信件中,人们从来不会提出无理要求,但是在网上就会。太多负面的情绪,太多过分的要求,甚至还有辱骂和伤害,对救援工作毫无帮助。"[12]

即时通信也存在问题,比如有人可能一时兴起提出领养或寄养的申请,而后又改变主意。反反复复的沟通无疑会浪费工作人员的时间,使申请过程变得更加琐碎。一方面,互联网的公开和透明方便人们沟通;另一方面,因为缺乏问责和监管制度,网络上可能出现不为自己言行负责、出尔反尔的网民。救援组织必须采取各种各样的应对措施以保证沟通顺利。试想一下,如果缅因州的一位网民联系到加利福尼亚州的某救援组织并表示愿意领养,不久后又反悔,但小狗已经在运送途中了,那么救援组织将面临巨大的损失,既浪费了时间,又浪费了金钱。网友可以一时心血来潮,但后果却要救援组织承担,最主要的是,无辜的小狗也可能为此付出代价,这就完全违背了救援的初衷。因此,互联网的弊端迫使救援组织建立健全筛选机制,判断来自全国各地的申请人是否符合申请条件。在互联网普及之前,救援组织可以派人进行家访。但互联网出现之后,线下的家访逐渐被线上调查取代,救援组织就必须更加谨慎。不用说,建立完善的筛选机制需要救援组织投入人力资源和时间,甚至可能需要一笔开销,这些对救援组织来说都是非常宝贵的资源,不可随意浪费。

　　尽管我们在前一章中讨论了救援组织与其他机构取得联系的种种方法,但在这里我们将展开更详细的分析。犬类救援组织可以通过各种各样的方式与社会公众、动物收容所、人道主义协会、各地的养犬俱乐部、其他犬类救援组织和国家级养犬俱乐部进行沟通。每一种方式都有其独特的优点和缺点,如果能将各种方式有机地结合起来,救援组织则可以获取更多资源,提高救援效率。在与外界沟通时,救援组织必须明确沟通的目的,选择合适的方式。比如,向当地所有的潜在捐赠人寄送手写信是不可行的。再比如,救援组织初次联络捐赠人时不应使用电子邮件,因为电邮无法表现出救援组织的诚意。不管怎样,在发展外部关系时,尤其当救援组织需要资金支持时,救援组织必须掌握好分寸,在以获得资源和帮助为目标的前提下,选择正确、有效的交流方式。从救援组织选择的交流方式可以看出该组织的人性化程度,我们将"人性化"作为划分标准,将联络方式分成三大类:人情型、普通型和无差别型。这三类各有各的利弊,我们将逐一分析。

人 情 型 联 络

　　人情型联络包括私人访问、电话、直接发送电子邮件或信件。通常,救援组织会派出一名工作人员与对方,可能是个人,也可能是合作机构的办事员,进行一对一的接触,以此展现救援组织的诚意。如果对方是当地其他犬类救援组织的主席或富有的捐赠人,救援组织通常会选择较为人性化的沟通方式。其优点在于能够充分展现救援组织的合作态度,获取对方的信任,但缺点在于耗费救援组织的时间和人力资源。

　　要想使沟通效果达到最佳,救援组织必须提前做好计划。如果对方合作意向不明确或者合作成功的可能性较小,那么救援组织就不必

浪费时间润色信件。只有在发展那些真正对救援工作有助益的外部
关系时,救援组织才有必要展现自己的"人情味"。如果对方是一位愿
意提供折扣的兽医,或是一位慷慨的捐助者,那么救援组织须得在措
辞上花费一番工夫。因为,除了后文提及的组织,很少有救援组织会
正确处理筹款问题。越有"人情味"的组织越可能获得巨大的回报,但
仍有许多组织未能充分意识到这一点。其他的联络方式可能成本较
低,却不利于救援工作的开展。虽然耗时又费力,但人情往来就好比
一种回报丰厚的投资,没有人比乔伊·维奥拉更认同这一点了:

> "如果别人回复了一封私人信件,我一定会提醒洋基救
> 援和金毛寻回犬救援基金会在回信中附上手写便条,哪怕只
> 是一句'非常感谢你的帮助'。这种细节非常关键,代表了一
> 个人或者一个组织的涵养。这是一种投资。现在很多人已
> 经注意到了这一点。我认为,这种'人情味'对救援组织来说
> 非常重要,甚至远比金钱更重要。坦率地说,这代表了一个
> 人的诚意,本身就是无价的。"[13]

总而言之,这一类型的联络方式可以彰显出救援组织对他人的重
视程度,体现救援组织人性化的一面。再没有什么能比"人情味"更能
传递出救援组织的真诚和恳切。有"人情味"的组织往往可以走得更
加长远。

普 通 型 联 络

普通型联络包括电邮管理列表、雅虎群组和简报(纸质版和电子
版)。通常,救援组织与个人或机构取得联系后,会采用这些方式进行
下一步的沟通。救援组织可以利用电邮管理列表(如邮件营销服务公

司)迅速地将消息发送给内部成员和救援组织的支持者,比如尚未发展成捐赠人或领养人的爱心人士。当出现紧急情况时,救援组织也会选择这种方式迅速与成员取得联系,比如一家纯种犬养殖场倒闭了,需要所有工作人员前往现场进行营救。如果要实现组织与组织之间的交流,雅虎群组*就可以派上用场。雅虎群组是专门用来构建网络社群的应用平台,美国金毛寻回犬俱乐部就是利用雅虎群组与全美各地的金毛寻回犬救援组织进行互动。而简报,包括电子版和纸质版,通常发送给救援组织的成员、领养人及其他订阅人。

电邮列表管理、雅虎群组和简报的优势在于它们可以为救援组织节省时间成本和人力成本,同时不影响救援组织与外界进行交流,但缺点在于只能用于维护外部关系,难以帮助救援组织拓展人脉。如果要建立新的外部关系,救援组织必须选择针对性强的人情型联络方式,普通型只能用于日常联络。简而言之,电邮、群组和简报是便于日常交流的通信手段,也是救援组织获取外部资源的必要工具。

无差别型联络

无差别型联络的针对性较弱,没有明确的沟通对象。传单、小册子或海报(通常张贴在兽医诊所、动物收容所、宠物商店和与救援组织关系较好的机构中)、公共宣传活动(如领养日)、展会和社交媒体(包括犬类救援组织的官网和其他社交账号,互动频率最高的是脸书、推特、宠物之家网)都属于这一范畴。

传单、小册子和海报是吸引大众注意力最有效的方式之一。它们不仅能吸引大量关注者,而且能够激发他们的兴趣。最重要的是,这些物资成本低廉,救援组织只需花一点设计费和打印费,然后找个合

---

* 雅虎群组:上线于2001年,类似于邮件列表与互联网平台的结合体,各个群组可在雅虎群组网站上进行互动,也可以通过电子邮件互动。——译者注

适的地点张贴或发放即可。虽然与传单、小册子和海报相比,公共宣传活动需要投入更多的时间和人力,但救援组织可以在活动现场与公众进行积极的互动,这种公开的活动有利于救援组织科普救援知识和招募志愿者。活动的参与者(无论是有意还是无意参加活动的)都可以在现场进行提问、捐款、领养,甚至可以加入救援小组成为志愿者。

相比于其他的无差别型联络方式,社交媒体的影响范围最广,其受众群体之庞大是救援组织在 20 年前根本无法想象的。我们将在后文进一步讨论社交媒体的优缺,这里仅作简单的介绍。据估计,全世界有 22.67 亿网民(截至 2011 年 12 月 31 日),而救援组织的目标群体大概占全球总人口的三分之一。[14] 社交媒体通常都是免费的,即便有些平台需要收费,价格也非常低廉。社交媒体是一种传播速度极快的通信工具,可以覆盖全球的每一个角落,不仅改变了犬类救援组织的发展模式,而且也深刻地改变了人们的生产生活方式。简而言之,无差别型的受众群体广,影响范围大,性价比高。

总结来说,这一类型联络方式的优点是:节省时间和金钱,传播速度快(比如互联网),吸引志愿者、捐赠人和领养人。缺点是:不利于近距离互动(与前两类相比),效果时好时坏,甚至可能打扰他人的正常生活。最后一点违背了救援组织的初衷,而且一旦给他人带来不必要的麻烦,救援组织将难以控制或予以解决。

社交媒体与犬类救援组织

20 世纪 90 年代中期,互联网的商业化完全改变了犬类救援组织的竞争环境。特别是作为互联网革命产物的社交媒体改变了救援组织的活动方式。如何定义社交媒体呢? 韦氏词典将社交媒体定义为"一种电子通信手段,是用户用来发布短篇博客、信息、见解及其他内容(如视频)的网络互动平台"。[15] 社交媒体的出现将犬类救援组织推向了一个新的转折点——互联网拉近了人们之间的距离，使得救援组织能够面向社会大众寻找志愿者和捐赠人。换言之，社交媒体拓宽了救援组织与公众沟通的渠道，比如救援组织的官方网站、脸书和推特。

官方网站是救援组织最早建立的网络互动平台。在互联网普及之前，救援组织都是借助其他通信手段发布信息的，前文已经有所介绍。在互联网出现后，救援组织在网络空间安家落户，建立了属于自己的官方网站。在这里，人们不仅可以关注救援组织的最新动态，还可以深入地了解犬类救援。最重要的是，这种新兴的互动平台允许上传小狗的图片和视频，把救援组织最生动鲜活的一面呈现在公众面前。犬类救援组织可以随时随地利用网络传递信息，不必像发传单一样大海捞针似地寻找家里养宠物的人，然后苦口婆心地劝说他们一定要带小狗去看兽医。救援组织可以在官网上发布各种各样的讯息，比如待领养犬只的图片和资料、线下活动、志愿者招募、捐款活动等。

1998 年，在线支付平台贝宝横空出世，这对犬类救援组织来说意义非凡——线上筹款成为可能。捐赠人只需在电脑上进行简单的操作便可以将善款汇入救援组织的贝宝账号，不需要再寄送支票。[16] 这个新的支付系统精简了捐款流程，人们不用在百忙之中抽时间写支票、寄快递，而且因为不用写支票，捐款的额度不再有上限。随着互联网的出现和发展，捐赠人不必在各种手续问题上浪费时间，他们只需坐在家中点击一下鼠标，或者在世界任何一个能够上网的地方捐献爱心。

比起其他网络平台，专门服务于犬类救援的网站对救援组织来说更加有用。为了有效地利用这类平台——宠物之家网和宠物领养网是最受欢迎的两大网站——救援组织可以创建主页，填写基本信息，然后上传小狗的照片和资料。搜索功能强大是这类网站特有的优势，访问者可以输入感兴趣的犬种，查找当地动物收容所或犬类救援组织中该品种的情况,而且网页会根据访问者的定位按照距离远近显示小狗的信息,距离访问者最近的小狗排在网页最上面,距离访问者较远的小狗排在相对靠后的位置。例如,一位访问者想要找出密歇根州安阿伯市附近的金毛寻回犬,那么他(她)可以输入"金毛寻回犬",页面上就会显示出附近动物收容所和救援组织中待领养的金毛。访问者可以逐一点开金毛的资料页面,获取更多照片以及救援机构的信息。有些救援组织还会把官网的链接发布在这类网站上,此举有利于增加官网的访问量。专门服务于救援机构的网站整合了与动物收容所和犬类救援组织相关的各项信息,访问者可以根据特定的品种查找附近的救援机构,十分便捷。而在普通网站上,用户难以查找到收容所和救援组织的准确信息。

　　社交媒体是犬类救援组织后期才开始广泛使用的网络平台,比如脸书和推特。用户可以在社交媒体上创建个人账户或主页,发布图片和推文,还可以与他人互动。脸书是犬类救援组织最常使用的社交媒体。很少有救援组织会申请个人账户,大多只会创建主页。选择"关注"的网友可以收到新消息提醒,及时掌握救援组织的最新动态。个人账户涉及添加好友和接收好友申请的功能,救援组织很可能面临着成百上千的好友申请,所以大部分的救援组织只会开通主页,不会在个人账户上面浪费不必要的时间。[17]

　　我们的受访者提到脸书的次数远远多于提及其他社交媒体。莫林·迪斯特勒表达了她对脸书的喜爱:

　　　　"我们喜欢使用脸书是因为每当我们发布求助信息……我们大约有 1 300 位脸书好友……比如,我们有一只拉布拉多和山地犬的串种狗,体型远比一般的狗还要大,这个时候我们就需要超大型的喂食器,所以我就在脸书上寻求帮助,'嘿,伙计们,谁有超大型的狗食碗? 如果有的话,请在明天中午之前送到救援组织’。10 分钟之内我就收到了回复，‘好的，我家有一个，明天可以送过去’。”[18]

埃琳娜·佩斯维托对此表示赞同：

"我们会把狗狗的图片发布到脸书上，我们也会鼓励领养人尽量在脸书上发布一些和狗狗有关的内容，一则方便我们保持联系，二则可以让我们了解到狗狗的近况。当然，我们也会在脸书上发布求助信息，比如急招寄养人之类的。还有，我们也在脸书上举办在线募捐活动。总之，我们利用脸书做了不少事。"[19]

当然，脸书也有缺点。科琳·怀亚特谈到了脸书的问题：

"我们当然也有脸书主页。对我来说，使用脸书是一段非常痛苦的经历，因为我们有 688 位好友，至少几周前我最后一次登录的时候，好友列表里就有这么多人。我在网页上看到了即将被安乐死的狗狗的图片，大约有 250 只狗，这个数量太庞大了，我没法一一查看。而且，你知道的，如果你真的逐一点进去的话，可能还会出现新的内容，比如收容所里面要接受安乐死的狗的照片，可能还有 50 张……所以，我们使用脸书，主要是为了方便与志愿者和领养人进行沟通，而不是联络其他救援机构"[20]

吉恩·菲茨帕特里克的发言最能反映出脸书对犬类救援组织的重要性。他强调，未来的救援组织将离不开脸书，这是必然趋势：

"我们正在努力寻找一位擅长使用脸书的年轻志愿者，因为我们的志愿者大多都在 50 岁以上，平均年龄在 40 岁以上。他们并不知道该如何使用这种新玩意。但是年轻人肯定都会用社交媒体。所以我们需要年轻一点的志愿者，而且我们只能通过脸书找到他们。"[21]

脸书为让更多人了解犬类救援，也让更多人参与到救援行动之中，为犬类救援组织提供了前所未有的机会和资源，是救援组织在 21 世纪不可或缺的重要工具。

对于犬类救援组织来说，社交媒体的用途非常广泛，包括寻找领养人、招募志愿者、筹募善款、分享领养成功的故事，提高公众保护动物的意识等等。最后一点尤为重要，其中包括公众对流浪动物的关注和对绝育手术的正确认识。利用社交媒体，救援组织可以获得更多机会和更多样的资源，实现救援目标——帮助无家可归的小狗脱离困境，寻觅充满爱与温暖的领养家庭，让它们可以享受安稳的生活。

社交媒体的管理

我们将采取定量和定性的方法考察救援组织是否做到了有效利用和管理社交媒体。比如，我们会考察救援组织是否在宠物之家网或脸书有账户，结果无外乎两种情况，"有"或者"没有"，这属于定量研究。除此之外，我们还将考察救援组织官方网站的质量，除一些客观的测评数据之外，我们还将用户体验纳入了考核范围。我们在调查中发现，基本上所有的救援组织都开设了官方网站，但网站设计得五花八门，良莠不齐。我们有理由相信，网页设计会影响信息的传递，如果页面设计得过于简单或过于烦琐，很可能出现因信息模糊而误导访问者的情况。有些救援组织的官网只有一个页面，且页面上连最基本的简介都没有,访问者既不清楚他们是什么人、从事什么工作,也不清楚哪些小狗可以被领养。而有些救援组织的网站设计得美观有序且资讯丰富,便于访问者浏览和查阅。获取救援组织的官网链接并不难,但评估网站的质量却并不容易。我们咨询了专业的网站设计师,并制定了 10 分制评估法,得分越高,代表信息输出的有效率越大。没有建设官方网站的救援组织将获得 0 分,网站设计水平堪比大企业的救援组织将获得 10 分。下面是具体的评分细则:

0 分: 没有官方网站

1 分: 仅有宠物之家网主页或仅有 HTML 文件;缺少重要信息或信息不完整(我们认为,救援组织的官网上至少应出现下列信息: 救援组织的简介,联系方式,领养要求,待领养犬只的资料);网站长期处于未更新状态;不支持在线捐款;毫无访问价值。

2 分: 仅有宠物之家网主页或仅有 HTML 文件,网页内容略多于 1 分水平的网页;设计粗糙,自带背景音乐,图片效果不佳,Gif 图像缺乏新意;容易给人留下"不专业"的印象;色彩搭配不协调,字体的颜色过于花哨;不支持在线捐款。

3 分: 情况 1: 在宠物之家网上开通了官方主页,此处强调以救援组织的名义开设的官方主页,而非个人账户;网页包含一些基本信息(如领养规定);

情况 2: 拥有 HTML 网站,比 2 分水平的网页更为复杂;Gif 图像数量较少;图片质量略高于 2 分水平;

情况 3: 网站质量尚可;存在加载问题(更换浏览器或隔天访问会出现加载失败的情况),救援组织未能及时维护和管理网站;不支持在线捐款;

4 分: 与 3 分水平的网站类似,但支持在线捐款并提供救援组织其他社交媒体的访问链接(有些救援组织会提供,有些则不会）；搜索功能较弱；设计缺乏美感；

5 分：不会出现技术问题；设计乏善可陈，但不影响使用；支持在线捐款，但首页上没有捐款通道；首页设计粗糙或信息不全；除领养要求、待领养犬只的资料、救援组织的联系方式和募捐政策外，网站上没有其他信息；首页上重要信息的位置不够明显，大部分的重要信息均位于网页底部，访问者需要滚动鼠标滚轮才能查看；

6 分：与 5 分水平的网站类似，但整体更加简洁流畅，内容也更加丰富，比如支持在线购物；访问者仍需滚动鼠标滚轮才能查看完整的页面，但使用感受好于 5 分水平的网站。

7 分：与 6 分水平的网站类似，但设计更为精良；网页的比例适宜和/或色彩搭配得当，用户体验较好。

8 分：与 7 分水平的网站类似，但网站在风格和设计上有所改善；网页内容比较丰富，访问者可以获取与狗粮、宠物美容和宠物行为问题治疗有关的信息。

9 分：网站由专业的网页设计师设计和维护，制作堪称精良；网站仍存在明显的设计漏洞（比如网页内容冗余、图片效果不佳、色彩搭配不当等，其中色彩搭配不当的现象最普遍）。

10 分：网站由专业的网页设计师设计和维护，制作十分精良；几乎没有任何设计问题；资讯丰富，搜索功能强大，操作简单；与百事可乐或强生等知名企业官网的水平相当。

除此之外，我们还考察了其他方面：官网的质量，在线捐款功能，宠物之家网账户，宠物领养网账户，脸书账户，聚友网账户和推特账户。

社交媒体与十类救援组织

为了比较不同犬种救援组织之间的差别，我们选择了犬类救援组织中最具代表性的十大类救援组织进行研究。除比特犬外,其他犬种救援组织的数量与其在美国养犬俱乐部的注册量成正相关。美国养犬俱乐部的注册数据显示,2011 年全美注册量排名前十的品种是:拉布拉多寻回犬、德国牧羊犬、约克夏梗犬、比格犬、金毛寻回犬、斗牛犬、拳狮犬、腊肠犬、贵宾犬和西施犬。[22] 我们将大致介绍这些救援组织使用社交媒体的情况并进行简单的比较,同时我们将重点介绍金毛寻回犬救援组织使用社交媒体的情况。

官网的质量是研究救援组织是否有效参与并利用社交媒体的重要参考因素。设计精美的网站能够反映出救援组织积极认真的工作态度。而设计拙劣、信息缺失、用户体验较差的网站则能反映出救援组织在运营和管理方面存在的疏漏,不利于救援组织招募志愿者和寻找领养人或捐赠人。我们的评估结果显示,斗牛犬救援组织的官网质量最高,平均得分为 6.58 分,而贵宾犬救援组织官网的平均得分仅为 3.87 分,排在最末位。从评估结果来看,标准差在 1 分到 2.5 分之间,说明这十类救援组织在网站建设方面存在差距。金毛寻回犬救援组织的平均得分为 5.99 分,排在第二位,仅次于斗牛犬救援组织。

在线捐款是非常有效的筹款手段,因此,我们也将这个功能纳入了考核范围。有些救援组织在官网增设了“在线捐款”的功能,有效地利用网络资源提高了筹款效率。而有些救援组织的官网上并没有类似的功能,错失了许多筹款机会,因为有一部分捐赠人是在看到“在线捐款”的字样后才产生了捐款的想法。调查结果显示,84.4%的斗牛犬救援组织在官网上开设了“在线捐款”功能,排在第 1 位。同时,做到这一点的贵宾犬救援组织仅占 26.32%,排在最末位。此外,71.29%的金毛寻回犬救援组织都在官方网站上增设了“在线捐款”功能。

宠物之家网是一个多功能的综合服务平台,救援组织可以在该网站发布各类信息,包括救援组织的简介、联系方式、犬只资料、领养信息等等。宠物之家网不收取任何注册费用,所以大部分的犬类救援组织都注册了宠物之家网的账户。使用该网站频率最高的救援组织当属拉布拉多寻回犬救援组织,比例高达95.45%,排名第1位。而贵宾犬救援组织的宠物之家网使用率非常低,有48.01%的组织拥有宠物之家网账户。此外,79.21%的金毛寻回犬救援组织拥有宠物之家网账户,排在第8位。

宠物领养网是专门用来发布领养信息的网站,犬类救援组织可以借助该网站寻找领养人。虽然宠物之家网成立的时间更早且知名度更大,但宠物领养网近年来的访问量稳步上升,尤其在获得德鲁·巴里摩尔和凯尔希·格兰莫两位明星的赞助后人气大涨。[23]77.68%的德国牧羊犬救援组织都注册了宠物领养网账号,排在第1位。相比之下,只有28.21%的贵宾犬救援组织使用宠物领养网,排在最末位。66.34%的金毛寻回犬救援组织注册了宠物领养网的账户,排名第6位。

截至2011年12月,脸书在全球拥有超过10亿用户,是近年来最受欢迎的社交网站。对于救援组织来说,脸书是非常宝贵的网络资源,每天有超过5亿的活跃用户使用脸书,而宠物之家网和领养宠物网远没有这样庞大的访问量,[24]所以脸书比任何形式的社交媒体都更具使用价值。83.1%的金毛寻回犬救援组织拥有脸书账户,形式包括个人账户、官方账户和主页,排在第1位。排在最后一位的犬种仍然是贵宾犬,只有41.03%的贵宾犬救援组织使用脸书。

推特仅次于脸书,在全球拥有1亿的活跃用户,同样也是非常宝贵的网络资源。[25]但推特与脸书不同,前者只允许用户发布不超过140个字符的内容,而且每当救援组织发布新推文,关注者会在第一时间收到提醒。因此,一旦遇到紧急情况,救援组织可以利用推特迅速地将消息传递给志愿者。比格犬救援组织使用推特的频率最高,26.67%的比格犬救援组织开通了推特账户。相比之下,仅有6.41%

的贵宾犬救援组织注册了推特账户。此外,18.81%的金毛寻回犬救援组织是推特用户,排名第6位。

聚友网的使用情况反映出了犬类救援组织能够迅速适应不断变化的网络环境。聚友网曾是21世纪初首屈一指的社交网站,后逐渐被脸书取代。2011年,聚友网拥有3 100万注册用户,而脸书的用户已经超过8亿,[26]且仅在一年后,脸书的注册用户就突破了10亿。脸书取代聚友网是全球趋势,所以使用聚友网的犬类救援组织越来越少。2010年秋季,我们的调查正式开始,在667家受访的犬类救援组织中,只有106家注册了聚友网用户。2012年1月,我们再次查看了这106家救援组织的聚友网主页,发现31家救援组织已经注销了聚友网的账号,表明他们已经彻底放弃使用这一平台。在剩下的75家救援组织中,只有一家在聚友网上发布了新内容。平均下来,这些救援组织每两年半更新一次聚友网,而且有14家救援组织早已经停止更新。救援组织没有继续在这个日益衰落的社交网站投入时间、人力和金钱,说明他们迅速适应了网络环境并做出调整。事实证明,这些救援组织的做法是正确的,因为聚友网的竞争力逐渐下降,难以像蒸蒸日上的脸书一样为救援组织带来机会和资源。很明显,随着聚友网用户数量的减少,通过聚友网与外界互动的犬类救援组织也不断减少。

与其他9个犬种的救援组织相比,贵宾犬救援组织的社交媒体使用率最低。我们认为这与贵宾犬救援组织的起源有关。54.67%的贵宾犬救援组织起源于贵宾犬俱乐部,与之相比,起源于养犬俱乐部的金毛寻回犬救援组织仅占15.84%。虽然养犬俱乐部也需要借助社交媒体与外界进行互动,但俱乐部并不像救援组织那样依赖社交媒体。换言之,养犬俱乐部的交际圈较为封闭,但犬类救援组织却在很大程度上依赖于外界的帮助。所以我们得出的结论是,贵宾犬救援组织的发展模式与贵宾犬俱乐部的发展模式相近,对社交媒体的依赖程度较低,因此有别于其他 9 个犬种的救援组织。

社交媒体对犬类救援组织收入的影响: 以金毛寻回犬救援组织为例

与美国联邦税务局合作的"指南星"组织是一所专门为 c3 机构发布财务报表的非营利性机构。[27]我们在"指南星"组织的官网上获取了十大类救援组织的财务数据。遗憾的是,这十类救援组织的财务数据并不具有统计学意义。这可能是多种因素综合作用的结果,但我们认为最主要的原因是收入低于 2.5 万美元的救援组织无需填写详细的财务报表,但报表恰恰是最关键的研究资料。这些救援组织只需向美国联邦税务局发送电子财务报告,这份报告并不会在"指南星"组织的官网上公示。幸运的是,金毛寻回犬救援组织的财务数据具有一定的研究价值,我们将以金毛寻回犬救援组织为例探究社交媒体对救援组织收入的影响。美国共有 101 家金毛寻回犬救援组织,至少有 81家救援组织的财务报告具有统计学意义。最终,我们获取到了 72 家金毛寻回犬救援组织的详细财务信息。虽然研究数据有限,但我们有理由相信这些资料能够帮助我们得出有效的结论。

我们发现官网的质量和救援组织的收入之间存在某种关联。比如,官网质量评分在 5 分以上的金毛寻回犬救援组织,其年收入均在10 万美元以上。一方面,收入较高的救援组织有能力聘请专业的网页设计师设计和维护网站。另一方面,制作精良的网站可以吸引更多的捐赠人,毕竟,比起粗制滥造的网页,制作精美的网站更容易给人留下真实可信的印象。网站的质量虽然会影响捐款的结果,但不是让救援组织年收入超过 10 万美元的决定性因素。反观那些年收入低于 10万美元的救援组织,其官网质量也在稳步提高,年收入也在逐年增长,我们并不能定量地描述二者之间的关系。因此,我们可以得出这样的结论：官网的质量可能会影响募捐成果，但不能决定年收入的多少。

　　我们还研究了"在线捐款"功能对收入的影响，最终发现支持在线捐款的救援组织往往收入不菲。在年收入超过 10 万美元的 33 个金毛寻回犬救援组织中，只有 3 个不支持在线捐款。这意味着 91% 的高收入金毛寻回犬救援组织都采用了线上和线下两种募捐方式。网站上的"在线捐款"字样可以吸引访问者点击并进入捐款页面，救援组织则可以利用在线上筹集的善款采购救援物资或支付高昂的手术费用。线上捐款是一种非常实用的筹款方式，影响着救援组织收入的高低。

　　除官网和线上筹款外，宠物之家网也影响着救援组织年收入的多少。在年收入逾 10 万美元的 33 家金毛寻回犬救援组织中，只有 3 家没有开通宠物之家网主页，他们分别是洋基救援、梅里菲尔德救援和诺克救援。这三家救援组织的成立时间较早，其中成立于 1985 年的洋基救援更是美国历史最悠久的金毛寻回犬救援组织。这三家救援组织没有开通主页，说明宠物之家网对于他们来说无可无不可。因为这三家救援组织成立的时间过早，在宠物之家网诞生之前他们就已经拥有较高的知名度和高效的通信手段，所以宠物之家网对他们的帮助不大。但是显然，对于其他 30 个救援组织来说，情况不是这样的。宠物之家网可以增加他们的曝光率，帮助他们寻找领养人以及开展线上筹款活动。

　　虽然宠物领养网的使用率不及宠物之家网，但宠物领养网也在一定程度上影响着救援组织的收入。在 33 个高收入的金毛寻回犬救援组织中，只有 6 家救援组织没有开通宠物领养网的账户。虽然我们并未找出这 6 家组织拒绝使用宠物领养网的具体原因，但我们推测可能是因为宠物领养网与宠物之家网的功能相似，而且后者的访问量更大，所以这 6 家组织可能认为没有必要开通两个账户。

　　脸书最能体现出社交媒体对犬类救援组织收入的影响。不仅所有年收入超过 10 万美元的金毛寻回犬救援组织都开通了脸书账户，而且在 55 个年收入超过 5 万美元的救援组织中,只有 4 个没有脸书账户。这充分说明脸书是最有效的通信工具,救援组织可以利用脸书宣传活动、寻找捐赠人、发布待领养狗狗的资料和招募本地志愿者。

与之相比,金毛寻回犬救援组织对推特的态度非常有趣。虽然只有 19 家救援组织使用推特,但其中有 13 家的年收入都在 10 万美元以上。这表明,大型犬类救援组织认为推特是实用的交流工具,有助于他们提高知名度,扩大影响力,但规模较小的救援组织却认为管理推特会浪费人力资源。对此,我们的理解是,网络环境日新月异,也许在几个月之后,这些救援组织就会改变他们对推特的认知。

2012 年,收入靠前的金毛寻回犬救援组织在社交媒体上的活跃度非常高。他们充分利用了宠物之家网和脸书等社交平台进行宣传,尽最大可能寻找有领养意向的善心人士。虽然我们缺乏有力的数据证明这一点,但我们的确发现了一个明显的规律——越来越多的金毛寻回犬救援组织在社交媒体上开展募捐活动。同样,虽然我们缺乏数据来证明这种规律同样适用于其他犬种的救援组织,但我们确信其他类型的救援组织也越来越重视社交媒体。但贵宾犬救援组织很可能是一个例外,正如前文所述,贵宾犬救援组织与其他几类救援组织的发展模式不同,对于过去 10 年中新兴的通信手段,他们并不抵制,但使用率普遍偏低。不过在未来几年,这种情况可能会有所转变。

社交媒体对犬类救援组织的影响远不止于此:过去,救援组织只能依靠传统的联系方式(例如传单、信件、电话、私人会议等)与领养人互动,而社交媒体的出现昭示新时代的到来。救援组织不仅可以与外界建立联系,还可以大大节省人力物力和财力。与此同时,官方网站逐渐发展成犬类救援组织在网络空间的活动中心。在互联网时代到来之前,考虑到传单的印刷成本,犬类救援组织能够传播的信息量十分有限。而现在,救援组织不必大费周折地印刷和发放传单,社交媒体可以帮助他们完成大部分的工作:从发布小狗的图片和资料到招募新成员,从公布领养规定到解答领养人的问题,从科普绝育知识到指导狗粮的选取,片刻之间即可完成,根本不需要救援组织支付任何费用。很难想象,还有什么创新科技比社交媒体更加高效便捷。

外联的主要目的:募集善款

对于任何一家成功的犬类救援组织来说,筹款工作都非常重要。犬类救援组织可以通过收取领养费和义卖活动获得一定的资金,但救援组织的运转资金大部分来自社会募捐。玛丽·范德布卢宁曾在采访中明确地表示过:"捐款、领养费和义卖是我们的三大收入来源。"[28] 如果筹集不到足够的善款,救援组织的成员就不得不自掏腰包,但毕竟成员们的经济条件有限,能够奉献的仅限于时间、精力和劳动。如果没有足够的资金,许多重要的工作就难以推进下去,比如将小狗运送到领养人家中、支付医疗费或者购买优质狗粮以保证狗狗获得充足的营养。

筹款就是面向公众或特定人群募集善款或其他资源(律师、会计师、计算机程序员、网页设计师和兽医等专业人士的帮助、义卖品、狗粮和狗窝等)的活动,联络与沟通是筹款的核心工作。为了获得可观的捐款数额,救援组织必须与社会公众和特定的捐赠人进行有效的沟通。这需要救援组织展现出专业的救援能力和诚恳的求助态度。大型的救援组织会寻找经验丰富的志愿者专门负责组织募捐活动,而且颇见成效。但是,很少有小型的救援组织拥有这样的人力资源,他们只能尽可能多地举办募捐活动,因此,志愿者的工作压力非常大。由于缺乏专业的人力资源,规模较小的救援组织只能减少在募捐工作上的投入。可想而知,结果往往并不理想。一般来说,筹款活动分为三类:小型、中型和大型。对于犬类救援组织来说,每种方式各有利弊。

时间和资源有限且缺乏募捐经验的救援组织只能举办小型的募

捐活动,而且活动的辐射范围往往局限在当地。小型募捐活动的形式多种多样,包括洗澡服务、捐款箱以及贝宝"在线捐款"功能等。莫林·迪斯特勒介绍了她所在的组织是如何举办这类活动的:"我们的工具就是一个小巧的捐款罐,每次能筹到 100 美元左右的捐款……但这些钱全都加起来,也只能勉强支付宠物医院的账单。"[29] 小型筹款活动的开销相对较低,而且易于操作和管理。布置场地所用的物资往往由志愿者提供,救援组织可以节省一笔采购费用。既不需要投入太多时间,也不需要做大量的事前准备,救援组织只需开通线上捐款功能,再准备几个捐款箱,[30] 几个小时就可以搞定。小型筹款活动的优点是成本低、投入少,但缺点也非常明显:募捐效果差,救援组织很难募集到充足的善款。因为活动时间短,所以场地一般比较固定,影响范围有限,效果不会太理想。活动的举办地点在很大程度上决定着结果的好坏。尽管所有的救援组织都有举办小型捐款活动的经验,但小型救援组织举办小型捐款活动的频率最高。对于规模中等的救援组织来说,小型募捐活动筹集的善款不算多也不算少,但对于大型救援组织来说,就远远不够了。大型救援组织往往会举办更为复杂的筹款活动,比如中型和大型的筹款活动,后者才是大型救援组织的主要收入来源。

与小型筹款活动相比,中型筹款活动所耗费的资源和运作成本相对更高,但对人力资源没有要求,换句话说,救援组织无需寻找经验丰富的专业人士筹办活动。中型筹款活动的形式更加丰富,包括无声拍卖会、5 公里竞赛、问答游戏、高尔夫锦标赛、串酒吧、商品义卖(包括盆栽、定制日历和邮购目录)以及寄信捐款等。与小型筹款活动相比,救援组织需要投入更多的时间和精力筹备中型筹款活动,因为活动规模越大,参与者就越多,比如 5 公里竞赛和无声拍卖会都是非常受欢迎的慈善活动。通常,中型筹款活动都要持续数天才能结束,这要求志愿者必须全程跟进,以保障活动顺利进行。以义卖定制日历为例,志愿者必须事先与参与者(通常是与活动主办方有过合作经历的领养人)取得联系,收集装饰材料(比如小狗的照片),然后设计图样,制作日历,最终才能将成品卖出。这并不是一件容易事,设计能力、时间、耐心都是必不可少的条件。举办中型筹款活动可能涉及场地租金问题,比如租赁高尔夫球场和酒吧,也可能需要组织内部成员或赞助商提供物质资源,比如无声拍卖会的拍卖品和聚会所用的酒食,因此这类活动的运作成本往往高于小型筹款活动。

在我们的受访者中,多数都参与过中型筹款活动,活动大多都在当地举办,形式比较简单,类似于小型的捐款活动,但是规模相对较大,内容也比较复杂,往往需要救援组织投入一定的人力和物力。不同的犬类救援组织举办的活动各不相同。"我们举办的最大型的筹款活动就是高尔夫锦标赛了",吉恩·菲茨帕特里克谈到了这一点,他继续补充道:

> "我们每年都会举办这个比赛,今年十月我们还会举办一次网球奖券义卖活动。我们把参与者的编号写在网球上,再把网球放在场地中央,让一只小狗去捡,第一次带回来的球是一等奖,第二次就是二等奖,以此类推。所以中奖完全是随机的。"[31]

吉恩·菲茨帕特里克还谈到了星期六问答竞赛和情人节活动。另一位受访者乔·马林戈则谈到了其他形式的募捐活动:"大约在几年前吧,我们会定期举办奖券兑换手工被的活动。我们会在拉布拉多交流论坛上找到会针线活的志愿者,拜托他们在被子上缝一个以拉布拉多为主题的图案。这种纯手工缝制的被子就是我们的义卖品。"[32]黛比·卢卡斯克则表示:"我们举办过最大的筹款活动就是一年一度的遛狗活动。"她强调劳动强度非常大,需要"九个月的筹备时间",但辛苦是值得的,因为"我们募集到了非常可观的善款。很幸运,我们有专业的筹款人帮忙筹备,积少成多,最后能筹集到一万美元左右的善款。"[33]普里西拉·斯卡尔所在救援组织则会在超大庭院中举办大型的义卖活动。此外,他们还热衷于在当地的餐馆"举办怪物高尔夫锦标赛,我们基本不用做什么"。[34]来自拉布拉多寻回犬救援组织的杰克·艾克尔德介绍了他们每年举办的筹款活动:

> "我们每年都会举办拉布拉多宠物节,活动内容还是非常丰富的,除了无声拍卖会,我们还有'狂欢一小时'活动,参与者只需支付 15 美元,就可以让宠物到我们专门准备的泳池里畅玩 1 小时。我们还会为主人提供啤酒和热狗。除此之外,还有一个'帆布绘画赛',参与者可以在帆布上随意创作,但主题必须以拉布拉多为主题。我们会评选出优秀的画作,并且颁发奖品……还有手工日历的义卖活动,也是一个亮点。我们会事先征集摄影作品,挑选出水平最好的几张照片,用来制作日历。"[35]

鲍勃·伯恩斯坦的苏娜尔金毛寻回犬救援组织则选择了义卖手绘 T 恤的方式筹集善款,T 恤都是由擅长绘画的志愿者亲自设计和制作的。

与小型筹款活动相比,中型筹款活动需要志愿者付出更多的心血和精力,甚至志愿者在筹款活动上花费的时间比在救援工作上花费的时间还要多,尽管后者才是志愿者们加入犬类救援组织的初心。规模较小的犬类救援组织偶尔也会举办规模较大的中型筹款活动,但由于时间、资金和人力资源的限制,活动的频率并不高。但是规模中等和规模较大的救援组织有能力和条件举办中型筹款活动,甚至不需要耗费过多的资源就可以筹办形式丰富、热闹有趣的筹款活动,而且往往成果喜人。

　　与小型和中型的活动相比,大型筹款活动无疑是最难筹备,也是最难实施的了。救援组织必须安排专业(或者经验丰富)的筹款人来策划活动,而且负责人必须牺牲大量的个人时间,才能确保活动顺利开展。大型筹款活动的形式非常多样,包括资本运作,申请政府补贴,联络捐款方,与"联合之路"等大型慈善机构建立合作伙伴关系等等。大型活动募集到的善款足以帮助救援组织购买地皮和建造犬舍,余下的善款还可以用作不时之需。为了筹集到数目可观的善款,救援组织必须耗费大量的时间和资源,所以大型的救援组织往往会委派志愿者单独负责筹款工作。是的,这些志愿者不必参与其他工作,筹款是他们唯一的任务。因此,只有大型的犬类救援组织才能找到这样专业、敬业、认真负责、有能力筹划和组织大型活动的人才。有时,规模中等的救援组织可以通过举办大型的筹款活动转型成为大型的救援组织。依靠资本运作建立专用犬舍的特拉华谷救援就是一个例子。在此,我们还是要重点介绍一下美国最古老的犬类救援组织,也就是利用科学高效的筹款手段逐渐壮大势力的洋基救援。从创立之初到现在,洋基救援的筹款活动总是非常成功,领导人乔伊·维奥拉功不可没。毕业于塔夫茨大学的乔伊·维奥拉凭借着多年在非营利性组织的工作经验,带领着洋基救援一步一步走向成功。她分享了洋基救援的故事:

　　"从成立的第一天起,我们就非常重视筹款这件事,而且我们的确很出色。比如,我们不局限于一种筹款方法,我们会找到附近一带所有宠物狗的注册信息,获取狗主人的联系方式,这样我们就可以向大家推荐洋基救援……在过去的20年里,我们一直在更新这些名单,这是我们开展资本运作的起点,我们需要一笔钱在波士顿西侧的里弗维尤建犬舍。这个犬舍的作用太大了,它给我们带来了不菲的收入。因为犬舍是看得见摸得着的实物,捐款人可以看到他们的善款用在了合适的地方,对我们也会比较放心……如果有好心人士想捐赠 20 万美元,他们不必担心钱款的去处,看到我们的犬舍还有其他的设施,他们就会知道钱用在了哪里,会继续信任我们,支持我们……这个工作很辛苦,你必须把基础打好……当然,筹款的方法很多,我见识过其他同行用各种各样的手段集资,但规模和影响力都比较小。比较复杂的筹款工作往往会牵扯到各种遗产和继承问题,因为有些人会捐出一部分的遗产。还有一种比较特殊的情况是,有些人曾经从救援组织那里领养过小狗,后来狗狗去世了,他们想为救援事业尽一份力,就会主动捐款。"[36]

普里西拉·斯卡雷向我们证实确实有这种特殊情况发生:

"有些人的小狗去世了,主人就会给我们捐钱,而且数额不小。有些小狗需要动手术,为了筹钱,我们会把照片和资料通过电子邮件发送给捐款人……我们没想到大家的反馈这么积极,简直不可思议了……最后,我们筹集了 3 000 多美元,让两只患病的小狗分别接受了肺部和髋关节的手术。"[37]

从乔伊·维奥拉和普里西拉·斯卡雷的讲述中我们可以得知,筹款工作纷繁复杂,但一旦成功,便可帮助救援组织解决诸多难题,包括建设犬舍和支付医疗费。同时,受访者们也承认,大型的募捐活动考验的是志愿者们的能力和精力。

总而言之,与小型和中型筹款活动相比,大型筹款活动对志愿者的要求更高。现在的情况是,仓促筹办的地方性筹款活动非常常见,虽然志愿者们投入了热情和精力，但因为缺乏专业技巧，活动的效果并不理想。随着救援组织规模不断扩大，救援组织对资金的需求也不断增长，筹款工作的重要性不言而喻。因此，我们希望见到更多专业的志愿者来筹备募捐活动。不少受访者都支持巴布·德梅特里克的观点："我们希望尽快找到一名专业的筹款人，帮助我们做好这项工作。"[38]

凭借着独特的社会地位和良好的声誉，犬类救援组织获得了无数社会资本的支持，无论是本地知名的公司还是全国连锁的大企业，无不争先恐后地与之合作。与企业合办的募捐活动往往规模比较盛大，大型和中型的募捐活动居多。不少受访者谈到了他们与各大企业的合作。比如，吉恩·菲茨帕特里克告诉我们："我们和博德斯书店一起包装用来筹集善款的礼物……此外，'联合之路'也帮助我们举办过捐赠活动。"[39]虽然博德斯公司现在倒闭了，但并未影响其他知名企业和品牌与犬类救援组织的合作。埃琳娜·佩斯维托谈到了与星巴克公司的合作，"我们与咖啡公司星巴克有过合作，他们把我们的标志印在咖啡杯和其他产品上，而且这些商品都是以相当具有竞争力的价格出售的。脸书也帮我们做了不少宣传，还帮我们把产品运到美国的各个角落"。[40]宠物用品公司和宠物医院与犬类救援组织的合作越来越密切，此外，那些看似与动物福利没有任何联系的企业也开始支持救援行动。回首过去，在"同情话语"爆发之前，犬类救援组织可谓举步维艰，如今的情况已经大大改善。2013年10月20日，经典时装品牌拉尔夫·劳伦与美国禁止虐待动物协会携手推出了一整版"与狗同行"2013年秋季配饰系列广告。广告描绘了一位手牵比特犬的时尚丽人在街头漫步的景象，这是"流浪狗的时尚首秀"。拉尔夫·劳伦还在广告底部发表了文字声明，"关注领养流浪狗活动月，关注流浪动物——拉尔夫·劳伦与美国禁止虐待动物协会倾情打造"。几个星期之后，旧金山的梅西百货举办了"旧金山禁止虐待动物协会假日橱窗公益领养活动",从宣传文案中可以得知,"在过去的 9 年中,梅西百货的假日橱窗公益活动已经帮助当地的禁止虐待动物协会筹集了超过40 万美元的善款,并为 2 300 余只流浪动物找到了新家。感谢梅西百货新老顾客的爱心奉献,让无家可归的动物不再流浪"。[41]纽约大都会队与美国北岸动物联盟曾在城市公园内联合举办了一场公益活动,"在 9 月份的两场棒球赛开赛之前,狗狗和它们的主人率先出现在了花旗球场的跑道上,沉浸在满场球迷热烈的掌声之中。'一直以来,大都会棒球队非常支持救援事业'美国北岸动物联盟合作办的负责人拜伦·洛根如是说道。大都会多次在花旗球场招待我们,每一次活动都非常精彩,大家都非常开心。卖票的全部收益都用来支持救援工作了"。[42]

犬类救援组织的规模决定募捐活动的规模。规模较小的救援组织大多举办形式简单的小型筹款活动,举办中型筹款活动的机会非常有限,有时可能一年只举办一次。规模中等的救援组织通常会举办形式较为复杂多样的筹款活动,规模有小有大。然而,只有大型的救援组织才能有条件举办盛大的筹款活动并募集到数万甚至数十万美元的善款。志愿者的能力和意愿也影响着救援组织的选择。小型和中型筹款活动能够筹集到的资金有限,仅供维持救援组织的日常运营。大型的筹款活动可以筹集到更可观的数额,帮助救援组织采买物资、建设犬舍、建立救援信托基金,救援组织甚至还可以在内部设立带薪职位。无论规模大小,募捐活动都关系到救援组织的存亡,是救援工作的重中之重。

总　　结

为了长久的发展,犬类救援组织救援小组必须与外界保持沟通,而且必须努力经营与其他机构的关系。一般来说,救援组织对外联络的方式可以分为三大类,即人情型、普通型和无差别型。不同的救援组织会选择不同的方式,但无论哪一种都可以帮助救援组织招募新人、获取资源和沟通内外。通过与外界的交流,救援组织可以获得各种各样的资源。最主要的资源当然是资金,但物资和服务也非常重要。通常,救援组织会通过举办筹款活动来获得这些资源,根据组织的实际需要和自身条件,活动的规模有大有小,形式不一。一般来说,救援组织的规模越大,筹款的方式越复杂。一个不善交际且资金短缺的救援组织难以发展壮大,甚至会被淘汰。

前文已经讨论了外联、地理位置及其他因素是如何影响特定犬类救援组织的发展的。接下来,我们将深入研究狗的品种是如何影响救援组织的宗旨、发展方向和行动结果的。由于金毛寻回犬与拉布拉多寻回犬这两个犬种的相似度较高,我们将重点比较两类救援组织的异同。第八章将为读者朋友呈现更加精彩的内容。

注释

[1]　吉恩·菲茨帕特里克,于 2010 年 8 月 17 日接受安德烈·马克维茨的电话采访。

[2]　玛丽·范德布卢宁,于 2010 年 8 月 9 日接受凯瑟琳·克罗斯比的电话采访。

[3]　劳伦·根金格尔,于 2010 年 8 月 18 日接受凯瑟琳·克罗斯比的电话采访。

[4]　杰克·艾克尔德,于 2010 年 7 月 29 日接受凯瑟琳·克罗斯比的电话采访。

[5]　琼·普格利亚,于 2009 年 6 月 30 日接受安德烈·马克维茨的电话采访。

[6]　伊迪丝·布莱恩,于 2010 年 8 月 12 日接受凯瑟琳·克罗斯比的电话采访。

[7]　贝基·希尔德布兰德,于 2010 年 7 月 29 日接受凯瑟琳·克罗斯比的电话采访。

[8]　妮娜·帕尔莫,于 2010 年 7 月 29 日接受凯瑟琳·克罗斯比的电话采访。

[9]　吉恩·菲茨帕特里克,于 2010 年 8 月 17 日接受安德烈·马克维茨的电话采访。

[10]　鲍勃·蒂雷,于 2010 年 8 月 18 日接受安德烈·马克维茨的电话采访。

[11]　艾伦·乔达诺,于 2013 年 6 月 30 日接受凯瑟琳·克罗斯比的邮件采访。

[12]　莫林·迪斯特勒,于 2010 年 7 月 28 日接受凯瑟琳·克罗斯比的电话采访。

[13]　乔伊·维奥拉,于 2009 年 7 月 16 日接受安德烈·马克维茨的电话采访。

[14]　网络数据,"互联网使用情况和人口数据"迷你瓦力营销集团 2012. http://www.

internetworldstats. com/stats. htm(2012 年 7 月 25 日)。

[15]　"社交媒体",韦氏大词典,第 11 版,2011 年。

[16]　"贝宝"2011. https://www. paypal-media. com/about.

[17]　举例说明,位于安阿伯市的休伦谷人道主义协会在 2011 年 12 月 1 日获得了 4 955 个点赞,彼时我们正在撰写本章的初稿。

[18]　莫林·迪斯特勒,于 2010 年 7 月 28 日接受凯瑟琳·克罗斯比的电话采访。

[19]　埃琳娜·佩斯维托,于 2010 年 8 月 8 日接受凯瑟琳·克罗斯比的电话采访。

[20]　科琳·怀亚特,于 2010 年 8 月 4 日接受凯瑟琳·克罗斯比的电话采访。

[21]　吉恩·菲茨帕特里克,于 2010 年 8 月 17 日接受安德烈·马克维茨的电话采访。

[22]　美国养犬俱乐部,"美国养犬俱乐部纯种犬注册数据"截至 2011 年 1 月 http://www. akc. org/reg/dogreg_stats. cfm(2014 年 5 月 13 日)。

[23]　宠物领养网,"领养宠物计划——了解更多领养宠物的信息: 宠物领养网"http:// www. adoptapet. com/save-a-pet-show/(2013 年 7 月 21 日)。

[24]　脸书,"数据",截至 2011 年 12 月,http://www. facebook. com/press/info. php? statistics.

[25]　尼克·比尔顿,"推特活跃用户超 1 亿"《纽约时报》官博,2011 年 9 月 8 日 http:// bits. blogs. nytimes. com/2011/09/08/twitter-reaches-100-million-active-users/(2014 年 4 月 28 日)。

[26]　内森·奥利瓦雷斯·吉尔斯,"脸书 F8: 全球超 8 亿用户在使用",《洛杉矶时报》官博,2011 年 9 月 22 日 http://latimesblogs. latimes. com/technology/2011/09/facebook-f8-media-features. html(2014 年 4 月 28 日)。

[27]　指南星组织官网,"关于我们" http://www. guidestar. org/rxg/about-us/index. aspx (2013 年 7 月 21 日)。

[28]　玛丽·范德布卢宁,于 2010 年 8 月 9 日接受凯瑟琳·克罗斯比的电话采访。

[29]　莫林·迪斯特勒,于 2010 年 7 月 28 日接受凯瑟琳·克罗斯比的电话采访。

[30]　在线捐款和捐款箱是长期项目,救援组织只需开设在线捐款功能和摆放捐款箱,随后定期查收即可,运营成本低,适合小型犬类救援组织。

[31]　吉恩·菲茨帕特里克,于 2010 年 8 月 17 日接受安德烈·马克维茨的电话采访。

[32]　乔·马林戈,于 2010 年 7 月 30 日接受凯瑟琳·克罗斯比的电话采访。

[33]　黛比·卢卡斯克,于 2010 年 8 月 12 日接受凯瑟琳·克罗斯比的电话采访。

[34]　普里西拉·斯卡尔,于 2010 年 8 月 19 日接受安德烈·马克维茨的电话采访。

[35]　杰克·艾克尔德,于 2010 年 7 月 29 日接受凯瑟琳·克罗斯比的电话采访。

[36]　乔伊·维奥拉,于 2009 年 7 月 16 日接受安德烈·马克维茨的电话采访。

[37]　普里西拉·斯卡尔,于 2010 年 8 月 19 日接受安德烈·马克维茨的电话采访。

[38]　巴布·德梅特克,于 2009 年 6 月 23 日接受安德烈·马克维茨的电话采访。

[39]　吉恩·菲茨帕特里克,于 2010 年 8 月 17 日接受安德烈·马克维茨的电话采访。

［40］ 埃琳娜·佩斯维托,于 2010 年 8 月 8 日接受凯瑟琳·克罗斯比的电话采访。

［41］ 旧金山禁止虐待动物协会,"旧金山禁止虐待动物协会假日橱窗公益领养活动"
http://www.sfspca.org/support/events/macys-holiday-windows(2014 年 5 月 13 日)。

［42］ "纽约大都会棒球队主办宠物公益活动",《狗爪印:美国动物联盟简报》第 4 期
(2013 年),页码:7。

第八章

金毛寻回犬与拉布拉多寻回犬

金毛和拉布拉多都很不错,性情相近,外观也相近。金毛属于长毛犬,但拉布拉多就不一定了。除了被毛的长度有区别外,它们几乎一模一样。如果你想养狗,这两个都是不错的选择。如果你只想要成年犬,不想要幼犬的话,那么不妨看一下候诊室公告板上的宣传单,那是一个名叫洋基金毛寻回犬救援组织的机构在几个星期之前寄给我的。我早前听说过这个洋基救援,但具体做什么的并不了解。有时间到我的诊所看一下吧,传单上写得很详细。但我不清楚有没有拉布拉多的救援组织。

——西德尼·梅尔(已故),马萨诸塞州牛顿橡树山兽医院。1989 年,安德烈·马克维茨仍在波士顿大学任教。在与西德尼·梅尔博医生及其家人共同庆祝犹太节日时,安德烈·马克维茨表示有意领养一只成年的金毛寻回犬或拉布拉多寻回犬,已故的西德尼·梅尔医生给予了中肯的建议。在西德尼·梅尔医生的建议下,安德烈·马克维茨与洋基救援取得联系,并成功领养小狗都维。都维也是洋基救援成功安置的第 548 只金毛。

　　从前几章的内容可知,特定犬类救援组织的形式多样化。救援组织的规模有大有小,既有人数众多的大型组织,也有仅由若干人经营的小型组织,甚至还有一个人的情况。不同组织的救援理念不同,开展救援行动的方式也不同,与美国养犬俱乐部、当地养犬俱乐部、动物收容所和人道主义协会的互动方式也不相同。而本章将分析品种对救援理念和救援方式的影响。换言之,某些犬种的救援组织比其他救援组织成功的概率更大。所谓的成功,指的是没有经济压力、有能力帮助当地其他救援组织并且能够妥善经营外部关系。此外,我们还将分析不同犬种的救援组织的业内认可度,即救援组织在整个救援领域中的地位和风评。在假定救援人员能力相当的前提下,如果为品种一服务的救援组织明显比为品种二服务的救援组织发展得好,那么我们有理由相信两种类型的救援组织之间存在差异是有其他原因的。为了找出导致救援组织之间产生差距的原因,我们必须从各个方面比较救援组织的表现,尽可能找出可能存在的差异并给出合理的解释。那么,如何比较不同犬种的救援组织呢?

　　秉承客观公平的原则,我们尽量选择特征相近、受欢迎程度相当、饲养人情况相似的犬种进行比较。我们必须保证被比较的两个犬种高度相似,是以让人类成为比较过程中的最大变量。举例来说,比较约克夏梗犬救援组织和拳师犬救援组织是没有意义的,两个品种的体型和性情完全不同,喜爱它们的完全是两类人。虽然德国牧羊犬和比利时玛利诺犬非常相似,但将德国牧羊犬救援组织和比利时玛利诺犬救援组织进行比较也是毫无道理的,因为德国牧羊犬是美国第二受欢迎的品种,而比利时玛利诺犬在人气榜上的排名第 76 位,因此,从亟待救援的犬只数量上看,德国牧羊犬远比比利时玛利诺犬多得多。[1]请注意,2012 年美国养犬俱乐部注册量排在前十位的犬种分别是拉布拉多寻回犬、德国牧羊犬、比格犬、金毛寻回犬、约克夏梗犬、斗牛犬、拳狮犬、贵宾犬、腊肠犬和罗威纳犬。其中,各方面都非常相似的两个犬种是拉布拉多寻回犬和金毛寻回犬。因此,我们将重点比较这两大犬种的救援组织在理念和行动上的差异。

拉布拉多寻回犬和金毛寻回犬有相似的体型和行为特征。它们都是中型犬,大小几乎相同。成年金毛公犬的肩高约为 23~24 英寸,体重约 65~75 磅,成年金毛母犬的肩高约为 21.5~22.5 英寸,体重约为 55~65 磅。[2]拉布拉多的体型稍大一些,公犬的肩高约为 22.5~24.5 英寸之间,体重约为 65~85 磅,母犬的肩高约为 21.5~23.5 英寸,体重约为 55~70 磅。[3]在性情方面,金毛和拉布拉多都是热情友善、聪明伶俐、活泼好动、容易驯养的犬种,而且擅长捕捉水鸟。主要区别体现在毛发上:金毛的被毛长而柔滑,颜色从浅奶油色到深金色不等,而拉布拉多的被毛相对较短而且粗糙,颜色有黄色(从浅奶油色到深黄色)、巧克力色(从浅巧克力色到深巧克力色)和黑色。因此,在外观上,拉布拉多的变化更多,但与金毛的整体差异并不大。[4]

金毛和拉布拉多在体型和性情方面相差无几,所以喜爱金毛的人群与喜爱拉布拉多的人群有诸多相似之处。金毛和拉布拉多擅长捕捉水鸟,因此深受猎人的喜爱。甚至可以说,拉布拉多是猎人们最喜爱的猎犬,因为拉布拉多曾四度成为美国养犬俱乐部注册量最高的冠军犬种,而上一次金毛获得这一荣耀还是 1951 年的事。[5]拉布拉多和金毛也是美国家庭中最常见的宠物,因为它们的性格开朗,亲近人类,毕竟,没有人喜欢性情凶猛的小狗。金毛和拉布拉多不仅仅是人类的好伴侣,更是人类的好帮手,因为它们聪明活泼,易于驯养。喜欢金毛的人一般也会喜欢拉布拉多。在猎人眼中,金毛和拉布拉多都是得力的捕猎手。而在大众眼中,它们是温顺可亲的小狗,从不随意攻击人类或其他动物。正是因为"乖巧可爱",人们才会偏爱这两类寻回犬。劳伦·根金格尔表示:"为金毛寻找寄养家庭的时候,我们尽量不去选择有大男子主义倾向的寄养人。因为我们希望找到真正可以照顾小狗,而不是训练小狗的人。比如,养过德国牧羊犬和罗威纳犬的人就很喜欢训练小狗,但金毛更喜欢性格温柔的主人。"[6]自20世纪80年代末90年代初起,金毛和拉布拉多在美国的人气越来越高,也正是这一时间段内,金毛寻回犬救援组织和拉布拉多寻回犬救援组织开始大量涌现。

考虑到金毛爱好者与拉布拉多爱好者的相似性以及两个品种的相似性,我们最初设想的是金毛寻回犬救援组织与拉布拉多寻回犬救援组织也在许多方面有相似之处。然而,事实并非如此。这让我们非常意外,但仔细想来,也是可以理解的。实际上,金毛寻回犬救援组织远比拉布拉多寻回犬救援组织发展得更加成功,但似乎并没有合理的解释能够说明这种现象。对此,我们进行了假设。首先,与金毛相比,拉布拉多的基数更加庞大,狗狗的实际数量影响着救援行动和救援效果。其次,金毛寻回犬救援组织的成功离不开这些领袖的贡献——卡罗尔·艾伦、琼·普格利亚、苏珊·福斯特、简·尼加德和罗宾·亚当斯。在金毛寻回犬救援领域中,有太多这样充满热情又富有才干的人物,他们影响着美国金毛寻回犬救援组织的发展方式和前进方向。换言之,在最关键的发展初期,金毛寻回犬救援组织遇到了精明能干的"魅力型"领导者,但拉布拉多寻回犬救援组织却没有多少这样的机缘,而且实际情况更为复杂。除了领导者的差距外,还有诸多因素导致两类救援组织获得不同程度的成功,包括狗的数量、救援组织的发展史、地区分布、财务问题、社会媒体、外部关系和志愿者的能力等。

数　　量

待救援犬只的数量是影响犬类救援组织绩效的关键因素。以稀有品种为例,每年只有一到两只小狗需要犬类救援组织的帮助,安置工作并不繁重。如果待救援犬只的数量过多,安置工作就会变得异常困难,特别是人气高的犬种基数庞大,为其服务的救援组织往往面临着艰巨的救援任务。考虑到这一点,犬类救援组织必须及时了解动物收容所中特定品种的数量,进而确定需要安排领养家庭的数量。美国养犬俱乐部中金毛寻回犬和拉布拉多寻回犬的注册量可以帮助我们预估这两种犬类动物的总数。但出于多种原因,我们认为这些数据并不具有普适性。第一,并非所有的狗都获得了美国养犬俱乐部的纯种认证;美国人道主义协会预估每年被送入动物收容所的犬只中只有25%是纯种犬,[7]非纯种犬并不在美国养犬俱乐部的统计范围内。第二,并不是所有狗主人都会申请美国养犬俱乐部的认证,因为有些人热衷于参加宠物比赛或当地养犬俱乐部的活动,无意将自己的小狗培养成出色的家庭宠物、援助犬或者猎犬。第三,我们在第三章中提到美国养犬俱乐部的注册量一直在稳步下降,2002 年拉布拉多寻回犬的注册量高达 154 616 只, 而到 2006 年, 年新增注册量已经下降到 123 760 只。这意味着拉布拉多的注册量在四年的时间里下降了20%。我们认为,注册量的下降并不代表拉布拉多数量的下降,但足以证明养犬人士不再热衷于让他们的伴侣动物获得美国养犬俱乐部的纯种犬认证。事实上,美国养犬俱乐部已经意识到这个问题,并且一直在试图改变这种状况。[8]由于美国养犬俱乐部的统计数据无法用于确定动物收容所中拉布拉多和金毛的数量,我们不得不通过其他方式计算金毛与拉布拉多的实际数量。

我们设计了一套方案,随机抽取全国的动物收容所和犬类救援机构并计算出这些机构中金毛、拉布拉多和比特犬的平均数。首先,我们根据宠物之家网和动物收容网上的资料整理了一份清单。剔除重复出现的动物收容所和与上述三种犬类动物无关的救援机构,[9]留下了 14 098 家动物收容所作为取样对象。我们随机抽取 400 个动物收容所或犬类救援机构,并记录了 10 周内各机构中拉布拉多、金毛和比特的数量变化。[10]随后,我们计算了 10 周内各机构中三种犬类动物的平均数。最终,我们发现平均每个收容所中有 0.18 只金毛和 2.97 只拉布拉多。[11]这表明,在研究期间,动物收容所中拉布拉多的数量是金毛的 16 倍。可见,需要救援的拉布拉多远比需要救援的金毛多得多。因此,在绩效相同的情况下,拉布拉多寻回犬救援组织比金毛寻回犬救援组织消耗的资源更多。换言之,每当金毛寻回犬支出1 美元,拉布拉多寻回犬救援组织必须支出 16 美元才能获得与前者相同的投入产出比。兽医诊疗费更是加重了拉布拉多寻回犬救援组织的经济负担,因此我们可以理解为什么拉布拉多寻回犬在选择救助对象时比金毛寻回犬救援组织更加慎重。大多数拉布拉多寻回犬救援组织(当然并不是全部)都面临着资金短缺的问题,因为拉布拉多的数量太多了,以至于救援组织难以支付巨额开销,救援人员陷入无措或者绝望的境地,甚至不得不放弃救援。因此,比起生病或受伤的拉布拉多,救援组织必须优先考虑身体健康、花销少且容易被领养的小狗,因为救援组织可能无法提供治疗病犬或伤犬所需的资源。

几乎每一位受访者都提到了拉布拉多与金毛在数量上的巨大差异是影响拉布拉多救援成果的主因。塔米·斯坦利告诉我们:"得克萨斯有很多拉布拉多,仅仅在达拉斯沃斯堡地区就有 4 家拉布拉多寻回犬救援组织。收容所也有很多,我们根本无法及时地记录每天收容所中拉布拉多数量的变化。"[12]鲍勃·蒂雷表示:"圣路易斯地区的拉布拉多寻回犬救援组织解散了,因为拉布拉多太多了。伊利诺伊州有一个拉布拉多救援组织,河对岸的花岗岩城有一个,芝加哥也有一个,他们都被迫解散了……救援量太大了,他们忙不过来。"[13]尼娜·帕尔莫说:"有太多的拉布拉多等待救援,但我们无法兼顾所有的狗狗,这是个很麻烦的问题。"[14]凯茜·马勒与我们分享了她的困扰:"每天我都能收到 100 多封电邮!是全国各地的动物收容所发给我的,通知我当天有哪些拉布拉多会接受安乐死。"[15]芭芭拉·埃尔克表示:"说实话,每当我看到与收容所对接的同事送来的月度报告时,我的心都要碎了,因为被安乐死的拉布拉多太多了,被救援机构带走的狗狗很少。他们(拉布拉多寻回犬救援组织)的经费有限,所以参与度不高。"[16]普里西拉·斯卡雷对此表示赞同:"我想整个北卡罗来纳州只有一家拉布拉多寻回犬救援组织,而且很难联系到他们。可以肯定的是,那里有无数的小狗等待救援。他们从不回电话,所以我们很难把狗狗的消息传递过去。"[17]拉布拉多寻回犬救援组织的数量越多,能够获得救援的拉布拉多就越多。但是,庞大的救援体量加重了成立新救援组织的负担,甚至妨碍新组织的建立。

发 展 历 史

拉布拉多的救援历史与金毛的救援历史有很大的不同。美国的第一家金毛寻回犬救援组织成立于1980年,而直到1986年美国才出现首个拉布拉多寻回犬救援组织。琼·普格利亚,洋基金毛救援(1985年)创始人之一,谈到了新英格兰地区的金毛救援情况:

> "在新英格兰地区,金毛寻回犬救援组织的成立时间要早于拉布拉多寻回犬救援组织。而且我相信在全国范围内都是如此。大家很早就发现有很多金毛需要我们的帮助,于是就成立了洋基救援。我们申请成为 c3 组织,离开了原来的俱乐部。不过,洋基救援一直与原来的俱乐部保持联系,他们会在我们需要的时候提供帮助,比如增派人手之类的。"[18]

目前,美国金毛寻回犬救援组织的平均起始年份是1999年,而拉布拉多是2003年。其中,金毛寻回犬救援组织成立的高峰期在2000

年左右,而拉布拉多犬则在 2004 年左右,仍然晚于前者。

这些数字说明了什么呢? 首先,拉布拉多的救援历史比金毛短。所以前者的救援经验不如后者丰富。此外,与金毛寻回犬救援组织相比,拉布拉多寻回犬救援组织的关系网络发展得还不够成熟。其次,金毛的早期救援历史对后期金毛寻回犬救援组织的发展产生了实质性的影响。例如,洋基救援和明尼苏达救援为金毛救援事业的长足发展打下了坚实的基础,加强了救援组织之间的合作与互动。而在拉布拉多的救援历史中,类似的情况发生得较晚,救援组织之间的互动不如金毛寻回犬救援组织之间的密切,这就决定了拉布拉多寻回犬救援组织落后于金毛寻回犬救援组织。

地 区 差 异

在第五章中,我们提到了地区差异对救援组织本身和救援效果的影响。所以,在比较金毛与拉布拉多救援效果的差异时,我们也考虑了地区因素。为了充分比较拉布拉多救援与金毛救援的区域差异,我们必须了解两个犬种的区域分布情况和相关救援组织的区域分布情况。

首先,我们看一下已知的数据并以此为基准:在美国,平均每个动物收容所中有 0.18 只金毛和 2.97 只拉布拉多,即美国的动物收容所中拉布拉多的数量是金毛的 16 倍。为了进一步分析这些数据对救援组织的影响,我们按照区域划分将数据分类。表 8.1 列出了每个地区每个动物收容所中拉布拉多和金毛的平均数量以及二者的数量关系。表 8.1 中区域的划分方式与第五章中提到的划分方式相同。表中的数据显示,金毛与拉布拉多的分布并不均匀,同一品种地区间的分布差异巨大。(美国的地区划分方式请参见第五章相应部分)

表8.1 美国各地区各动物收容所中拉布拉多
寻回犬和金毛寻回犬的平均数量

地　区	每家动物收容所中拉布拉多寻回犬的数量	每家动物收容所中金毛寻回犬的数量	数量对比(拉布拉多寻回犬/金毛寻回犬)
地区 1	1.343 5	0.021 7	61.912
地区 2	1.538 4	0.101 9	15.097
地区 3	2.480 5	0.302 4	8.203
地区 4	3.625 2	0.103	35.196
地区 5	2.885 9	0.164 8	17.512
地区 6	4.369 1	0.290 4	15.045
地区 7	4.047 2	0.138 9	29.18
地区 8	1.67	0.64	2.609
地区 9	2.717 3	0.142 9	19.015
地区 10	2.536 3	0.036 3	69.871
平均数	2.974 5	0.182 25	16.32

　　在 1 区,平均每个动物收容所有 1.34 只拉布拉多和 0.02 只金毛。该区拉布拉多与金毛的数量比大约是全国平均水平的 4 倍。1 区中两个品种的救援需求明显少于其他地区,但该区拉布拉多的数量明显多于金毛。尽管 1 区的救援花销可能低于其他地区,但该区中拉布拉多寻回犬救援组织的开销远远多于金毛寻回犬救援组织。在 2 区,动物收容所中拉布拉多和金毛的数量较少,平均每个收容所有 1.53 只拉布拉多和 0.10 只金毛,前者与后者的数量比起 15∶1,接近全国平均水平。3 区的金毛数量较多,平均每个收容所中有 0.30 只金毛和 2.48 只拉布拉多,二者的数量比为 8∶1,是全国平均水平的一半。4 区的拉布拉多数量较多,平均每个收容所有 3.63 只拉布拉多和 0.10 只金毛,二者的数量比为 35∶1。5 区中各收容所内拉布拉多和金毛的数量接近全国平均水平,平均每个收容所有 2.89 只拉布拉多和 0.16 只金毛,比例为 17∶1。6 区中拉布拉多(每个收容所有 4.37

只)和金毛(每个收容所有 0.29 只)的数量较多,二者的数量比为 15∶1,也接近全国平均水平。7 区的拉布拉多数量庞大(平均每个收容所有 4.04 只),但平均每个收容所中只有 0.14 只金毛,比例是 29∶1。金毛大多集中在 8 区(平均每个收容所有 0.64 只),但该区的拉布拉多数量较少(平均每个收容所有 1.67 只),二者的数量比为 2.6∶1,这是美国金毛与拉布拉多分布数量最平均的地区。在 9 区,平均每个收容所有 2.71 只拉布拉多和 0.14 只金毛,比例是 19∶1。最后是 10 区。该区的金毛数量较少(平均每个收容所有 0.04 只),拉布拉多的数量与全国收容所的平均水平接近(每个收容所 2.54 只),拉布拉多与金毛的数量比为 70∶1。

值得注意的是,即使在拉布拉多和金毛数量相对较少的地区,拉布拉多的数量仍然是金毛的 2.6 倍。也就是说,每当金毛寻回犬救援组织花费 1 美元,拉布拉多寻回犬救援组织至少花费 2.6 美元才能保证拉布拉多获得与金毛相同水平的待遇。结论显而易见,只有当拉布拉多寻回犬救援组织的经费是金毛寻回犬救援组织的 3 倍及以上时,二者的救援效果才能达到一致。

通过观察每个地区救援组织的分布情况,我们可以从另一个角度比较拉布拉多寻回犬救援组织和金毛寻回犬救援组织的地区差异。我们对每个地区的三个变量进行了比较:人口密度,每个动物收容所中犬类动物的平均数量,以及被救援组织带走的拉布拉多与金毛的数量。我们将每个变量对应的 10 组数据分成低(数值最低的 3 个数据)、中(数值处于中间位置的 4 个数据)和高(数值最大的 3 个数据)三类。当我们将人口密度与每个收容所中犬类动物的平均数量进行比较时,我们发现两者之间的关系与该地区犬类救援组织的数量有关,如表 8.2 所示(在"出现频次"这一栏中,由虚线框包裹的数字"1"代表异常值,下文将对这些异常的数值做具体分析)。

表 8.2　各地区人口密度与每家动物收容所中拉布拉多
寻回犬/金毛寻回犬平均数量的关系

人口密度	犬类动物的平均数量/动物收容所	相关救援组织的数量	出现频次
低	低	低	2
低	中	低	1
低	中	中	1
低	高	低	2
中	低		0
中	中	中	1
中	中	高	4
中	高	中	1
中	高	高	2
高	低	低	1
高	低	中	3
高	中	中	1
高	高	中	1

　　表中的数据显示,有 6 个犬类救援组织位于人口密度低的地区,其中有 5 家组织所在的地区特定犬类救援组织的数量偏少,这表明某一地区犬类救援组织的数量与收容所中犬类动物的数量无关。如果某一地区的人口偏少,说明救援人员的数量较少,犬类救援组织的数量自然少于其他地区。人口密度低表示志愿者和领养人少于其他地区,无论收容所中有多少小狗。"出现频率"一栏中的第 1 个异常值代表 7 区的金毛寻回犬救援组织,该区的人口密度很低,动物收容所中犬类动物的数量排在中游,但该区金毛寻回犬救援组织的数量也排在中游。这足以说明 7 区的人口密度在 10 个地区中排名第 8 位,因此该区的特征更接近于人口密度中等的地区,而不是人口密度偏低的地区。

　　在人口密度中等的地区,动物收容所中犬类动物的数量决定了当地犬类救援组织的数量。在人口密度和收容所中犬类动物数量排在中游的地区,救援组织的数量可能名列前茅,也可能处在中等水平,这与人口密度和收容所中犬只数量的排名有关。如果某一地区的人口密度排在中上游,同时收容所中犬类动物的数量也排在中上游,那么当地犬类救援组织的数量很可能排在前三位。在人口密度中等但收容所中犬类动物的数量偏高的地区,犬类救援组织的数量也可能排在前三位。但6区的金毛寻回犬救援组织是一个例外(第2个异常值)。6区的人口密度排在中上游,收容所中犬类动物的数量也排在中上游,这使得6区的特征与人口密度和收容所中犬类动物的数量均排在中游的地区相近,即犬类救援组织的总数排在第4位至第7位之间。

　　有6家救援组织位于人口密度高的地区,其中有5家组织所在的地区犬类救援组织的数量排在中游。唯一的例外是1区的金毛寻回犬救援组织(第3个异常值),但这是因为当地收容所中犬类动物的平均数量是所有区域中最低的。另一个特例是位于人口稠密的3区的金毛寻回犬救援组织(第4个异常值)。3区的人口密度高,收容所中小狗的数量多,但单看当地救援组织的数量,3区仅排在中游。然而,3区犬类救援组织的数量排在中等偏上的位置,因此3区的异常之处并不明显。

　　值得注意的是,所有的异常值都与金毛寻回犬救援组织有关,即在某些地区,人口密度和收容所中金毛的数量不能反映出当地金毛寻回犬救援组织的多少。在10个地区中,有3个地区的犬类救援组织数量少于我们根据人口密度和收容所中犬类动物的数量预测的结果,有1个地区的救援组织数量多于我们预测的结果。3个少于预测结果的情况可能与当地动物收容所中金毛数量较少有关,可能金毛在当地的收容所中并不常见。以洋基救援为首的1区金毛寻回犬救援组织和以特拉华谷为首的 3 区金毛寻回犬救援组织可以在不需要成立任何新组织的情况下为当地每一条无家可归的金毛提供栖息之地。7 区中金毛寻回犬救援组织的数量高于预期,这可能是因为仅在密苏里州的圣路易斯就有 3 个同类型的救援组织,具体情况已在第四章介绍过。

经 费 差 异

正如我们在第七章中所提到的,只有金毛寻回犬救援组织的财务报表相对来说具有一定的统计学意义。然而,按照传统的研究标准,我们的样本数据并不充分,难以得出科学的结论。我们只有 76 家金毛寻回犬救援组织的财务报表,而要获得具有统计学意义的结论,我们至少要采集 81 份样本数据。在采集拉布拉多寻回犬救援组织的财务信息时,情况更加糟糕。我们的研究至少需要 75 家救援组织的财务信息,但最终只获得了 44 家救援组织的数据。收集财务信息的方法和美国联邦税务局对 c3 组织的规定,限制了我们获取充分的数据。按照规定,作为非营利机构的犬类救援组织必须每年向美国联邦税务局提交收入报告。当年收入超过 2.5 万美元时,救援组织必须填写990 表,登记收入、支出和资产等信息。然而,当年收入低于 2.5 万美元时,救援组织只需以电子邮件的形式发送财务信息。两种方式的关键区别在于,美国联邦税务局会在"指南星组织"的官网上公示 990 表的副本,但不会公示电邮。我们下载了税务局公示的 990 表,同时联系了所有我们能够联系到的金毛寻回犬和拉布拉多寻回犬救援组织,拜托他们填写一份简单的表格,上面的主要内容包括我们最感兴趣的5 项财务信息(年初的收入、年初的资产、支出、净收益或亏损,以及年底的资产),这些都是 c3 组织必须向税务局申报的信息。遗憾的是,我们只收到了部分救援组织的答复,绝大多数的救援组织没有回复我

们的请求。因此,我们获得的数据有限。考虑到只有年收入在2.5万
美元以上的犬类救援组织才需要填写990表,我们相信绝大多数没有
回复我们且未在"指南星组织"官网上发布任何信息的救援组织2009
年的年收入低于2.5万美元。

依照规定,收入较高的金毛寻回犬救援组织和拉布拉多寻回犬救
援组织应填写990表。鉴于我们的信息大多来源于990表,因此我们
的研究数据大多来自高收入的救援组织。这意味着我们的数据即是
金毛和拉布拉多救援组织的收入峰值。如果把年收入低于2.5万美
元的救援组织也计算在内,那么整体的平均值和中间值将会变低。表
8.3列出了我们获取到的金毛寻回犬救援组织和拉布拉多寻回犬救
援组织的财务数据,这些数据代表着两类救援组织可能拥有的最高资
产。但如果将全美所有相关救援组织的财务数据计算在内,实际的平
均值和中间值应该低于这张表给出的信息。通过比较各项财务数据,
我们发现金毛寻回犬救援组织比拉布拉多寻回犬救援组织的资金更
加充足。

表8.3　拉布拉多寻回犬救援组织与金毛寻回犬
救援组织的财务数据

犬　种	收　入	资产 (年初)	支　出	净收益/ 损失	资产 (年末)
拉布拉多寻 回犬	122 650.72	29 645.33	117 606.65	5 692.21	34 554.88
金毛寻回犬	131 013.46	130 512.23	124 088.95	8 777.76	149 333.96

令人震惊的是,金毛寻回犬救援组织的平均资产是拉布拉多的
4.3倍,净收益几乎是后者的2倍。表8.4中的中间值同样值得玩味,
尽管二者之间的差异没有表8.3中的差异显著。

表 8.4　拉布拉多寻回犬救援组织与金毛寻回犬
救援组织财务数据的中间值

犬　　种	收　　入	资产 （年初）	支　　出	净收益/ 损失	资产 （年末）
拉布拉多寻 回犬	100 504.00	15 634.00	94 044.00	1 752.00	18 669.00
金毛寻回犬	83 401.50	33 009.70	72 877.00	5 117.00	38 561.00

　　拉布拉多寻回犬救援组织的收入中位数实际上比金毛高出 1.7 万美元，但前者的支出中位数比后者高出 2.2 万美元，这就让情况变得复杂起来。金毛寻回犬救援组织的净收益中位数比拉布拉多高出 3 365 美元，这表明前者比后者更加节省。通过对比两类救援组织的资产，我们可以发现金毛寻回犬救援组织的资产中位数是拉布拉多犬的两倍以上。这表明，拉布拉多寻回犬救援组织几乎花掉了全部的收入来维持日常运营，但金毛寻回犬救援组织却能够节省一部分收入以备不时之需，比如捐款突然减少或者某只狗的医疗费过高等。这也意味着金毛寻回犬救援组织更有可能租用或购买专用犬舍或其他设施，因此整体的救援水平要高于拉布拉多寻回犬救援组织。

外　部　关　系

　　在第六章中，我们提到了犬类救援组织与外部个人或团体的关系决定了救援组织可用资源的多少。为了量化这种外部关系，我们以金毛和拉布拉多两类救援组织为研究对象设计了一个评估系统，并邀请受访者给出分数。评分内容共有 5 项，分别是救援组织国家级养犬俱乐部、各地的养犬俱乐部、其他犬类救援组织、动物收容所和社会公众的关系，并分别给出分值。分值范围为 -1 分到 +1 分，其中，-1 表示完全敌对的负关系，+1 表示非常密切的正关系，0 表示关系一般或未提及,+/-0.5取决于受访者是否使用概括性的表达或是否举出反例。[19]然后,我们将所有分数相加,计算出总分。救援组织的得分情况可能是-5分(所有外部关系为完全敌对关系)到+5分(所有外部关系均为非常亲密的正关系)。金毛寻回犬救援组织的平均得分为3.5分,而拉布拉多犬的平均分为2.78分。

这样的分数反映出两类救援组织外部关系的质量差异巨大,从而导致发展环境相差甚远。最显著的差异体现在救援组织与国家级养犬俱乐部的关系上。在接受采访的金毛寻回犬救援人员中,79.17%的人表示他们所在的组织与美国金毛寻回犬俱乐部保持良好的互动,但没有任何一位拉布拉多犬救援人员提及其所在的组织与美国拉布拉多寻回犬俱乐部的关系。[20]金毛寻回犬救援组织与当地金毛寻回犬俱乐部的互动几乎是拉布拉多的两倍,数据显示,62.5%的金毛寻回犬救援组织与当地的金毛寻回犬俱乐部有联系(可能是积极的联系,也可能是消极的联系),而与当地拉布拉多寻回犬俱乐部互动的拉布拉多寻回犬救援组织只有27.78%。我们还调查了各地养犬俱乐部参与救援行动的积极性,82.54%的金毛寻回犬俱乐部参与过救援行动(包括被动的和主动的参与,或者二者兼而有之),而只有61.36%的拉布拉多寻回犬俱乐部参与过救援行动。此外,源起于养犬俱乐部的金毛寻回犬救援组织(15.84%)多于拉布拉多(3.41%),这些救援组织在维护与当地养犬俱乐部的关系时具有得天独厚的优势,他们很可能与俱乐部保持积极的联系,也更容易与其他犬类救援组织建立联系,因为俱乐部的人脉广阔,同时与其他犬类的俱乐部和救援组织保持联系。在维护组织与当地其他犬类救援组织和动物收容所的关系方面,金毛寻回犬救援组织和拉布拉多寻回犬救援组织几乎没有区别。

最终,我们发现金毛寻回犬救援组织比拉布拉多寻回犬救援组织更可能与外部机构建立联系并获取资源。此外,金毛寻回犬救援组织与外部机构之间的互动相对积极,这使得他们有更多机会获取宝贵的资源,提高救援效率,相对于拉布拉多寻回犬救援组织更具优势。尤为重要的是,美国金毛寻回犬俱乐部国家救援委员促进了金毛寻回犬救援组织之间的沟通和交流,让各地的救援组织能够快速有效地分享信息和交换物资。绝大多数的金毛寻回犬救援人员都听说过金毛救援历史中的早期领袖,比如洋基救援的琼·普格利亚和苏珊·福斯特以及国家救援委员会的卡罗尔·艾伦。至少从我们在采访中了解到的情况来看,拉布拉多救援领域中没有类似的创始人或全国闻名的领袖。事实上,在接受采访的拉布拉多救援人员中,没有人提到其所在的组织与美国拉布拉多寻回犬俱乐部的联系,这表明美国拉布拉多寻回犬俱乐部没有发挥出与美国金毛寻回犬俱乐部相同的作用,这限制了各地拉布拉多寻回犬救援组织的横向交流。

总　　结

　　总体来说,与拉布拉多寻回犬救援组织相比,金毛寻回犬救援组织更加成功。原因有几个方面,但根本原因在于救援需求的差异,等待救援的拉布拉多远远多于等待救援的金毛。在美国的动物收容所中,拉布拉多的平均数量是金毛的 16. 32 倍。要知道,无论怎样强调数量差异对救援效率的影响都不为过。只有当拉布拉多救援组织的收入是金毛寻回犬救援组织的 16 倍时,收容所中的拉布拉多才能享有和金毛同等的待遇。但是,我们在研究救援组织的财务情况时分析过,这种情况基本不可能发生。救援组织所在的地区和当地收容所中犬类动物的数量,在一定程度上决定着当地待救援犬类动物的数量。比如,在某些地区,拉布拉多与金毛的数量比低至 2.6∶1,而在另一些地区,这个比例高达 70∶1。鉴于在各种数量对比中拉布拉多都远超金毛,所以拉布拉多的救援尚停留在最为基础的阶段,这一点不足为奇。不同于金毛寻回犬救援组织,拉布拉多寻回犬救援组织既没有时间也没有资源构建更加高级的组织结构,继而难以实现高效的沟通,最终导致救援效率低下,救援事业发展迟缓。这也是金毛寻回犬救援组织和拉布拉多寻回犬救援组织之间另一个重要的区别:同类组织之间的关系网络。在金毛寻回犬救援领域中有美国金毛寻回犬俱乐部国家救援委员会这样的机构,不仅每年定期开展年度调查,而且还为各地的金毛救援组织提供其他同类救援组织的电邮地址和各种帮助,甚至还负责组织灾后救援(如卡特里娜飓风)。但是,拉布拉多寻回犬救援组织并没有这样的待遇。乔伊·维奥拉证实了我们的发现:"卡特里娜飓风过后,南部有数以千计的小狗无家可归。遗憾的是,我们并未见到拉布拉多寻回犬救援组织联合起来开展灾后救援行动,拉布拉多可是美国养犬俱乐部注册量排名第一的小狗。"[21]在金毛寻回犬的救援历史上,早期便已出现了像洋基救援和莱戈救援这样出色的救援组织,为其他同类型的救援组织树立了榜样和典范,积极地帮助和扶持新兴的组织。但拉布拉多的救援历史上并未出现过类似的救援组织,早期的拉布拉多寻回犬救援组织很少与同类型的救援组织进行互动。

拉布拉多的数量庞大,救援组织之间又疏于联络,使得拉布拉多寻回犬救援组织落后于金毛寻回犬救援组织。拉布拉多和金毛在数量上的巨大差异不仅阻碍了拉布拉多犬救援网络的建立,还降低了拉布拉多的辨识度。简单来说,拉布拉多寻回犬的毛色可能是黄色、巧克力色或黑色。这种色彩的多样性弱化了拉布拉多外形特征,导致公众对拉布拉多的印象比较模糊,认为这个品种"平凡普通",甚至是更糟。人们更了解金毛寻回犬的外形特征。相比之下,大众对拉布拉多的了解有限,进而影响了拉布拉多的人气和领养率,尤其是黑色的拉布拉多被领养的概率最低。因为黑色的拉布拉多常常是所谓的"黑狗综合征"的牺牲品,"黑狗综合征"指的是人们在动物收容所里领养狗狗时,往往倾向忽略那些拥有黑色或深色皮毛的小狗,而选择毛色较浅的小狗。收容所中的许多志愿者和工作人员都非常清楚让挑剔的领养人选择黑毛的小狗有多么困难,这几乎是不可能的。为了吸引领养人的注意力,动物收容所经常会在黑色小狗的脖子上系上红色或粉红色这样颜色鲜艳的丝带,在犬舍中摆放五颜六色的玩具以作装饰。摄影师弗雷德·利维和亚历山德拉·扎斯洛曾在赫芬顿邮报上发表一系列以黑狗为主题的动物摄影,旨在凸显那些经常被人忽略的黑狗的魅力。[22]如果有更多人能够像两位摄影师一样为黑色的小狗正名,那么领养情况将有所好转。最后我们要说明的是,金毛寻回犬和拉布拉多寻回犬救援组织在制度上的差异可能是一种偶然现象,因为在特定犬类救援运动兴起的年代,致力于为金毛寻回犬提供救援服务的人恰好占大多数。

　　下一章将阐述犬类救援领域中非常特殊的一类救援组织。同我们在前文讨论过的所有犬类救援组织一样,"同情话语"也深深根植于这一类救援组织的发展历程之中。但与其他救援组织不同的是,这一类救援组织的特点非常明显,这是一个极为有趣的现象,能够充分地佐证本书的观点。这类救援组织就是——灵缇犬救援组织。

注释

[1]　美国养犬俱乐部,"美国养犬俱乐部纯种犬注册数据"(截至 2012 年)http://www. akc. org/reg/dogreg_stats. cfm(2012 年 4 月 12 日)。

[2]　美国养犬俱乐部,"美国养犬俱乐部纯种犬评定:金毛寻回犬"(截至 1990 年) http://www. akc. org/breeds/golden_retriever/(2012 年 4 月 12 日)。

[3]　美国养犬俱乐部,"美国养犬俱乐部纯种犬评定:拉布拉多寻回犬"(截至 2011 年) http://www. akc. org/breeds/labrador_retriever/(2012 年 4 月 12 日)。

[4]　美国的野生拉布拉多犬与英国的参赛型拉布拉多犬在头型和体型上稍有不同,但比起迷你贵宾犬与普通贵宾犬的差异,野生拉布拉多和参赛型拉布拉多的差异可忽略不计。

[5] 美国养犬俱乐部,"历史上的注册冠军"2012 年版 http://www. akc. org/events/field_
　　　trials/retrievers/past_nrc_champions. cfm(2012 年 4 月 12 日)。

[6] 劳伦·根金格尔,于 2010 年 8 月 8 日接受凯瑟琳·克罗斯比的电话采访。

[7] 美国人道主义协会,"宠物过剩的真相"2009 年版 http://www. humanesociety. org/
　　　issues/pet_overpopulation/facts/overpopulation_estimates. html(2012 年 4 月 12 日)。

[8] 罗伯特·梅纳克,"美国养犬俱乐部—2007 年 7 月报告"美国养犬俱乐部,(2007 年 7
　　　月)http://www. akc. org/about/chairmans _report/2007. cfm? page = 7(2012 年 4 月
　　　12 日)。

[9] 我们并未研究除犬类之外的动物救援组织(比如猫,鸟等),因为符合研究标准的救
　　　援组织少之又少,甚至为零。

[10] 为了进行全面的比较和分析,我们加入了比特犬的数据。在第十章中我们将详细介
　　　绍比特犬的救援情况。

[11] 文中的数据代表了全美的平均水平,这些数值能够反映出拉布拉多寻回犬和金毛寻
　　　回犬的数量差异,但不能代表救援组织中某一类品种的平均数量,因为特定犬类救援
　　　组织集中收留某一个品种的狗。

[12] 塔米·斯坦利,于 2010 年 7 月 29 日接受凯瑟琳·克罗斯比的电话采访。

[13] 鲍勃·蒂雷,于 2010 年 8 月 18 日接受安德烈·马克维茨的电话采访。

[14] 妮娜·帕尔莫,于 2010 年 7 月 29 日接受凯瑟琳·克罗斯比的电话采访。

[15] 凯茜·马勒,于 2010 年 8 月 3 日接受凯瑟琳·克罗斯比的电话采访。

[16] 芭芭拉·埃尔克,于 2010 年 8 月 19 日接受安德烈·马克维茨的电话采访。

[17] 普里西拉·斯卡雷,于 2010 年 8 月 19 日接受安德烈·马克维茨的电话采访。

[18] 琼·普格利亚,于 2009 年 6 月 30 日接受安德烈·马克维茨的电话采访。

[19] 如果存在获得+0.5 分的例子,那么说明:某救援组织与当地大部分的动物收容所关
　　　系较好,但仍有一家收容所认为该救援组织挑三拣四并拒绝与之合作。

[20] 有两家拉布拉多寻回犬救援组织表示在美国养犬俱乐部官网中介绍救援组织信息的
　　　页面上可以找到他们的名字,但除此之外,这两家救援组织与美国养犬俱乐部毫无
　　　联系。

[21] 乔伊·维奥拉,于 2009 年 7 月 16 日接受安德烈·马克维茨的电话采访。

[22] 亚历山德拉·扎斯洛,"在领养机构被忽略的黑狗们也可以这么美"赫芬顿邮报,
　　　2014 年 3 月 27 日,http://www. huffingtonpost. com/2014/03/27/black-dogs-project_n_
　　　5037181. html(2014 年 3 月 28 日),这篇文章为弗雷德·利维的摄影作品吸引了无数
　　　眼球。

第九章

灵缇犬救援组织特例研究

我们经常在本地的图书馆举办活动，介绍灵缇犬的历史，分享参赛犬的训练日常，聊一聊它们的比赛生涯，以及它们是如何走进人类家庭并转型成为伴侣动物的。

——辛迪·鲍尔，
纽约州大罗切斯特灵缇犬领养中心

在前面介绍特定犬类救援组织的章节中，我们没有提到灵缇犬救援组织。受到猎犬比赛的影响，这一类救援组织的起源和行动逻辑不同于前文提到的所有犬类救援组织，因此，我们另起一章专门来介绍这一犬类救援组织中的特例。灵缇犬救援组织的目标是给予饱受虐待的灵缇犬帮助、尊严、安全感和无限的关爱，这一点与其他犬类救援组织无异。与其他犬种的救援组织一样，灵缇犬救援组织也是我们所定义的"同情话语"的产物。20 世纪 70 年代末和 80 年代初，美国开始出现灵缇犬救援组织。不同于其他的犬类救援组织，灵缇犬救援组织起源于一种实实在在的制度，或者说一种特殊的社会现象：猎犬比赛。

灵缇犬是一种视觉型狩猎犬，凭借视觉和速度（而不是嗅觉）来追踪猎物。几千年来,人们一直利用灵缇犬来狩猎野兔。[1]但是,直到20世纪早期,赛狗才变得规范起来。1919年,O. P. 史密斯在美国加利福尼亚州的埃默里维尔举办了第一场猎犬比赛。他规定"灵缇犬须在封闭的赛道上追逐一个兔子形状的电控机械诱饵",[2]也就是说,猎犬们追逐的对象并不是真实的兔子。1926年,英国引入猎犬比赛,流行程度比美国更甚。

20世纪初期,赛狗还是一项非正式的比赛项目,主要在美国当地举办。渐渐地,赛狗发展为利润高昂并且受到严格管控的全球性产业。目前,澳大利亚、印度、爱尔兰、澳门、墨西哥、新西兰、英国、美国和越南等地都会举办赛狗活动。[3]参赛犬大多来自专门繁育纯种灵缇犬的养狗场,被训练员选中的赛犬会被带到赛狗场附近的犬舍接受训练。赛狗是一项非常流行的博彩活动,同注分彩法是常见的彩金计算方式,后文将作详细介绍。就这样,用最小的成本换取最大利益的赛狗行业逐渐风靡全球。

灵缇犬大多诞生于养狗场,它们存在的意义就是被训练成奔跑速度最快的狗。为了培养出最优秀的参赛犬,养狗场会繁育数以千计的灵缇犬,虽然这远远超过了比赛的需求量,但可以确保训练员能够从中挑选出合适的赛犬。未能被选中的狗会被淘汰、宰杀,或者出售给实验室。[4]没有被淘汰的狗则会被带到赛场上接受训练,训练内容包括捕捉活体诱饵,比如野兔和猫。这样的训练方式一直沿用到20世纪80年代,虽然政府颁布了禁令,但仍然有人用活物做诱饵进行训练。[5]为了方便辨认和定位,训练员会在参赛犬的两只耳朵上刺上花纹,这也是赛狗行业的规定,目的是防止比赛中出现欺诈行为。

具备比赛潜力的灵缇犬会被转移到赛狗场附近的犬舍,在那里,它们会经历一系列的等级评定,从基础级/初级(首次参赛或比赛经历少)到A级或AA级(在各项比赛中排名前三)。赛道通常由沙子和泥土铺就,全长1/4英里,但比赛时参赛犬只需跑5/6英里或3/8英里。

按照美国的规定,每场比赛中参赛犬的数量为 8 只,每个项目通常安排 10 或 11 场比赛。[6] 在一天中的大部分时间里,参赛犬都被关在犬舍中,笼子与笼子之间用或高或低的围栏隔开,被关在其中的参赛犬只能偶尔与人类互动。[7] 它们食用的是美国农业部评定为 4D 级的肉类(从有病的、伤残的、垂死的或已死的动物身上取下的肉),这些肉类不适合人类食用,而且携带沙门氏菌等病原体。《兽医诊断调查杂志》(Journal of Veterinary Diagnostic Investigation)上的一篇文章指出:"生活在犬舍中的灵缇犬容易感染沙门氏菌感染症(又名'大沙门菌病'或'沙门菌病')和系统性沙门氏菌病"[8] 一般来说,灵缇犬在 3 岁半到 4 岁的时候就结束了它们的赛犬生涯,此后,它们可能留在养狗场用于繁殖幼犬,也可能被卖到实验室、被安乐死,或者被救援组织带走。

在美国,赛狗是一门生意,人们用尽一切手段来实现利润的最大化。赌博是创收的主要途径,同注分彩法是常用的计算彩金的方式。赌徒们在具体的事件(比如预测冠军犬、前三甲或其他相关结果)上下注,而不是向庄家下注。下好注后,再计算赔率(和奖金)。比赛结束后,庄家在分配奖金之前会从注码中抽取分成。通常情况下,抽成的数额较高,用以支付开设赛场需上缴的州税,同时保证赌场有足够的盈余。事实上,几乎所有的赛狗场都不会亏损。但是近年来,赛狗业的财务可行性受到了质疑。面对回报缩水、成本上涨的情况,许多赛狗场的经营者已经开始游说政府做出改变,允许他们扩建内部赌场,并减少规定的比赛数量。[9] 扩建赌场的初衷是补充赛狗场的收入,但现在赌场已然成为赛狗场的主要收入来源,甚至补贴了赛狗场的日常开销,仅凭赛狗的收入是无法收回运营成本的。赛狗带来的利润越来越少,1997 年,美国共有 49 家赛狗场,而到了 2012 年,只剩下 22 家。[10] 灵缇犬比赛减少的原因之一是公众意识到这项"体育运动"给灵缇犬带来了巨大的伤害,可以说这是社会受到"同情话语"影响后的结果。同时，养狗场中灵缇犬的数量也在减少，因为参赛犬的需求量在不断下降。尽管如此，离开赛道的灵缇犬仍然面临着黑暗的未来，它们的生活充满不确定性，甚至可以用残酷来形容。这就需要灵缇犬救援组织出面保护和帮助这些遭受剥削和虐待的小狗。

谁在参与灵缇犬救援行动

碍于赛狗行业的影响，灵缇犬救援组织出现了两极分化的情况，这与其他犬类救援组织的发展状态截然不同。各类与赛狗相关的机构对灵缇犬救援组织的影响非同一般，无论救援组织是否愿意与之进行合作，他们都面临着艰巨的挑战。在这里，我们将简单地介绍不同情况下赛狗机构和灵缇犬救援组织面临的考验。

在美国的赛狗行业中，各类机构代表着各方的利益，包括饲养人、赛狗场的所有者和经营者等。每一家机构都以独特的方式推动着猎犬比赛的发展，并且从中攫取源源不断的利益。成立于 1906 年的美国灵缇犬协会是"所有猎犬赛狗场、赛事、境外灵缇犬的注册和管理机构，也是北美大陆唯一一家灵缇犬比赛的官方登记机构。"[11] 也就是说，所有与赛事相关的信息都由这家机构负责登记和管理。没有在美国灵缇犬协会注册的狗不能参加美国的任何比赛。成立于 1946 年的美国灵缇犬赛场运营协会是"一家非营利性组织，由 36 家赛狗场的所有者和经营者组成。任何获得经营执照的赛狗场都可以成为该协会的会员，包括由个人或合伙人成立的以及公司制的赛狗场。"[12] 美国灵缇犬赛场运营协会是世界灵缇犬赛狗联合会的创始机构之一，该联合会成立于 1969 年，是"一个信息交流、技术共享的国际平台，致力于推动全球猎犬比赛的发展。这些声明也编入了联合会的国际宪章之中"。[13] 早在"同情话语"出现以前，这些机构均就已经成立了，提高赛狗行业的影响力、知名度和利润是它们共同的目标。

20 世纪 80 年代,公众对猎犬比赛的看法发生了变化,对虐待动物
这件事也有了新的认知,因为人们受到了 60 年代末"同情话语"的影
响。在这种情况下,美国灵缇犬协会和美国灵缇犬赛场运营协会于
1987 年联合创建了美国灵缇犬理事会,"资助和管理参赛犬的福利、
研究和领养项目"。[14]美国灵缇犬理事会向灵缇犬救援资助提供资金
支持,同时要求接受资助的组织保证不可对赛狗行业做出任何虚假或
负面的陈述(申请获得资助的组织应在申请时提供相关声明,以及所
有表明立场的证据)。[15]1987 年,灵缇犬救援组织联盟创立了美国灵
缇犬宠物协会,联盟中的所有救援组织均与赛狗相关机构有联系或接
触。[16]2002 年,美国灵缇犬比赛协会成立了:

> "旨在通过教育、示范和媒体宣传,为其会员、粉丝、支持
> 者和参与这项伟大运动的参赛犬提供帮助,从而推广、保护
> 和发展灵缇犬比赛及赛狗行业。美国灵缇犬比赛协会在推
> 广猎犬比赛和吸引新粉丝方面发挥了关键作用。该协会呼
> 吁赛狗场的所有者合理饲养和训练参赛犬,让赛狗爱好者为
> 这项体育运动感到骄傲,让猎犬比赛的观众成为全美最理性
> 的粉丝!"[17]

上文中所有支持举办猎犬比赛的机构都在大力推广这项比赛,这
让美国灵缇犬宠物协会处在一个异常复杂的环境之中。当然,美国灵
缇犬宠物协会为拯救参赛犬付出的努力是值得称赞的,但是为了维持
运营,该协会每年不得不接受支持赛狗事业的机构的捐款,这从根本
上来说与协会的出发点相悖。

对于反对赛狗的组织来说,首要任务是让美国的赛狗行业彻底瓦
解。成立于 1989 年的美国灵缇犬领养机构专门为灵缇犬提供救援服
务,致力于该犬的福利事业,拒绝与任何推广猎犬比赛的机构建立联

系。[18]成立于 1991 年的灵缇犬保护联盟是美国首个呼吁保护灵缇犬的机构,却从未参与过任何救援行动。但是,灵缇犬保护联盟反对举办猎犬比赛,致力于向公众普及商业赛狗活动对动物权利的损害。[19]

成立于 2001 年的美国灵缇犬反赛机构是另一个反对赛狗的组织。与灵缇犬保护联盟一样,该机构很少参与救援行动,但作为 c3 组织,美国灵缇犬反赛机构应该被定义为社会福利组织,而不是动物收容所。该机构唯一的使命是在美国取消猎犬比赛,并通过更有效的立法来保障灵缇犬的权益。[20]与美国灵缇犬反赛机构一样,灵缇犬福利基金会认为取消猎犬比赛是防止动物在赛狗活动中受到虐待的唯一办法。[21]美国禁止虐待动物协会[22]和美国人道主义协会[23]也反对举办赛狗活动,因为这一行业鼓励过度繁殖和集体安乐死,这无疑是一种虐待动物的行径。上述这些机构都反对猎犬比赛,同时主张取消赛狗活动,致力于为退役的赛犬找到合适的领养家庭,保护它们免受安乐死。因此,许多灵缇犬救援组织都加入了这些反赛机构。

有些灵缇犬救援组织则保持中立,既不支持也不谴责猎犬比赛,一方面,他们最大限度地提高救援的效率;另一方面,他们否认反对赛狗是一种极端政治化和矫枉过正的做法。不用说,这种中立性引发了极大的争议。保持中立的灵缇犬救援组织努力表现得和其他犬种的救援组织一样,尽量忽略赛狗的问题,全身心地投入到救援行动中,避免卷入这场两极分化严重的是非之争,因为他们担心这可能会浪费救援人员的精力,消磨他们的热情——更不用说,这会消耗原本就稀缺的资源——这些才是对灵缇犬来说最重要的东西。

灵缇犬救援组织对赛狗这一问题的看法各有不同,这种分歧使局面变得更加复杂。一方面,有些机构支持猎犬比赛,比如美国灵缇犬比赛协会;另一方面,也有机构看到了赛狗的弊端,反对猎犬比赛。不反对赛狗的救援组织能够相对乐观地面对猎犬比赛带来的影响,或者在这个问题上保持中立,要做到这一点实属不易。不反对犬赛的救援组织认为这种顺从的态度非常重要,有利于他们与大型的机构或组织合作,无论对方是否反对赛狗。这类救援组织认为包容开放的态度有利于提高救援效率。美国灵缇犬比赛协会呼吁狗主人优先考虑将退役的灵缇犬移交给支持赛狗或持中立意见的救援组织,最后再考虑将小狗交给那些反对赛狗的救援组织,并声称反对赛狗的救援组织会花费更多的时间和精力给大众"洗脑",[24]而不是在救援行动上花费心思。美国灵缇犬比赛协会认为:"他们(反对猎犬比赛的救援组织)似乎没有意识到这一点,他们把自己变成了养狗人、饲养人和训练员的敌人。后者怎么可能愿意与想要断送自己财路的人打交道? 绝大多数都不会愿意的。"[25]实际上,这些活跃在赛狗行业中的人更愿意与支持猎犬比赛的救援组织合作,再不济也会选择与立场中立的救援组织合作。他们与反对赛狗的救援组织合作或建立关系的可能性要小得多。

反对猎犬比赛的救援组织表示,要保持中立几乎是不可能的。他们认为,忽视和默认是对赛狗的纵容,甚至是为其正名。来自灵缇犬福利基金会的梅拉尼·纳尔多内曾撰写过一篇文章,该文章被数次刊登。密歇根退役灵缇犬救援组织(位于密歇根州普利茅斯市)曾引用过其中的一句话:"模棱两可的态度会带来非常严重的后果,让温顺伶俐的灵缇犬遭受无尽的苦痛,将它们推入万丈深渊。"[26]因此,试图保持中立的灵缇犬救援组织必须在提高救援效率和解决根源问题的过程中找到微妙的平衡点。

美国灵缇犬俱乐部和美国养犬俱乐部对猎犬比赛的态度非常值得玩味。美国养犬俱乐部的官网并未提及以下信息:猎犬比赛兴起于 20 世纪初,是一项风靡美国的商业活动,且美国大部分的灵缇犬都属于参赛犬。[27]美国灵缇犬俱乐部负责管理全美各地的灵缇犬俱乐部,在介绍灵缇犬救援的官网页面上,我们发现关于猎犬比赛的介绍只有寥寥数语:美国灵缇犬养犬俱乐部主要为接收灵缇犬(获得美国养犬俱乐部认证的纯种犬或获得美国灵缇犬协会认证的退役赛犬）的救援组织提供帮助。美国灵缇犬俱乐部的官网上还列出了反对赛狗或保持中立立场的救援组织，这类救援组织的服务对象是不参赛的灵缇犬。[28]

早在 21 世纪初，美国灵缇犬俱乐部就请求美国养犬俱乐部允许他们停止登记已经获得协会认证的灵缇犬，从而将美国养犬俱乐部认证的纯种灵缇犬与猎犬协会认证的参赛犬区分开，因为前者更看重犬种的品质，后者更看重犬只的速度。但最终的结果是，美国养犬俱乐部驳回了美国灵缇犬俱乐部的请求，获得猎犬协会认证的参赛犬仍然可以获得美国养犬俱乐部的纯种认证。[29]这表明，美国养犬俱乐部在赛狗问题上的立场是中立的，但美国灵缇犬俱乐部坚定地反对赛狗，且尽量保持低调。

灵缇犬救援简史

毋庸置疑，猎犬比赛影响着灵缇犬救援组织的行动方式。所以，灵缇犬救援行动与其他犬种的救援行动有很大的不同。美国最受欢迎的十大犬种都有对应的纯种犬养殖场，养殖场中的每一只小狗都是商品。秉承着利益至上的原则，饲养人尽可能多地培育和销售小狗，力求一胎多仔，保证小狗健康活泼，因为病犬不易售卖。另一方面，灵缇犬比赛迫使饲养人培育出速度最快、最具竞争力的小狗，这意味着，每年将会诞生数千只灵缇犬，但只有少数才具有参赛的天赋，而其余的——应该说，绝大多数的灵缇犬，都变成了过度繁殖的牺牲品，既消耗资源，又不具备商业价值。普通的纯种犬繁殖场和灵缇犬繁殖场存在本质上的区别。对于前者来说，所有小狗都是可以换取经济回报的产品，所以在被售出之前，小狗不会有性命之忧。但对于后者来说，能够创收的灵缇犬数量有限，余下的小狗只会徒增经济负担，它们必须被毁灭。在这种特殊的情况下,灵缇犬救援组织诞生了。因此,灵缇犬的救援历史不同于任何犬种的救援历史。

灵缇犬救援历史的开端可以追溯到 20 世纪 50 年代的英国。早在 1956 年,来自英国"废除活体解剖联盟"的志愿者安·香农就建立了灵缇犬收容所,专门收留退役的赛犬,并把它们当成宠物来养。[30] 1976 年,英国猎犬比赛俱乐部(英国一家举办赛狗活动的组织)成立了"退役灵缇犬信托机构"。此后,信托机构不断壮大,在英国各地设立了 70 余个分会,致力于救助和安置离开赛场的灵缇犬。[31]灵缇犬在英国的人气比在美国的人气更高,这就解释了为什么灵缇犬救援活动始于英国,因为英国人更热衷于赛狗活动,所以人们更早地关注到动物权利的问题。

1973 年,艾琳·麦考恩开始领养新罕布什尔州锡布鲁克赛狗场中的退役赛犬,这就是美国灵缇犬救援史的开端。[32]后来,艾琳·麦考恩和她的团队成立了康涅狄格退役猎犬救援组织,成为美国第一家专为灵缇犬提供救援服务的犬类救援组织。这也是一家典型的"单犬型"救援组织,因为早期的救援对象都是艾琳·麦考恩从犬舍中领养回来的。后来,艾琳·麦考恩才开始为这些小狗安排领养家庭。锡布鲁克赛狗场也被视为第一家提倡将灵缇犬视为宠物而非参赛犬的赛狗机构。1981 年,锡布鲁克赛狗场在刊登赛狗新闻的《邮政时报》(Post Time)上发表了一篇文章,鼓励赛狗爱好者领养退役的灵缇犬。[33]但是,第一个真正意义上的灵缇犬救援组织诞生于 1982 年,与前文提到的金毛寻回犬和拉布拉多寻回犬等救援组织出现的时期大致相同。第一家真正意义上的灵缇犬救援组织是退役灵缇犬宠物救援组织(以下简称"灵缇宠物救援"),创始人是罗恩·沃尔塞克,一位退休的猎犬训练员,他认为退役的灵缇犬能够转型成为伴侣动物。[34]

美国的灵缇犬救援事业尚在起步阶段时,灵缇犬还被大众视作

"邪恶"的象征,它们在比赛中戴着防咬罩的模样和在狩猎中表现出的野性给人们留下了不好的印象。所以,像灵缇宠物救援这种成立时间较早的救援组织都在努力消除这种普遍存在的偏见。从 20 世纪 80 年代的早期到中期,美国灵缇犬救援组织的队伍不断壮大。1987 年,许多灵缇犬救援组织联合起来成立了美国灵缇犬宠物联盟,至今仍活跃在救援一线。早期的灵缇犬救援组织都不反对猎犬比赛,并且与赛狗场保持密切的合作关系。

1989 年,美国出现了首个反对赛狗的救援组织,也就是美国灵缇犬领养机构(以下简称"灵缇领养机构")。整个 90 年代,灵缇领养机构都致力于把佛罗里达州的灵缇犬运送至其位于宾夕法尼亚州的总部。对于反对猎犬比赛的救援组织来说,灵缇领养机构一直发挥着模范带头作用。1992 年,该机构建立了专用犬舍,并于 1995 年扩建了灵缇犬医院。2013 年,灵缇犬医院成为世界上唯一一家拥有两台拜奥雷斯二极管激光口腔清洗仪(用于清洁狗狗牙齿的医疗设备,因长期食用 4D 级肉类,参赛犬的牙齿受损严重)的兽医诊所。[35]自 20 世纪 80 年代末、90 年代初起,大大小小的灵缇犬救援组织逐渐确定了他们在赛狗问题上的立场。

自 1973 年(或 1982 年)起,美国的灵缇犬救援事业取得了突飞猛进的进展。如今,美国大约有 300 家灵缇犬救援组织,既有支持猎犬比赛的组织,也有坚决抵制猎犬比赛的组织。鉴于救援组织在态度、政策和行动方式上表现出来的多样性,我们很难得到一个具有普适性的结论。一些支持猎犬比赛的救援组织会在赛狗场内摆设摊位,每个星期或每个月都会联系赛狗场,了解有哪些小狗需要重新安置。来自亚利桑那灵缇犬领养中心的卡里·扬告诉我们:"我们只接收退役的灵缇犬,不会接受串种狗或其他品种的狗。"[36]卡里·扬所在的领养中心并不反对猎犬比赛。实际上,在这家领养中心关门之前,它曾隶属于某赛狗场的救援委员会。卡里·扬表示:"这个救援委员会成立于 1990 年,创始人是一位在凤凰城灵缇犬赛狗场(以下简称'凤凰城赛狗场')担任出纳员的女士。"在 2010 年赛狗场关闭之前,这个救援委员会已经发展成为一个大型的领养中心,拥有 100 到 150 名志愿者和 5 名带薪的全职员工。[37]2010 年,凤凰城赛狗场停业,但是领养中心保留了下来。在赛狗场关门后,无家可归的灵缇犬数量越来越少。卡里·扬说:"凤凰城赛狗场还营业的时候,我们每年要为 500 只退役赛犬寻找领养家庭。现在,每年只有 200~250 只左右。"[38]自 1990 年成立以来,这一领养中心已经为 6 000 多只灵缇犬找到安身之处。

另一方面,反对猎犬比赛的救援组织拒绝与赛狗场合作,因为他们担心积极的合作会给赛狗场和赛狗行业带来好评,让大众忽视猎犬比赛的弊病。这一类灵缇犬救援组织积极地开展科普活动,向公众宣传取消猎犬比赛的意义。抵制赛狗的人认为必须无条件取消猎犬比赛,因为无论如何改革,都不会让这个比赛更加"人性化",以狗取乐的比赛本身就是对狗的不公平。来自亲密朋友灵缇犬领养中心的辛迪·西登表示:"我一直都很喜欢狗……从我记事起,就很喜欢小狗……小的时候,每当我遇到流浪狗,都会带回家。我原来最喜欢拉布拉多,但我不能无视猎犬比赛对灵缇犬的戕害。那个时候我刚刚失业,恰好有机会以志愿者的身份加入救援组织,后来就爱上了这份工作。"[39]正是因为认识到赛狗活动对狗狗的迫害,这些的救援人员才积极抵制猎犬比赛。

还有一些灵缇犬救援组织的态度比较模糊,在赛狗问题上的立场摇摆不定或者声称中立,避免因为选择站队而与他人发生冲突。"在比赛这件事上,我们一直保持中立",来自灰色灵缇救援组织(以下简称"灰色救援")的艾伦·乔达诺如是说。灰色救援成立于 1995 年,位于宾夕法尼亚州西北部。[40]"志愿者或领养人可能有自己的想法,但集体行动时,大家的立场一定是统一的。"[41]灰色救援在官方政策中也强调了这一点："作为一个集体,灰色救援在猎犬比赛的问题上保持中立。但我们尊重每一位成员的想法。"[42]灰色救援认识到猎犬比赛是一个微妙的话题,也是造成灵缇犬救援队伍内部产生分歧的根源,因此,该组织在官方声明中明确地表示"(灰色救援)不是政治集团"。在其他犬类救援组织印刷的刊物中,我们几乎没见过类似的声明。虽然中立是灰色救援的官方立场,但该组织只接收接受"退役的赛犬"。艾伦·乔达诺表示:"我们会接收所有退了役的赛犬……也只接收退役的赛犬……在美国养犬俱乐部注册过的灵缇犬或者普通的灵缇犬不容易控制,我们有过一些不好的经历,所以我们修改了政策,只救助退役的赛犬。不过如果有特殊情况,也会有例外。"[43]持中立观点的猎犬救援组织不得不公开表明自己的立场,这种谨慎的处理方式让我们看到了他们在处理这个饱受争议的道德问题时的无措和为难。

中间立场并不意味着救援组织忽视了猎犬比赛给灵缇犬带来的伤害。来自纽约州大罗切斯特灵缇犬领养中心(以下简称"大罗切斯特领养中心")的辛迪·鲍尔对此表达了自己的看法:

"1997 年,我去了一趟佛罗里达,有人告诉我在 2 万只参赛犬中,只有 8 000 只在退役后找到了领养家庭,其余的都被杀掉了。回家后,我就加入了当地的救援组织,当时还叫做大罗切斯特退役灵缇犬宠物领养站……我从没养过灵缇犬,加入领养站之后,我就开始养了……但是,这家领养站不够尽职尽责,所以 2002 年,有 3 位同事离开了,他们成立了新的组织,也就是我们今天所熟知的大罗切斯特灵缇犬领养中心。"[44]

大罗切斯特领养中心与其他犬类救援组织有许多共同之处:都

是 c3 组织;有领养意愿的人必须填写申请表;安排志愿者到申请人的家中进行考察;组织各种公开活动,例如在节日庆祝活动上设立摊位;接收当地电视台的采访;举行慈善募捐活动,例如车库义卖、洗车、糖果义卖、鲜花义卖、捐款箱等。当然,他们也会采取必要措施以保证狗狗的生命健康,小到绝育结扎,大到外科手术。大罗切斯特领养中心的目标非常明确:"我们认为,每一只离开赛道的赛犬都值得拥有一个温暖的家。所以,我们努力在大罗切斯特地区为它们找到理想的避风港。"[45]在辛迪·鲍尔的采访接近尾声之时,我们也向她抛出了一个每位受访者都回答过的问题,即她对未来有哪些期许。辛迪·鲍尔给出了一个我们并未听过的答案,"没有,因为我们无法取消猎犬比赛",[46]这揭示出灵缇犬救援组织面临的独特的挑战。

虽然对待猎犬比赛的态度各有不同,但将灵缇犬救援组织联系在一起的是大家共同的目标:减少被安乐死的灵缇犬的数量,力求不让任何一只猎犬被人道毁灭;让因为繁殖过剩而无家可归的灵缇犬找到充满爱与幸福的领养家庭。

犬类救援组织面临的挑战在很大程度上都与狗的品种有关,这一特点在各种各样的灵缇犬救援行动中已经表现得非常明显。灵缇犬的生理构造和精神状态深深地影响着救援组织的行动方式和方法。灵缇犬具有头小颈粗的特点,这就要求救援组织不能选用普通的项圈,必须准备特制的马额缰以防止犬只挣脱。因为灵缇犬是奔跑速度最快的狗,所以救援人员要防止它们跑进危险的区域;又因为灵缇犬喜爱捕猎,所以救援人员也要严防它们跑到车流汹涌的马路上。[47]由于大部分的灵缇犬都在养狗场长大,后期又被关入赛狗场附近的犬舍,所以它们并不会爬楼梯,也没有普通的宠物狗听话,因此救援组织和领养人必须花费更多时间帮助灵缇犬适应从参赛犬到宠物的过渡。[48]

如果赛狗场关门,猎犬救援组织也会受到影响。但这种影响不同于纯种犬养殖场倒闭或蓄意囤积给犬类救援组织带来的影响。因为赛狗场属于公共机构,经常与媒体打交道,如果赛狗场要关门,救援组织可以通过新闻报道提前了解到消息。而且赛狗场也会主动通知当地的灵缇犬救援组织,同时说明需要安置的小狗的数量。这意味着救援组织能够事先了解救援需求,提前做好准备接收大批流浪狗。相比之下,其他犬种的救援组织往往在毫无准备的情况下临危受命,没有足够的准备时间和妥善的应对策略。这对灵缇犬救援组织来说是一个罕见的优势。然而,在大部分情况下,灵缇犬的救援工作往往比其他犬种的救援工作更加耗费救援人员和领养人的心血。再加之猎犬比赛的影响,救援工作变得更加复杂。艾伦·乔达诺告诉我们:"希望大家能够认识到,领养退役的赛犬和领养美国养犬俱乐部认证的纯种犬或者非参赛犬之间有着巨大的差别。虽然它们都是灵缇犬,但是也有'普通'和'特殊'之分。"[49]

和其他犬种的救援行动一样,随着"同情话语"的影响不断深入,灵缇犬救援行动开始被主流文化接纳,成为舆论的话题,社会大众对灵缇犬的看法也有所改变。但是,与其他犬种不同的是,人们逐渐认识到赛狗行业对灵缇犬的戕害。对于离开赛场的灵缇犬来说,无家可归不是最可怕的结局。实际上,它们的处境相当危险,随时都可能被养狗场或赛狗场强制安乐死。这种虐待动物的商业活动引起了社会的关注。起初,这些机构试图忽视或降低舆论的影响。但是,人们对虐待动物事件的关注度越来越高,使得赛狗场和养狗场改变了原有的经营策略。现在,这些机构也开始为灵缇犬救援组织宣传,公开表达对救援事业的支持,希望借此维护公共关系,提升口碑。[50]

这种态度和行为上的转变是有原因的,但也不是这些机构发自肺腑的想法。实际上,几起虐待动物的案件让赛狗行业日渐衰落,猎犬比赛的合法性受到质疑。人们越来越敏感,也越来越有同情心,在过去的三十年中,对虐待动物的容忍度逐渐降低。特别是,对灵缇犬施行的非人道毁灭和活体诱饵训练彻底改变了公众对猎犬比赛的看法。这种引人注目的文化转向和公众观念的转变迫使这个行业做出调整，不得不展示出对动物的同情和关怀，甚至不得不支持他们曾经抵触和排斥的猎犬救援组织。1992 年，人们在亚利桑那州的钱德勒高地发现了近 150 只灵缇犬的尸体，它们或被枪杀，或被肢解。为了不让人们辨认出它们的来源，所有小狗的耳朵都被割掉了。[51] 灵缇犬救援人员感到非常愤怒，创建了《灵缇犬网络新闻简报》（Greyhound Network News），专门报道猎犬比赛中虐待动物的不法行为。2000 年，美国灵缇犬国家协会的丹·肖恩卡偷卖退役赛犬的罪行被揭发，他以救援的名义从协会内部的训练员处和其他赛狗场主手中接收退役赛犬，三年内将 1 200 余只灵缇犬卖给实验室。[52] 2002 年，人们在彭萨科拉灵缇犬赛狗场一位警卫的家中发现了 3 000 只灵缇犬的遗骸。该警卫声称，他多年来一直为赛狗场暗中处理掉因速度太慢而无法成为参赛犬的小狗。[53] 这些案件让社会大众重新审视对赛狗这个行业，也让人们更加了解灵缇犬和猎犬救援组织。

总　　结

在所有特定犬类救援组织中，灵缇犬救援组织是特殊的存在，其与赛狗机构的关系让救援行动变得更加复杂，其他犬种的救援组织并没有类似的困扰。普通的犬类救援组织一般只需与美国养犬俱乐部、饲养人以及纯种犬养殖场打交道。但在此基础上，灵缇犬救援组织还要与支持猎犬比赛的美国灵缇犬协会、美国灵缇犬赛场运营协会和反对猎犬比赛的美国灵缇犬领养机构、美国灵缇犬反赛机构打交道。这使得救援行动中掺杂了其他犬类救援行动所没有的政治因素。与其他犬种的救援组织相比，灵缇犬救援组织面临的挑战是独一无二的。因此，救援组织的发展情况完全不同于其他犬类救援组织。不断上演的惨剧不仅唤起了公众的怜悯之心,让更多人接触和了解灵缇犬救援组织,也让救援组织成为特定犬类救援组织中的特例和犬类救援文化中的特殊现象。下一章,我们的研究将围绕比特犬救援组织展开。

注释

[1] 在距今4 000多年的古埃及墓穴中可以找到关于猎兔活动的记载。美国养犬俱乐部,"猎兔史"年版 http://www.akc.org/events/lure_coursing/history.cfm(2012年6月28日)。

[2] 大英百科全书网页版,"赛狗活动"(2012年版) http://www.britannica.com/EBchecked/topic/167885/dog-racing(2012年6月28日)。

[3] 美国灵缇犬反赛机构,"全球行动"(2012年版) http://grey2kusa.org/action/worldwide.html(2012年6月28日)。

[4] 美国禁止虐待动物协会,"灵缇犬比赛"(2012年版) http://www.aspca.org/fight-animal-cruelty/greyhound-racing-faq.aspx(2012年6月28日)。

[5] 埃里克·德克斯海默,"得克萨斯州的灵缇犬案是否会影响西弗吉尼亚州州长竞选?"《政治家》(2011年版) http://www.statesman.com/blogs/content/sharedgen/blogs/austin/investigative/entries/2011/10/04/could_texas_greyhound_case_aff.html/(2012年6月28日)。

[6] 大英百科全书网页版,"赛狗活动"(2012年版) http://www.britannica.com/EBchecked/topic/167885/dog-racing(2012年6月28日)。

[7] 美国人道主义协会,"灵缇犬比赛背后的真相"(2009年版) http://www.humanesociety.org/issues/greyhound_racing/facts/greyhound_racing_facts.html(2012年6月28日)。

[8] M. M. 成纳帕等,"灵缇犬参赛犬食用肉类中的沙门氏菌"《兽医诊断调查杂志5》,第3期(1993年),页码: 372 - 377。

[9][10]   A. G. 苏兹贝格,"赌场中的灵缇犬比赛或将全面取消"《纽约时报》,2012年3月8日,http://www.nytimes.com/2012/03/09/us/greyhound-races-fade-with-many-track-owners-eager-to-get-out.html?_r=0(2012年6月28日)。

[11] 美国灵缇犬协会,"关于我们"(2012年版) http://ngagreyhounds.com/page/about-us(2012年6月28日)。

[12] 美国灵缇犬赛场运营协会,官网首页(2007年版),http://www.agtoa.com/(2012年6月29日)。

[13] 世界灵缇犬赛狗联合会,"世界灵缇犬赛狗联合会发展史"(2009年版) http://www.

wgrf. org/index. php/history(2012 年 6 月 29 日)。

[14] 美国灵缇犬理事会,"美国灵缇犬理事会"(2012 年版)http://www. agcouncil. com/ (2012 年 6 月 29 日)。

[15] 美国灵缇犬理事会,"美国灵缇犬理事会领养细则"(2012 年版)http://www. agcouncil. com/sites/default/files/AGC% 20ADOPTION% 20GRANT% 20GUIDELINES. pdf(2012 年 6 月 29 日)。

[16] 美国灵缇犬宠物协会,"常见问题与联系方式"(2012 年版)http://www. greyhoundpets. org/ntlfaq. php(2012 年 6 月 29 日)。

[17] 美国灵缇犬比赛协会,"灵缇犬比赛"(2011 年版)http://www. gra-america. org/(2012 年 6 月 29 日)。毋庸置疑,我们坚决反对用"体育运动"来描述通过虐狗来取悦人类 的灵缇犬比赛。

[18] 美国灵缇犬领养机构,"关于美国灵缇犬领养机构"(2009 年版)http://www. ngap. org/about-ngap-y283. html(2012 年 6 月 29 日)。

[19] 灵缇犬保护联盟,"灵缇犬保护联盟"(2003 年版)http://www. greyhounds. org/gpl/ contents/entry. html(2012 年 6 月 29 日)。

[20] 美国灵缇犬反赛机构,"我们是谁"http://www. grey2kusa. org/who/index. html(2012 年 6 月 29 日)。

[21] 灵缇犬福利基金会,"关于我们"(2002 年版)http://www. greyhoundwelfarefoundation. org/aboutus. htm(2012 年 6 月 29 日)。

[22] 美国禁止虐待动物协会,"为它们发声"灵缇犬比赛 2011 年版,http://www. aspca. org/fight-cruelty/animals-in-entertainment/greyhound-racing-faq(2014 年 5 月 13 日)。

[23] 美国人道主义协会,"灵缇犬比赛背后的真相"(2009 年版)http://www. humanesociety. org/issues/greyhound_racing/facts/greyhound_racing_facts. html(2012 年 6 月 29 日)。

[24][25] 美国灵缇犬比赛协会"领养目录"(2012 年版)http://www. gra-america. org/the_ sport/welfare/adoptiondirectory. html(2012 年 6 月 29 日)。

[26] 梅拉尼·纳尔多内,"中立背后的秘密"密歇根退役灵缇犬救援组织——拯救灵缇 犬,灵缇犬福利基金会 1998 年版 http://www. rescuedgreyhounds. com/endracing/the_ myth. html(2012 年 6 月 29 日)。

[27] 美国养犬俱乐部,"灵缇犬"美国养犬俱乐部纯种犬评定:灵缇犬 2012 年版 http:// www. akc. org/breeds/greyhound/(2012 年 6 月 29 日)。

[28] 美国灵缇犬俱乐部,"美国灵缇犬俱乐部的救援行动"(2010 年版)http://www. greyhoundclubofamericainc. org/rescue-gcoa. html(2012 年 6 月 29 日)。

[29] 美国养犬俱乐部,"代表季度会议"2002 年版 http://www. akc. org/pdfs/about/ delegates_meeting/dec02. pdf(2012 年 6 月 29 日)。

[30] 琼·狄龙"早期的领养人——1956 年至 1998 年"网络文章,2010 年灵缇犬项目

http://greytarticles. wordpress. com/adoptionrescue/early-greyhound-adoption-pioneers/（2012 年 6 月 29 日）。

［31］　退役灵缇犬信托机构，"关于退役灵缇犬信托机构"（2011 年版）http://www. retiredgreyounds. co. uk/About-the-RGT/（2012 年 6 月 29 日）。

［32］　动物星球，"走近艾琳·麦考恩：2008 年年度人物"（2008 年版）http://animal. discovery. com/convergence/hero_of_the_year/2008/nominees/eileen-mccaughern. html（2012 年 6 月 29 日）。

［33］　琼·狄龙"早期的领养人——1956 年至 1998 年"网络文章，2010 灵缇犬项目，http://greytarticles. wordpress. com/adoptionrescue/early-greyhound-adoption-pioneers/（2012 年 6 月 29 日）。

［34］　朱德·卡米隆，"退役的灵缇犬"《太阳哨兵报》，1987 年 4 月 14 日 http://articles. sun-sentinel. com/1987-04-14/news/8701240443_1_regap-greyhounds-dogs（2014 年 4 月 30 日）。

［35］　美国灵缇犬领养机构，"关于美国灵缇犬领养机构"（2009 年版）http://www. ngap. org/about-ngap-y283. html（2012 年 6 与 29 日）。

［36］～［38］　卡里·扬，于 2013 年 6 月 2 日接受凯瑟琳·克罗斯比的邮件采访。

［39］　辛迪·西登，于 2013 年 7 月 11 日接受凯瑟琳·克罗斯比的邮件采访。

［40］～［43］　艾伦·乔达诺，于 2013 年 6 月 30 日接受凯瑟琳·克罗斯比的邮件采访。

［44］～［46］　辛迪·鲍尔，于 2013 年 7 月 12 日接受凯瑟琳·克罗斯比的邮件采访。

［47］　俄亥俄州灵缇犬领养中心 2011，http://www. greyhoundadoptionofoh. org/aboutgreyhounds. htm（2012 年 6 月 29 日）。

［48］　俄亥俄灵缇犬救援组织，官网首页 2012，http://members. petfinder. com/~OH550/index. php（2012 年 6 月 29 日）。

［49］　艾伦·乔达诺，于 2013 年 6 月 30 日接受凯瑟琳·克罗斯比的邮件采访。

［50］　比尔·芬利，"赛狗业在灵缇犬禁赛令中学到了什么"美国体育频道，2009 年 12 月 8 日 http://sports. espn. go. com/sports/horse/columns/story? columnist = finley_bill&id = 4776621（2014 年 4 月 30 日）。

［51］　基思·伯杰，"灵缇犬比赛：生死较量"《观察家报》，2009 年 11 月 21 日 http://www. examiner. com/article/greyhound-racing-win-or-die（2014 年 4 月 30 日）。

［52］　雅克·林恩·舒尔茨，"救救退役的灵缇犬"，宠物之家网 2001. http://www. petfinder. com/how-to-help-pets/saving-retired-racing-greyhounds. html（2012 年 6 月 29 日）。

［53］　美联社，"数千只赛犬惨死"《纽约时报》，2002 年 5 月 22 日 http://www. gulfcoastgreyhounds. org/SpecialNews. htm（2012 年 6 月 29 日）。

第十章

从比特犬类救援行动看人类同情心的变化

"优质品种"与"劣等品种"

大家对比特犬有误解！

——珍·沃特森，
美国佛罗里达州杰克逊维尔比特兄弟救援组织

在本章正式开始之前，让我们先来解释说明本章副标题中出现的两个词汇，因为它们将在第十章中反复出现："优质品种"和"劣等品种"，这种对狗狗的分类根本是无稽之谈。诚如广大读者朋友们所看到的，我们强烈反对这种分类方式。本章中有关"优质品种"和"劣等品种"的描述并不代表我方的观点和看法，选用这两种表达的目的单纯是为了介绍社会大众对犬类动物的认知和分类。

我们在本书中一直强调，随着"同情话语"的兴起和发展，人们对待犬类动物的方式发生了深刻的改变。因此，在这一章的开端，我们认为有必要简单回顾一下"同情话语"的部分内容和主旨思想，以便我们了解那些被污名化，甚至是妖魔化的犬种。自 20 世纪 60 年代末美国出现文化转向和社会运动以来，一场围绕着"同情心"的讨论悄然而起，其主旨是呼吁社会大众以平等、人道的方式对待那些遭受歧视的弱势群体,让他们重获失去的尊严,哪怕只在道德层面和名义上赋予他们尊严,哪怕弱势群体与权力阶层和统治阶层之间仍有差距。最先受到关注的是妇女和少数族裔,社会对他们的评价、态度和认知发生了转变。但这种关注并没有止步于此,很快就扩展到动物身上,特别是犬类动物。正是在这样的社会背景下,动物救援运动开始在美国流行起来。20 世纪 80 年代,特定犬类救援组织——也就是本书讨论的主题——出现了。为了帮助某一个品种的狗,犬类救援组织通过寻找领养家庭的方式来改善流浪狗的物质和生活条件。这些救援组织的短期目标是救助其管辖范围内的狗,长期目标则是解决美国宠物过剩的问题,并且他们坚信是人类的疏忽造成了宠物泛滥的局面。这些犬类救援组织所救助的对象基本是在 20 世纪 80 年代、90 年代和 21 世纪前十年最受美国人民喜爱的犬种,这个时期也恰恰是“同情话语”逐渐被美国社会和文化接受的时期。就在这期间,拉布拉多寻回犬、金毛寻回犬、贵宾犬、比格犬等在美国养犬俱乐部注册量排名前十的品种人气最高。也正是因为这些品种深受美国人民的喜爱,所以在宠物市场中这十个品种的需求量最大,这让纯种犬养殖场看到了巨大的商机,加剧了繁殖过度的乱象,让人气较高的犬类动物陷入困境。繁殖过剩的后果是无数的金毛、拉布拉多、贵宾犬、比格犬和其他高人气的犬类动物惨遭遗弃或虐待,这让人更加怜悯它们悲惨的命运。

近年来,“同情话语”讨论的对象已经不仅限于高人气犬类动物,还包括了备受诋毁的犬种。并不是所有的犬类动物都像备受宠爱的金毛寻回犬那样,拥有正面积极的形象。有些狗生来特殊,饲养者训练它们保护人类或者上阵作战,而这样的特殊性让大众对其产生误解。如今,人们正在逐渐对这类狗改观,开始呼吁关注和保护这些被污名化的狗。虽然仍有很多人认为“劣等品种”的狗好斗、凶猛、残暴,但也有人不赞成这样的偏见,他们认为这些狗狗并不“坏”,它们是无辜的受害者。越来越多的人认为,狗的行为和特性是由人类培养出来的,是人类将这些犬种训练得残暴嗜血,所以它们才会主动攻击同类、其他小动物甚至是人类,这恰恰反映出人性中残暴的一面。换句话说,逞凶斗狠并不是狗的问题,是人类放大了它们的天性,人类应该正视自己的问题,纠正错误,改变现状——向真正的罪魁祸首(人类)问责,而不是诟病受害者(狗)。所以,"劣等品种"是人性阴暗面的牺牲品,而不是悠悠众口中的"坏狗"(虽然这种说法仍然很普遍)。美国人道主义协会的拉尔夫·霍桑和劳里·麦克斯韦尔认为:"暴力是后天培养出来的。很多时候,年轻的男性和女性会被引导或暗示,认定比特犬是暴力动物。这其实是一种毁谤和污蔑,但年轻人已经习以为常。"他们继续说道:"斗狗比赛让人们认识到必须通过立法和禁令来遏制这种残忍的活动。不负责任的狗主人才是始作俑者,他们才是伤害狗狗的人。"[1]简而言之,在这场反抗霸权主义的战争中,没有"劣等品种"或"坏狗",只有"居心不良的坏人"。迈阿密保护动物立法联盟的负责人达利娅·坎尼斯表示:"还是看好用两条腿行走的动物吧,不要再针对'四脚兽'了。世界上存在野兽,也存在牲畜,但那并不是狗。"[2]消除人们的刻板印象和偏见是救援人员为背负污名的犬种正名的关键。

"劣等品种"的定义

"危险品种"或"劣等品种"是有划分标准的。被定义为"坏狗"的品种往往具有为人类所不喜的特性,而这些特性却是人类有意训练出来并加以利用的。一般来说,"劣等品种"可以分为两大类:进攻型和防守型。无论是哪一种类型,只要威胁到人类或其他动物的生命安全,它们就会被视为危险的存在。它们的外形、性情和用途给人们留下了暴力、负面的形象。人们默认它们危险难控,性情乖戾,随时随地会对人类或同类发起攻击。

1. 进攻型

斗狗比赛拥有几百年历史,最早可以追溯到 1835 年英国禁止在斗牛比赛中使用狗作为诱饵。[3]激怒公牛的活诱饵一般是体型庞大的犬类动物,它们与好斗敏捷的梗犬交配可以繁殖出牛头梗。如今,牛头梗常常被选作格斗犬。但最出名的格斗型犬种当属比特犬。作为选择性繁殖的产物,比特犬天性好斗且擅长搏斗。大多数的犬种都具有捕猎或寻回猎物的天性,但比特犬的天性是善战好斗。比特犬的性情完全符合它们的繁殖目标,容易攻击陌生的同类,但对人类的攻击性相对较低。[4]美国比特牛头梗犬、斯塔福郡牛头梗和美国斯塔福郡梗犬统称为比特犬。

2. 防守型

被训练用来保护人类的狗也被归入了"劣等品种"的行列。防守型犬种时刻警惕和防范陌生人,它们体型庞大,力量惊人,必要时会攻击人类并造成严重伤害。"看门狗"也属于防守型,它们通过吠声来驱赶陌生人,保护主人的院子。与其他犬种相比,防守型的狗攻击主人和同类的可能性较低,但对陌生人表现出较强的攻击性,符合防守型犬种的繁殖目的。[5]罗威纳犬、杜宾犬和德国牧羊犬都属于防守型犬种。

两种类型的简要对比

上文两种类型的犬种都有相似的特征:体型庞大、强壮、凶猛、勇敢、好斗,能够给攻击对象造成严重伤害,甚至毙命。进攻型与防守型的主要区别在于攻击的对象不同,进攻型品种主要攻击犬类动物,而防守型品种主要攻击人类。我们仔细地研究了每个类型中的所有品种,力求分析出进攻型犬种和防守型犬种在行为和习惯上的细微差异。我们挑选了比特犬作为进攻型品种的代表。在研究中,我们不会逐一分析上文提到的三种"比特犬",因为在其他的参考文献中这种划分方式并不常见。同时,我们选择了罗威纳犬作为防守型品种的代表。之所以选择比特犬和罗威纳犬,是因为它们在美国的知名度较高,基数较大。

社 会 形 象

人们对"优质品种"的印象和对"劣等品种"的印象完全不同。透过新闻媒体对"优质品种"和"劣等品种"的评价,我们可以看出二者在形象上的差别。一般来说,金毛寻回犬的形象比较正面,而比特犬和罗威纳犬的形象比较负面。

1. 金毛寻回犬的媒体形象

金毛寻回犬经常以正面的形象出现在各类影视作品中。在《神犬也疯狂》(Air Bud)系列、《猫狗也疯狂》(Homeward Bound)、《寻回犬》(The Retrievers)、《再世人狗缘》(Fluke)以及皮克斯出品的《飞屋环游记》(Up)等影视作品中,金毛寻回犬都被刻画成理想的宠物,它们以友好、忠诚、温暖、乖巧的形象示人。这一点在皮克斯的《飞屋环游记》中表现得尤为明显,影片中名叫达达的金毛寻回犬是唯一一个帮助主人公的角色,即便反派角色威胁达达要伤害它和它的朋友,达达也没有表现出凶狠的一面。可见,金毛寻回犬从来不与"暴力"二字产生联系,呈献给观众的永远是忠诚可爱的样子。我们并不清楚是否有媒体将金毛描述成"坏狗"。如果你在谷歌上搜索"邪恶的金毛",你不会看到血腥的图片或恐怖电影的摘要,只会看到各种关于金毛搞怪顽皮的趣闻,比如"金毛体内住了一位歌唱家"或者"四处挖洞的熊孩子"等等。总的来说,金毛寻回犬给公众留下了阳光、正面的印象。

2. 比特犬的媒体形象

在 20 世纪,比特犬在美国人心中的形象经历了 180 度的大转变。

20世纪初,比特犬又被称作"保姆犬",它们是公认的孩子们的最佳玩伴,人们甚至会让比特犬和孩子一起拍摄写真。[6]而在第一次世界大战期间,比特犬却以骁勇善战的形象出现在美国的征兵海报上。[7]温顺亲人的"保姆犬"如何就变成了冷血的杀手呢?20世纪80年代,美国再次掀起了斗狗的狂潮。可与狗熊和其他犬类动物相抗衡的比特犬成为斗狗训练员的不二选择,[8]训练员自然不会用训练宠物的方式来训练比特犬。在他们的手下,比特犬变得狂躁易怒,攻击性极强。因此,在斗狗热潮之下,比特犬伤人的事件屡见不鲜,媒体上铺天盖地的都是这类报道,所以公众对比特犬的印象从伴侣宠物变成了令人生畏的恶犬。

与金毛寻回犬相比,比特犬以正面形象登场的影视作品少之又少。最知名的当属电影《小淘气》(*Little Rascals*)中的"皮蒂",该片于1994年上映,改编自20世纪20年代至40年代播出的喜剧短片《我们这帮人》(*Our Gang*)。实际上,比特犬经常以负面的形象示人:电影《老无所依》(*No Country for Old Men*)中有一只进攻型比特犬;皮克斯出品的《飞屋环游记》(*Up*)中攻击主角的正是一群邪恶的比特犬;《狗狗上天堂》(*All Dogs Go to Heaven*)中的反派是一只斗牛犬和比特犬串种狗;《加菲猫》(*Garfield*)中也有一只比特犬,它无法理解为什么一只猫愿意去救一只狗(侧面反映出比特犬的冷血无情);印有国际摔跤明星约翰·塞纳照片的T恤在出售时引起了争议,因为照片中的约翰·塞纳怀抱着两只面相凶狠的比特犬。新闻记者也对比特犬怀有偏见:美国禁止虐待动物协会分析了大量关于比特犬伤人的报道,发现比起其他恶犬伤人的事件,媒体更倾向于报道与比特犬有关的事件,而且比特犬伤人的新闻更能吸引人们的视线。[9]于是,比特犬在公众心中的形象就变成了邪恶、好斗、攻击人类和其他动物的"坏狗"。简而言之,比特犬变成了危险和邪恶的代名词。

一部介绍比特犬和比特犬救援行动的纪录片讨论了许多与比特

犬相关的话题,同时也提到了媒体对比特犬的描述往往比对其他犬种的描述更加夸张、负面。查科比特犬救援组织的创始人道恩·卡普表示:

> "我向你保证,如果我现在打电话给新闻台,说'哦,我的上帝,有个孩子刚刚被比特犬咬了!'他们会马上赶到这里进行报道。但是如果我说'哦,我的上帝,有个孩子被拉布拉多或者可卡犬咬了',你觉得他们还会来吗? 我告诉你,肯定不会。"[10]

旧金山动物保护与控制中心的前负责人卡尔·弗里德曼对此表示赞同,他说:"比如说,有一只比特犬攻击了人类或者咬伤了人类,那这件事很可能会上头版头条,甚至会出现在黄金时段的新闻联播中。同样是恶犬伤人事件,如果换成其他品种的狗,那这件事基本不会见报。"[11]根据独立数据收集中心和纪录片《解密》(Beyond the Myth)中的数据资料,92%的人认为媒体对比特犬进行了负面的报道。[12]此外,"在讨厌比特犬的人群中,有60%表示媒体的报道影响了他们对比特犬的看法。只有15%的人表示亲身经历告诉他们比特犬并不温顺。"[13]

然而,在2007年"迈克尔·维克虐狗案"发生后,比特犬的社会形象有了微妙的变化。在迈克尔·维克一案中,比特犬遭受了惨无人道的虐待,人们意识到它们需要怜悯和帮助,而不是指责和批评。这种心态和思想上的转变催生了两个以比特犬救援为主题的电视节目:《比特犬行动》(Pit Boss)和《比特犬与假释犯》(Pit Bulls and Parolees)。这些节目介绍了比特犬救援组织,解析了比特犬的性情特征,致力于为几十年来饱受非议的比特犬洗脱污名。"迈克尔·维克虐狗案"让公众对比特犬改观。虽然案件本身令人扼腕,但这件事让人们认识到比特犬其实是人类暴行的受害者,而不是各种暴力事件中的施暴者。

3. 罗威纳犬的媒体形象

罗威纳犬在媒体上的形象也偏负面。在电影《凶兆》(*The Omen*)、《罗威纳犬》(*Rottweiler*)和《飞屋环游记》中,罗威纳犬被描绘成蓄意伤人的恶犬,几乎变成了邪恶的化身。有时,它们也会作为毒枭或纳粹分子等反面角色的宠物出场,比如电影《联邦大蠢探》(*Corky Romano*)中就出现过类似的形象。但是,荧幕上也出现过罗威纳犬的正面形象,比如在电影《致命武器3》(*Lethal Weapon* Ⅲ)、电视剧《明星伙伴》(*Entourage*)和《人肉目标》(*Human Target*)中,罗威纳犬被刻画成忠诚、亲人、可爱的伴侣动物。非常有意思的是,罗威纳犬在媒体上的形象比比特犬更加复杂。从繁殖目的的角度看,罗威纳犬是用来保护主人和攻击生人的防守型犬种,而比特犬是与其他犬种进行搏斗的进攻型犬种。比起后者,人们排斥前者的可能性更大。但显然,比特犬的"恶霸"形象已经深入人心,它将罗威纳犬挤出了"坏狗"代言"人"的行列。

美国人对"劣等品种"的歧视

在美国,比特犬和罗威纳犬经常受到歧视。不同于拉布拉多和金毛这类公认的"优质品质",比特犬和罗威纳犬时常让人产生畏惧感。因为惧怕,所以人们采取了各种各样的措施来保护自己,比如污蔑和歧视。最具代表性的措施就是《恶犬法案》和家庭保险。

1. 《恶犬法案》

为了减少恶犬伤人事件的发生频率和降低犬类动物对人身安全的威胁,美国通过了《恶犬法案》。《恶犬法案》旨在通过法律手段遏制(或减少)恶犬伤人事件的发生。《恶犬法案》主要针对的对象是比特犬和串种比特犬,但在某些地区,罗威纳犬、德国牧羊犬、杜宾犬、美国斗牛犬、秋田犬和獒犬也被纳入本地的《恶犬法案》中。[14]《恶犬法案》规定本地居民不得饲养上述"劣等品种",违者将予以罚款处理。《恶犬法案》的逻辑基础是只要"劣等品种"消失,就不会发生恶犬伤人事件。然而,美国疾病控制与预防中心和美国禁止虐待动物协会的研究表明,这些法律并没有像立法者期望的那样有效地减少恶犬攻击人类的事件。[15]实际上,《恶犬法案》已经给各地带来了负面影响且后果严重。过度依赖立法的政府并没有采取实质性的措施,问题没有得到解决。[16]《恶犬法案》唯一的效果是加深了人们对"劣等品种"的偏见。注意,我们并没有否认某些犬种容易对人身安全构成威胁的事实。我们强调的是,《恶犬法案》将所有的罪行推到"劣等品种"的身上,却没有约束伤害它们的人类。这些立法片面地强调了狗的问题,却忽视了主人的疏忽和责任,虽然约束了"劣等品种",但无形之中纵容了其他犬种伤人咬人的行为。

2. 家庭保险

保险公司也对"劣等品种"抱有偏见。如果饲养大型犬或"劣等品种"的狗主人有意为其购买保险,那么保险金额普遍较高。这类保险带有一定的惩罚性质,因为保险公司认为"坏狗"难以控制,容易伤人。所以,如果保险公司允许狗主人为"劣等品种"投保,那么保险费一定会高于平均水平。事实上,有些保险公司拒绝为"劣等品种"提供任何保险服务,因为保险公司认为它们是个大麻烦。[17]在租赁房屋时,"劣等品种"也会受到歧视。饲养"坏狗"的人往往没有多少选择的余地。狗主人或者说狗狗的监护人所面临的问题是很少有出租者愿意够接纳"坏狗"。然而,在"同情话语"的影响下,这种歧视越来越少见。比如美国"全国保险公司"等保险机构允许狗主人为通过"犬类公民测试"的"劣等品种"投保。公众对"劣等品种"的看法发生了明显的变化,尤其是在"迈克尔·维克虐狗案"爆出之后,保险公司也适当增设了宠物保险业务。当公众对"劣等品种"的印象还停留在"恶犬"的阶段时,它们会受到各种各样的歧视。但当"坏狗"变成"同情话语"所讨论的对象时,越来越多的人意识到它们其实是无辜的(尽管人们仍然远离和惧怕性情凶狠的狗),所以家庭保险政策也随之发生改变,越来越多饲养"劣等品种"的人可以为宠物购买保险。

怕狗,还是怕人

"坏狗"与"坏人"之间微妙的联系影响了"劣等品种"恢复名誉的进度。有三项研究专门调查了饲养攻击性强的高危犬种与反社会人格或性格异化之间的关系。其中的一项研究根据法庭的判决、所有权类型(有/无狗证)和犬种(性情凶猛的高危犬种/性情温顺攻击性弱的犬种)来评估养狗人虐待子女的可能性。研究结果表明,宠物狗的性情越凶猛,主人行为异常的可能性越大,有关部门应该对这类养狗人群进行调查,降低儿童虐待案的发生率。[18]换句话说,比起狗的品种,人们更应该关注养狗的人。

另一项研究分析了三种不同类型(高危犬种、大型犬和小型犬)的狗主人与对照组研究对象之间的差异。研究人员发现,在饲养高危犬种的研究对象中,心理变态或追求刺激的人所占的比例远高于其他两组,所以高危犬种的主人更可能触犯法律。[19]

第三项研究主要分析了高危犬种饲养者的思维模式、冷血程度和人格类型。与其他研究对象相比,这些人的犯罪倾向更明显,更容易与他人发生肢体冲突,入狱的可能性更大。[20]

简而言之,三项研究都表明与普通的养狗者相比,高危犬种饲养者的犯罪率更高,精神变态的可能性更大。这并不意味着所有"坏狗"的主人都是精神病患者或罪犯,而是说犯罪分子或人格扭曲的人更喜欢选择"劣等品种"作为宠物。他们通过饲养性情凶猛、攻击性强、领地意识强的狗来显示自己的专横和野蛮。比起打扮精致的贵宾犬，还是比特犬或罗威纳犬更能帮助一位黑帮头目树立威信、巩固地位。正是因为"劣等品种"的名声恶劣和威慑力，犯罪分子才会被其吸引。反过来，这也增加了"劣等犬种"恢复名誉的难度。"坏狗"与"坏人"之间的种种联系让相关的犬类救援组织在处理公共关系时面临更多挑战，而其他犬种的救援组织就不存在这样的困扰。也就是说，为"劣等品种"提供救援服务的组织必须严格筛选领养申请人，以免让狗狗落入那些会虐待动物或利用它们达到某种邪恶目的的人手中，这不仅会伤害狗狗本身，也会连累它们名誉扫地，加深它们在大众心中攻击人类和同类的坏印象。

劣等品种的数量：另一个容易被忽视的关键因素

美国尚未统计国内养狗人士的总数，短期内也不会进行普查。第三章提到了拉布拉多寻回犬是在美国养犬俱乐部注册量排名第一的狗，也是最受欢迎的品种。但这只是一个方面。美国养犬俱乐部的注册数据并不能准确地反映出某一品种及其养狗人的总体数量，这些数据并不具有随机性，相反，它们是可以预测的。同样的，狗主人的收入水平也是可以预测的，因为比起低收入人群，中高收入人群在美国养犬俱乐部登记的可能性更大。因此，我们做出这样的假设：排在前十位的犬种的注册量不等于它们在美国的实际数量。此外，如果不将第76位（斯塔福郡牛头梗）或第72位（美国斯塔福郡梗犬）的数据计入比特犬的注册量，那么比特犬也将跻身前十位。事实上，我们在2011年对美国的动物收容所、美国人道主义协会和特定犬类救援组织展开过全面调查，结果显示平均每家收容所中有2.97只拉布拉多和2.54只比特犬，而金毛的数量只有0.18只。要知道，2011年金毛寻回犬在美国养犬俱乐部的注册量排行榜中位列第四位。

我们将以密歇根州安阿伯市的人道主义协会为例来证明这一点。2012 年,休伦谷人道主义协会中超过 60% 的流浪狗都属于比特犬或比特犬的串种,我们假定这是美国动物收容所的平均水平。造成这种情况的原因有很多,可以确定的一个原因是比特犬的负面形象一直影响着人们对它们的看法,尽管前文提到在过去的几年中,人们的态度已经发生了转变。再比如,比特犬的主人可能因为费用昂贵等原因拒绝让它们接受绝育手术,这就导致了繁殖过剩的问题一直存在。其次,相较于拉布拉多寻回犬、金毛寻回犬和德国牧羊犬的救援组织来说,比特犬救援组织的数量相对较少,即便成立,也因为公众对比特犬的畏惧心理而难以获得广泛的社会支持,所以救援组织数量较少,这也是动物收容所中比特犬过剩的原因之一。简而言之,尽管美国的比特犬数量庞大,但碍于自身的形象问题,它们获得救援的可能性远远小于其他犬种。比特犬的数量虽多,但人气却不高。

劣等品种的救援组织受到何种影响

大众对"好狗"和"坏狗"的认知差异不仅体现在媒体的报道中,实际上,这种现象也切实影响到了比特犬救援组织的发展。具体来说,劳心又劳力的救援人员根本无法忽视大多数人对比特犬的排斥和厌恶心理。所以,他们的目的绝不止改善比特犬的社会形象和提升人们对它们的好感度这么简单,他们必须在不利的社会环境中找到行之有效的救援方法。在面对所有质疑和嘲讽的同时,为"劣等品种"服务的救援组织必须根据具体情况制定具体的应对策略和行动方案,而不是坐以待毙,等待在未来的某一天所有来自社会舆论的压力自动消失。在本书中,"优质品种"的救援组织一直是我们主要的研究对象,但我们不能忽略"劣等品种"的救援组织的努力,因为后者与前者的发展方式大相径庭。

当然，从表面上看，在组织架构、运营模式、救援组织与动物收容所、人道主义协会等机构的关系方面，比特犬救援组织与"优质品种"的救援组织几乎没有区别。在谈及如何处理申请表等领养流程时，杰克·施拉姆的回答与其他受访者非常接近，你很难看出其所在的明尼苏达比特犬救援组织与简·尼加德的莱戈救援有什么区别，就连申请c3机构的过程、利用宠物之家网的方式和志愿者的情况都与其他救援组织别无二致。但当谈到救援组织的终极目标时，杰克·施拉姆的回答却是"消除人们对比特犬的偏见——让人们愿意把它们当作宠物饲养"[21]，而莱戈救援的简·尼加德和贝利尔·保德给出的回答是"竭尽所能救助和安置金毛寻回犬"，后者没有表达任何想要改变金毛的社会形象的愿景，因为大众对金毛的印象已经足够好。莱戈救援的成功离不开公众的支持，而在寻求动物福利时，金毛寻回犬也没有遇到比特犬遇到的文化障碍。在谈到救援组织面临的最大障碍和问题是什么时，杰克·施拉姆告诉我们："我们希望动物收容所能够设计一套准确的性格测试系统——在选取救援对象时，我们没有'参考标准'，只能选择我们认为最好的狗。"[22]杰克·施拉姆道出了问题的关键：比特犬救援组织没有犯错的余地，必须做到十全十美。在谈及比特犬面临的最大的危机时，杰克·施拉姆给出的答案是："绝对是人们的偏见。"[23]来自佛罗里达州杰克逊维尔比特兄弟救援组织的珍·沃特森在回答这一问题时几乎给出了完全相同的答案："对比特犬的偏见和歧视——比如租赁条款的限制。"[24]杰克·施拉姆认为唯一的解决办法是，"让人们看到比特犬听话、乖巧的一面，通过公开的活动或领养家庭来展现比特犬不为人知的一面"。[25]很少有金毛寻回犬救援组织或拉布拉多寻回犬救援组织会担心大众对狗狗的看法会阻碍救援行动的开展。莱戈救援的简·尼加德证实了这一点，她表示"金毛很通人性，你可以来我家看看我的金毛，它会跟着你到你的车里转一圈，还会带你去看它的饼干罐放在哪里……金毛是非常随和、开朗的动物"。[26]比特犬和金毛寻回犬在形象上的差异深深影响着相关救援组织为完成终极目标所采用的行动方式。

劣等品种救援组织的宣传辞令

与"优质品种"的救援组织不同,为比特犬和罗威纳犬等"劣等品种"服务的救援组织需要在维护社会形象上花费更多心血。访问任何一家拉布拉多寻回犬或金毛寻回犬救援组织的网站,你都会看到阳光健康的狗狗和主人在一起玩耍的照片。"优等品种"救援组织将宣传重点放在粗心大意、责任意识淡薄的人类身上,强调失职的主人会伤害可爱、伶俐、讨人喜爱的宠物。救援组织不会放大动物天性中与生俱来的缺点。他们将关注点放在人类的不负责任、残忍或疏忽上。一般来说,"优质品种"的救援组织会放大狗狗的优点,突出它们的纯真无害,强调它们天性温顺,借此来反衬在被不负责任的主人忽视或抛弃后这些完美无缺的伴侣动物所受到的伤害,暗示人们这些可怜的小动物需要一个有爱的新家。很少有人会在救援组织的官网上看到虐狗的图片,毕竟,比起畸形的身躯和受伤的肢体,可爱的外形和无辜的神态更能激发领养人或爱狗人士的同情、怜悯和恻隐之心。

但是,畸形的身躯和受伤的肢体经常出现且只会出现在比特犬救援组织和罗威纳犬救援组织的官网上。他们的网站上充斥着骇人的虐狗的照片和故事,比如患有严重疥癣、毛发掉光的狗狗,被丢进斗狗场的狗狗和遭受主人虐待的狗狗,旁边的文字内容以描述人类的暴行和社会对这些动物的误解为主,意在澄清这些狗并不是大众认知中的怪物,它们不应该枉背骂名,更不应该被凌虐。此外,网站上还会出现"被重新改造的"狗狗的照片,或者那些有着可怕的过去但现在变成优秀宠物的狗狗的照片,借此来证明"坏狗"并不是真的那么"坏",它们只是被污名所累,无端被误解和丑化。救援组织试图利用文字和图片的力量激发人们内心最深处的愧疚感。相比"优质品种"的救援组织对人类的批判,"劣等品种"的救援组织对人类的指控更加强烈。"优质品种"的救援组织批判的是人类的过失和不负责任,但这些几乎都是个人问题,而且这些问题往往是由离婚或迁居等特殊情况所导致的,与虐待宠物完全是两种性质。关键是这些救援组织只是批判某个人的错误行为,并不会深入挖掘社会的顽疾和人性的阴暗。

"劣等品种"救援组织的官网则不是这样的风格。他们抨击的对象是社会,是大众对"劣等品种"的误解和歧视。人们相信"劣等品种"具有劣根性,久而久之,这种先入为主的判断就会变成现实,"劣等品种"不得不变成符合社会预判的样子,这个过程也就是社会心理学中的"自证预言"现象。可以确定的是,在"劣等品种"救援组织的官网上,所有的图片和文字都在证明社会作为一个整体应当承担责任和道德义务,来切断这个"自证预言"的恶性循环,纠正恶意的曲解,而不是将"劣等品种"的悲剧归因于犯了错的某个人或某种特殊情况。

领 养 须 知

"优质品种"的救援组织与"劣等品种"的救援组织给予领养人的养狗建议有着明显的不同。在采访中,我们没有遇到任何一家指导领养人如何在公共场合与宠物进行互动的"优质品种"救援组织,因为即便不是人人都喜爱这些"优质品种",但至少人们不会排斥它们。当然,"优质品种"的救援组织也会提供各类教程或资料,帮助领养人处理养狗时可能出现的各种小问题,比如有的狗喜欢挖洞,有的狗患有分离焦虑症等等。但总体而言,"优质品种"的救援组织似乎并不担心狗狗会在公共场合制造麻烦,也不担心它们可能会给公众留下糟糕的印象。最重要的是,他们坚信狗狗绝对不会引起公众的反感,继而受到不公平的对待。

  然而,"劣等品种"救援组织的情况恰恰相反。例如,比特犬救援组织会详细地向领养人说明养狗时需要注意的方方面面。比如,当比特犬遇到同类时该怎么做,为什么要尽量避免带比特犬去宠物公园,遇到害怕比特犬的人该怎么办,如何看待对比特犬不利的法律规定等等。[27]无论从内容还是形式上看,这些注意事项都足够详细和周到,可以看出比特犬救援组织的良苦用心。这样做的原因不言而喻,自然是因为人们总是将比特犬想象得过于恶劣。比特犬救援组织一直强调不要以偏概全,领养人要关注的是某一只比特犬本身,而不是这个品种,个体和群体完全是两个概念,这是保障每一只比特犬能够顺利融入新家的前提。在比特犬救援组织提供的领养须知中,我们经常会看到这样的表述:"比特犬几乎都有行为问题(尤其是它们具有攻击性)。虽然这并不是它们的错,但也不是每个家庭都能接受这样的宠物。不过,'费多'和新闻中那些恶意伤人的比特犬不同,它听话、懂事、非常可爱,你和你的另一半一定会喜欢这个小家伙,你担心的情况绝对不会在它的身上发生,相信'费多'会给你们带来无限的快乐。"此外,不少比特犬救援组织还为领养人提供免费或价格低廉的驯狗服务,包括训练狗狗通过"犬类公民测试",以此来鼓励领养人承担起身为主人的责任,同时帮助比特犬树立正面的社会形象。道恩·卡普描述了比特犬的负面形象带给她的困扰:"人们看到塔拉和萨米的时候,都会说'哦,我的天啊,瞧瞧这小狗多可爱啊! 真听话! 这是什么狗啊?'然后我就会说'这是比特犬'。"接下来,她一定会看到对方脸上震惊和错愕的表情。[28]"劣等品种"的救援组织一直非常关注狗狗的社会形象,也非常在乎领养人如何改变大众对它们的坏印象,更担心领养人的不当做法可能会加深这种印象。因此,珍·沃特森认为,只有"改造"和"声援"它们(她的救助对象是比特犬),才能消除美国人民对这一犬种的偏见。

可接受的狗狗行为

　　"优质品种"的救援组织与"劣等品种"的救援组织最主要的区别体现在他们对狗狗行为的接受程度上。前者坚定地认为,任何形式的攻击行为都是不能容忍的。因此,在大多数情况下,攻击性强的狗不会被这些组织所接受。"优质品种"的救援组织认为生长环境恶劣或遭受过虐待的狗狗容易做出攻击行为,饲养人或者虐狗者是导致这种情况发生的直接原因,也是唯一的原因。通常情况下,"优质品种"的救援组织在救助攻击性弱的狗狗时,不会接收攻击性强的狗。这并不代表,"优质品种"的救援组织只接收完美无缺的小狗,拒绝接收有问题的狗。实际上,在"优质品种"的救援组织中,很多狗狗都有行为问题,比如患有重度分离焦虑症、喜欢挖洞、缺乏管教等,更不用说还有许多狗患有各种各样的疾病,"优质品种"的救援组织会以更专业的方式单独帮助这些有问题的狗狗。但通常情况下,"优质品种"的救援组织会做出明确的规定,拒绝接收攻击性强的狗。犬类救援组织会竭尽所能帮助所有的犬类动物找到合适的家,但是唯有攻击性强的狗除外。

　　"劣等品种"的救援组织对狗狗攻击性行为的接受度自然会比"优质品种"的救援组织高一些。考虑到这些犬种天性使然,加之它们生来就接受了这方面的训练,所以"劣等品种"的救援组织在面对攻击性强的狗狗时,处理方式更加灵活。以比特犬救援组织为代表的"劣等品种"救援组织能够容忍狗狗的某些攻击性行为,当然,攻击人类仍然是不可取的,这会威胁到人类和同类的生命安全。虽然"劣等品种"的救援组织更愿意接收正常的狗,但他们不会拒绝攻击性强的狗。救援组织对格斗犬非常包容,所谓的格斗犬就是类似于迈克尔·维克一案中专门为斗狗活动而训练的狗。有些格斗犬的身上有在搏斗中留下的伤疤,也有一些格斗犬身上有作为活体诱饵的标志。如果这些狗没有对人类表现敌意,那么领养家庭或者救援组织还是非常愿意接受它们的。比如犹他州卡纳布好朋友动物协会在 2008 年 1 月一次性接收了 22 只格斗犬。这些曾经在赛场上饱受折磨的狗狗被统称为"荣誉之犬",离开赛场的它们生平第一次受到关注、怜爱和同情,在好朋友动物协会的帮助下,它们终于得以过上正常的生活,以萌宠的身份被善心人士收养。截至 2013 年夏天,在这 22 只格斗犬中有 10 只被成功领养。杰米·马尔霍尔在一篇介绍这一批格斗犬的文章中写道:"它们不仅茁壮成长,而且还把一群互不相识的人凝聚在一起,组建了一个新的家庭。"[29]也许没有哪条格斗犬比乔治亚更出名了。乔治亚就是备受迈克尔·维克及其同党凌虐的受害者,后来它成为国家地理频道制作的系列纪录片《狗镇收容中心》(Dogtown)的主角,该纪录片主要介绍了乔治亚是如何在好朋友动物协会的帮助下恢复健康的。乔治亚也曾出现在《艾伦秀》(Ellen DeGeneres Show)和《拉里·金现场》(Larry King Live)两档电视节目中。但与这些相比,更让人欣慰的是乔治亚被一位名为艾米的好心人领养,并与之度过了两年的快乐时光,直到 2014 年年初,它因肾衰竭而离世。[30]这些难以恢复到正常状态的"荣誉之犬"最终在犹他州南都的好朋友动物协会获得了安稳和幸福。尽管这些格斗犬和其他有着类似经历的狗曾经表现出较强的攻击性,但救援组织仍然认为它们具有救援价值,因为救援人员认为它们是人类暴行的牺牲品,比如斗狗就是一项非常残忍的活动。当然,还因为救援人员富有同情心、耐心和专业技能,能够帮助这些狗狗走出阴霾,恢复健康,让它们成为合格的伴侣动物——如果没有那些黑暗的过去,它们本来是可以成为人类的好朋友的。

监 狱 活 动

"劣等品种"救援组织或动物收容所会与当地的监狱联络并联合

举办活动,有趣的是,"优质品种"的救援组织从来不与监狱打交道。比如,维拉洛博斯比特犬救援中心经常开展狱中辅导活动,旨在帮助获得假释的成年人或青少年重新融入社会。这是因为"坏狗"与"坏人"之间总有千丝万缕的联系:越来越多"劣等品种"的救援人员相信,有着不堪过去的狗狗可以被重新改造,那么犯过罪的人也一样。这种活动为假释犯提供了一个与格斗犬相互治愈的机会,因为获得假释的犯人往往有一种独特的洞察力,他们对世俗意义上的"恶"有着另一番看法,他们不会以社会大众的评判标准来衡量格斗犬的价值。所以,救援组织在帮助格斗犬重建与人类的关系时,也让没有先入为主观念的假释犯有更多与外界接触的机会。因此,无论是狗还是人,都在这种活动中获得了慰藉,有利于他(它)们回归正常的生活。[31]

总　结

上述种种会对美国犬类救援事业的未来发展产生怎样的影响呢?有一种可能性是,"优质品种"的救援组织和"劣等品种"的救援组织在行动方式和宣传辞令上的差异越来越大。"劣等品种"的救援组织可能选择与公众增加互动的方式来帮助"劣等品种"恢复名誉,敦促饲养人让宠物接受绝育手术。在法制建设方面,"劣等品种"的救援组织,尤其是比特犬救援组织,将会投入更多的精力,敦促政府加快健全"反斗狗法案",加大对虐待动物者的惩罚力度。与此同时,"劣等品种"的救援组织还将致力于废除各地的《恶犬法案》,敦促各地政府设立不歧视任何犬种并且约束失职的饲养人的法律法规。在"同情话语"引发文化转向之前,《恶犬法案》就已经存在了,而且一直延续到今天。《恶犬法案》将狗规定为人类的私有财产而不是家庭成员,但随着"同情话语"的传播,《恶犬法案》的使用频率可能会有所降低。我们相信,大众会看到更多关于"劣等品种"的正面宣传,也会学习到更多正确的养狗方式的。换句话说,在"同情话语"的持续影响下,人们关爱和保护动物的意识将会提高,逐渐地,整个社会将对"劣等品种"有所改观。从本质上讲,这些品种并不"坏",如果人们能够多与"劣等品种"中相对听话的犬种接触,就会改变对整个品种的看法。目前的状况是,"劣等品种"因为恶评受到了许多不公正的待遇。我们希望,也相信,"同情话语"是一个良好的开端,让社会大众意识到背负"恶犬"污名的狗狗其实是残忍、无知、傲慢、肆意妄为的人类的牺牲品。毕竟,选择权从来都不在它们手中,但它们值得拥有尊严和体面,在这条漫长的道路上,知识的普及和公众意识的提高仅仅只是第一步。

注释

[1][2] 利比·谢里尔拍摄的纪录片《解密》(影视资料,2012 年)。

[3] 美国禁止虐待动物协会,"斗狗比赛的历史"(1997 年版)http://www. aspca. org/fight-animal-cruelty/dog-fighting/history-of-dog-fighting. aspx(2011 年 4 月 25 日)。

[4][5] 黛博拉·达菲,徐玉英,詹姆斯·塞尔佩尔,"犬类动物的攻击性与品种差异",应用动物行为科学 114(2008 年),页码: 441 – 460。

[6] Y. 格罗斯曼,"狗狗遭受过的最严重的虐待"(2011 年 5 月 4 日)http://www. ywgrossman. com/photoblog/? p=676(2012 年 7 月 26 日)。

[7][8] J. 巴斯蒂安,"为什么人人都讨厌比特犬"塞萨尔之路,2012 年版 http://www. cesarsway. com/dogbehavior/basics/How-Did-Pit-Bulls-Get-a-Bad-Rap(2014 年 4 月 30 日)。

[9] 美国禁止虐待动物协会,"媒体笔下的比特犬"(2007 年版). http://www. aspca. org/fight-animal-cruelty/advocacy-center/animal-laws-about-the-issues/pit-bull-bias-in-the-media. aspx(2011 年 4 月 25 日)。

[10]~[13] 出自利比·谢里尔拍摄的纪录片《解密》(影视资料,2012 年)。

[14][15] 美国禁止虐待动物协会,《恶犬法案》(2011 年版)http://www. aspca. org/fight-animal-cruelty/dog-fighting/breed-specific-legislation. aspx(2011 年 4 月 25 日)。

[16] 美国禁止虐待动物协会,"针对特定品种的法律真的有效吗?"(2003 年版)http:// ricp. uis. edu/ASPCA%5CaspcaBSL0707final. pdf(2014 年 4 月 30 日)。

［17］　艾因霍恩保险公司，"犬类动物责任保险"（2011 年版）http://einhorninsurance.com/dangerous-dog-liability-insurance/（2011 年 4 月 25 日）。

［18］　J. E. 巴恩斯，B. W. 保特，F. W. 普特南，H. F. 戴特斯，A. R. 马来曼，"高危犬种（恶犬）的攻击性行为：风险评估"人际暴力杂志 21，第 12 期（2006 年），页码：1616–1634。http://jiv. sagepub. com/content/21/12/1616（2012 年 7 月 26 日）。

［19］　L. 拉加茨，W. 弗雷穆，T. 托马斯，K. 麦考伊，"恶犬的主人：反社会行为和心理特征"，法医学学刊 54（2009 年），页码：699–703。

［20］　A. M. 申克，L. L. 拉加茨，W. J. 弗雷穆，"恶犬的主人 2：犯罪心理，冷血与性格特征"法医学学刊 57（2012 年），页码：152–159。

［21］~［23］　杰克·施拉姆，于 2013 年 7 月 10 日接受凯瑟琳·克罗斯比的邮件采访。

［24］　珍·沃特森，于 2013 年 6 月 16 日接受凯瑟琳·克罗斯比的邮件采访。

［25］　杰克·施拉姆，于 2013 年 7 月 10 日接受凯瑟琳·克罗斯比的邮件采访。

［26］　简·尼加德，于 2009 年 8 月 6 日接受安德烈·马克维茨的电话采访。

［27］　旧金山湾区比特犬宠爱联盟，"饲养比特犬的好与坏"（2007 年版）http://www. badrap. org/rescue/owning. html（2011 年 4 月 25 日）。

［28］　利比·谢里尔拍摄的纪录片《解密》（影视资料，2012 年）。

［29］　杰米·穆霍尔，"荣誉之犬：退役五年后的精彩生活."《最好的朋友》（2013 年 7 月/8 月），页码：35。

［30］　"荣誉之犬乔治亚与世长辞"《最好的朋友》（2014 年 3 月/4 月），页码：49。这一期杂志的封面是乔治亚的照片及配文。

［31］　"女性，比特犬救援，假释犯."《今日秀》官方网站 http://www. today. com/id/32406259/ns/today-today_pets/t/woman-rescues-pit-bulls-parolees/（2014 年 4 月 30 日）。

结　语

> 动物具有自我意识，这意味着我们应该对动物抱有更强烈的责任感，小到每一位公民，大到整个社会。我无法回答这个理论引申出来的各种问题，但是有一点我非常确定，动物的生命也是有价值的，这是我们这项研究的基础。它们甚至影响着人类对自我的认知，而且这种影响难以估量。现在是我们回馈它们的时候了，我们应该从道德的层面重新审视人与动物的关系，虽然这并不是一件容易的事。
>
> ——莱斯利·艾维，
> 如果你要驯养我：理解我们与动物的关系（*If You Tame Me: Understanding Our Connection with Animals*）[1]

单从对动物的影响来看，"同情话语"已经发展到了一个崭新的、令人难以想象的水平，特定犬类救援组织只是其中的一个方面。与此同时，成千上万家流浪猫救援组织在美国落地生根，我们甚至在调查过程中发现了专为兔子提供救援服务的组织。[2] 众所周知，全球都在呼吁保护海豚、海豹幼仔和大象。要知道，几个世纪以来，西方社会一直只关注传统意义上的宠物。现在，人们将注意力转移到其他那些因人类破坏性的活动而流离失所的动物身上，这是一种进步。

事实上,"同情话语"所讨论的对象也包括了对人类构成威胁的动物。在这方面,我们也看到了前所未有的变化。比如,大型猫科动物、熊和狼等哺乳动物都非常凶猛,但这不影响我们对它们的欣赏和喜爱,反而,我们更容易对它们产生同情之心,愿意帮助它们脱离险境。再比如,动物园中新出生的老虎、狼或熊的幼崽总能吸引大批游客前来参观,这表明了人类喜欢看上去"萌萌的""可爱的"小动物,无论它长大以后是否会威胁到人类的生命安全。但是,"同情话语"并不局限于这类我们认为既危险又可爱美丽的野生动物,还包括攻击性强且外表凶恶的动物,甚至包括令人生厌的动物。电视节目《动物星球》(Animal Planet)中的"短吻鳄男孩"就是一个典型的例子,他以救助南佛罗里达地区的短吻鳄为使命,致力于将它们放归野外,不让它们成为人类餐桌上的佳肴或商店中的皮包。[3]《动物星球》呼吁人们保护像短吻鳄这样既不可爱也不乖巧的动物,这表明美国的当代文化越来越强调以人道的方式对待动物,无论它们是否具有惹人怜爱的外表。想想声势浩大的"鲨鱼保护运动",每年有超过1亿条鲨鱼被捕杀,只是因为它们的鳍可以用来做鱼翅。人类向来畏惧鲨鱼,我们很难在它们身上找到可爱之处,回想一下斯蒂芬·斯皮尔伯格的经典电影《大白鲨》(Jaws)和近来大热的《风飞鲨》(Sharknado),两部作品的主题都是刻画人类对鲨鱼的恐惧,但"在政策的引导下和姚明、成龙、李安等明星参与的媒体宣传的影响下,鲨鱼不必再因为一道鱼翅汤而丧命"。[4]位于纽约州的蒙托克是知名的"鲨鱼狩猎赛"的举办地,比赛的创始人是弗兰克·蒙杜斯,他同时也是电影《大白鲨》中充满男子气概的鲨鱼猎人"奎恩特"的原型人物。比赛规定捕手须将猎物的尾巴和背鳍割下并当众展示,每年夏天都会有大批游客专程来到蒙托克观看比赛。2013年7月,"鲨鱼狩猎赛"有了新的规则:参赛的捕手不得伤害鲨鱼的性命。"在本周末举行的比赛中,所有捕获的鲨鱼都将被拍照并在被捕获的地方放生。捕手必须使用圆钩,以减轻对鲨鱼的伤害……这样的规定让上了年纪的渔民大跌眼镜"。[5]20 世纪 60 年代末和 70 年代兴起的文化转向,以及随之而来的动物保护运动,在美国的长岛迎来了发展的高潮,并且让起初感到不适应的当地人民最终接受了这种转变——长岛,乃至整个社会,都改变了对待动物的态度和方式,包括对待鲨鱼在内。

"同情话语"的内容越来越丰富,不止外表可爱的动物,就连已经灭绝的动物也成为话题的中心。比如,古生物学家迈克尔·阿彻尔启动了两个"复活濒临灭绝动物"的项目:"泰拉辛"项目和"拉撒路"项目。前者的目的是复活塔斯曼尼亚虎,虽然名字中带有"虎"字,但这其实是一种有袋动物,并非猫科动物。后者的目的是复活胃育蛙。除了为科学事业发展做贡献之外,迈克尔·阿彻尔还明确地表示,推动他前进的是一股更强大的道德力量,因为他,以及越来越多的人相信,人类活动是导致这些动物灭绝的唯一原因,而我们的"道德义务"(用迈克尔·阿切尔的话来说)就是让它们重获生命,让它们重返地球。[6]在迈克尔·阿切尔看来,这件事最能说明人类才是始作俑者:澳大利亚塔斯曼尼亚州霍巴特市的动物园管理员们由于工作失职,导致地球上最后一只塔斯曼尼亚虎丧命。他们将这只塔斯曼尼亚虎关在狭小又肮脏的笼子中,故意让它挨饿受冻,甚至还拍摄了它被冻死的全过程。更可恶的是,这些管理员面无愧色地展示了他们的作品,甚至为解决了这个劣等品种中的最后一个麻烦而感到骄傲。在经历了 20 世纪 60 年代末和 70 年代的动物保护运动之后,再回看 20 世纪 30 年代这种可以被称为常态的现象实在令人心寒。事实上,这是一种犯罪行为。最近的一个例子是"信必可"哮喘药广告:主人公在服用了信必可后呼吸顺畅,他终于可以与儿子和孙子一起去钓鱼了。广告中清楚地展示了他在捕到鱼后立刻将鱼放回小溪中的画面。可见,在 2013 年的美国,对所有动物都怀有怜悯之心已经成为一种社会价值和文化常态,以至于连"信必可"的生产厂商阿斯利康公司这种制药业的巨头都认为放生才是正确的做法,或者阿斯利康也许并不认同这种做法,只是迫于社会舆论压力而不得不这样做。

可以肯定的是,这场同情弱者的思潮仅在自由民主的先进工业社会流行。此外,正如我们在导言中所提到的,这场思潮是在物质条件充足(如果用"富足"或者"奢侈"来形容过于夸张的话)的阶层的推动下发展起来的。以美国为例,接纳这种道德观念并付诸行动的人大多来自蓝州,来自红州的相对较少。所以,我们可以顺理成章地得出这样的结论:物质条件丰富是"同情话语"发展并转化为社会行动准则的必要前提,但仅有丰富的物质条件是远远不够的。有人可能会对此表示质疑,因为在 20 世纪 60 年代末、70 年代初以前,美国等先进工业社会和自由民主国家已经拥有了良好的经济基础,但彼时却没有出现呼吁同情弱者的声音。因此,除了物质条件之外,还有其他影响因素。

事实上,"同情话语"代表着某种时代精神的道德影响,而且这种影响一直延续到今天。我们并不是要将 20 世纪 60 年代末和 70 年代描述成一个崇高的时代,也不否认这个时代也有不堪的一面,人民、社会和国家都经历了许多磨难。但我们坚信,60 年代末和 70 年代掀起了一股民主浪潮,也就是众所周知的"第三次民主化",同时释放了一股包容边缘群体的社会力量,从本质上看,这也是民主化的体现。因此,为了捍卫蜗牛镖最基本的生存权而战,尽管用传统的美学标准来衡量,蜗牛镖并不讨人喜爱,但也反映出一种深刻的、包容的民主思想。如果仅仅将社会边缘群体纳入政治决策体系,却不在法律意义上给予他们尊严、尊重和真正的平等,又何谈民主呢? 蜗牛镖、鲨鱼、短吻鳄、北极熊和金毛寻回犬没有选举权,但它们和我们是完全平等的,因为它们也是有情感的生物——至少它们应该享有自由生长和不被虐待的权利。可以说,20 世纪 60 年代末和 70 年代的时代精神在一定程度上反映出杰里米·边沁的观点,我们应该在道德层面将动物视为与人类平等的生命体,不是因为它们能够思考、说话、阅读或写作,而是因为它们能够感知痛苦。

这场关于同情和移情的思潮旨在让弱势群体重新融入社会,女性是这场思潮中最瞩目的群体,这绝非偶然现象。出于各种原因,女性长期以来都徘徊在社会的边缘。因此,女性成为其他弱势群体的"同盟"。"同情话语"关注的对象是所有弱势群体,包括动物在内。虽然女性不是唯一的关注焦点,但在这场思潮的影响下,越来越多的人开始质疑(但不代表他们坚决反对)男性与动物相处的方式。本书的一个观点是,特定犬类救援组织的目标之一是从各个方面让男性对动物改观,不仅限于改善他们与动物之间的关系。最近,亚当·格兰特做了大量的研究,强有力地证明了在女性的影响下,男性会变得更加慷慨、善良、宽容、慈悲和通情达理。[7]

曾经,比尔·盖茨拒绝设立慈善机构,但在女儿出生之后,他成为世界上最慷慨的慈善家之一。在哈佛大学毕业典礼上致辞时,比尔·盖茨公开表示妻子和女儿是他从事慈善活动的原动力。"女儿总是能融化父亲的心,让他们本能地想去照顾和呵护……甚至有研究表明,在美国的立法者中,家中有女儿的人更容易投通过票,在英国也是如此……社会科学家认为,男性会受到其姐姐或妹妹行为习惯的影响,如果他们的姐妹时常表现出母性的一面,那么他们也可能有这方面的倾向"。[8]

毫无疑问,并非所有男性都愿意在女性的影响下变得"温柔",不仅仅只有哈克·费恩不喜道格拉斯太太的"清规戒律"。无论是在过去还是在当下,许多男性都认为男子气概是男性的象征,这是男性与女性最大的区别,他们拒绝被内敛克己的女性同化,他们甚至认为这是一种"阉割"。以欧洲的情况为例,每个周末都会有成千上万的男性球迷跑到球场去——"同情话语"已经成为欧洲主要的,甚至是主流的文化运动——球场是最后一个让男性可以释放天性、抛弃同情心和同理心、尽情唱反调、肆无忌惮地用最粗俗的语言发表种族主义和反犹太主义言论的地方。要知道,在经历了种族屠杀和女权运动后,欧洲的男性被禁止发表类似的言论。在美国,也有人反对"同情话语"。

大家不必像撰写《反击:谁与女人为敌》(*Backlash: The Undeclared War against American Women*)的苏珊·法露迪一样悲观,认为男性站在了参与"同情话语"的女性的对立面,也不必像《女性越强大,男性越喜欢橄榄球》(*The Stronger Women Get , the More Men Love Football*)的作者玛丽亚·伯顿·尼尔森一样,认为一切对现有秩序力量的挑战都会引起反对和抵制。[9]

尽管女权运动的参与者大多是坚定的女权主义者,尽管在过去的四五十年中为改善动物生存状态做出突出贡献的是参与动物权利运动的社会活动家,尽管推动社会变革的一直是那些非同寻常的、与众不同的革命者,但实际上,将这些重大变革转化为日常生活中的常规习惯,恰恰是只有普罗大众才能完成的任务。任何社会变革的发展规律都可以被总结为一种"涓滴效应":不受欢迎的边缘人士提出一个激进的观点,渐渐地,这种观点不断扩散,融入主流文化,最后成为既定体制中的一部分。

正是这种"涓滴效应"的最终结果构成了本书的核心。其实,在接受采访和参与问卷调查的救援人员中,没有人像参与动物权利运动的社会活动家一样提出激进的观点。回顾一下第二章的内容,我们就会发现大部分参与犬类救援行动的人(主要是女性)都明确地表示并不支持动物权利运动,不仅认为动物解放运动的目标不切实际,甚至认为这种运动会伤害到目标群体,也就是动物。救援人员最明显的特征之一就是普通和平凡。这是一群"中规中矩"的普通美国女性,在思想和行动上,她们没有一丝一毫的野心。尽管如此,我们仍然认为这种"中规中矩"是"同情话语"的主要特点,也正是这种"中规中矩"的文化转向在过去的四五十年中改变了发达工业社会的生产生活方式。救援人员自认她们与参与动物解放运动和动物权利运动的社会活动家不同,不厌其烦地强调彼此的愿景不同,二者之间横亘着不可逾越的鸿沟。但是,我们仍然把这两个截然不同的群体看作是某一个大群体中的一部分,因为他们有着相似,甚至是完全相同的目标:从根本上改变人类和动物的关系。我们的救援人员绝不会为了释放实验室中的小动物而炸毁这个实验室,也不会大闹时装秀或歌剧院,在皮草上泼洒鲜血。实际上,我们发现在四十年前西方国家的歌剧院中,动物的皮毛是必不可少的装饰品和制衣材料,但是现在,知名的歌剧院几乎不再使用皮草,这一点令人欣喜。

我们还发现前文提到的"涓滴效应"的最终结果值得细细研究:从 20 世纪 70 年代末,到整个 80 年代,再到此后的几十年中,没有任何激进主义倾向但物质条件相对富足的群体(主要是女性)开始对犬类动物表现出明显的关心,甚至为了组建特定犬类救援组织不惜投入大量的金钱。救援人员和参与动物权利运动的社会活动家为犬类救援事业努力的方式,让人联想到一个世纪前出现的另一场同样影响深远的革命运动:社会主义运动。同样的,当时的人们在如何定义社会主义、如何理解社会主义以及最重要的——如何实现社会主义等问题上产生了巨大的分歧。即便如此,它们仍然有共同之处:推动资本主义转型,或者说引导资本主义向好的方向发展。

在民权运动、女性运动和环保运动中也存在着类似的分歧和冲突,那么为什么在与动物相关的社会运动中没有出现如此激烈的对抗呢?乍看之下,一位在拉布拉多被正式领养前暂时收养它的女性和一位与善待动物组织合作的社会活动家之间毫无相似之处,他们很可能永远不会与对方有交流,甚至,他们鄙视对方的行为和做法,各类传闻和先入为主的观念让他们更加排斥对方。但是救援人员和社会活动家也有着相同的目标、方向和使命:通过弱化人类的暴力倾向来改善动物的生存状态(我们尽量避免使用"福利"一词,因为这个字眼具有意识形态倾向性,不利于我们区分救援人员与社会活动家)。可以说,救援人员和社会活动家从未试图改变公众的意识形态,尽管"意识形态"这个字眼可能包含多重意义。打个比方,救援人员和参与动物权利运动的社会活动家是生活在一个大帐篷下的两个群体,他们有相似的目标,但行动方式迥然不同。对于他们来说,最重要的是对帐篷之外的人产生影响,无论外界是否注意到他们的存在,无论他们的力量有多么渺小。毋庸置疑,某种观点扩散成功的前提是模糊公众对某件事原有的认知,同时把控社会运动的发展节奏和方式。我们充分相信,美国的犬类救援行动虽然温和低调,但恰恰证明了特定犬类救援组织的成功。

　　但这种成功不一定是永久的,救援人员必须不断地努力,克服各种考验和障碍。美国的犬类救援事业面临着两个突出的障碍:第一个障碍恰恰来自它的本源,即创造一个特殊的世代和一种特殊的时代精神。卡尔·曼海姆等人的著作论证了某一个世代可以对后世产生深远的影响,换句话说,就是如果某一代人创造了一套社会规范和价值观,那么这套社会规范和价值观就会变成这一个世代的象征。如果一个人在刚刚成年的年纪(比如十八九岁或者二十岁出头)受到了某种政治、社会或文化经历的深刻影响,那么他/她的成长轨迹和发展路径将被重新塑造,而且日后很难再被改变。如果一代人在某个发生了深刻变革的历史时期受到了类似的影响,那么这一代人将拥有相似的成长经历,比如出生于 20 世纪 60 年代末和 70 年代的人就拥有相似的价值观。正如我们在序言中所提到的,就在这个历史阶段出现了文化转向,颠覆了维多利亚时代以来中产阶级一直信守的道德观念和价值观。此后,我们的穿着、言谈、人际交往、组建家庭、思考和对待弱势群体的方式,以及对待动物的方式,特别是对待狗的方式,几乎鲜有改变。简单地说,犬类救援是出生于 1968 年前后的那一代人对文明进程的贡献之一,使得这项事业带有明显的世代特征。但是,这一代人已然老去,问题随之而来:后来的年轻人是否会像这一代人一样对救援事业充满热情。比如,许多采访者都表示寻找能够长期致力于这项事业的优秀志愿者变得越来越困难,因此她们非常担心后继无人。许多人都愿意为救援行动提供资金,但如果让他们暂时收养小狗、东奔西跑、与动物收容所打交道、进行家访(简而言之,就是负责特定犬类救援组织的日常工作)就会十分困难。找到德才兼备的继承者是每一代创始人注定面临的难题。

由此引申出第二个障碍,我们研究马克斯·韦伯的"魅力型统治"管理模式时讨论过这个问题,即如何将依赖个人权威的管理模式转变成以理性和规则为基础——不依赖个人权威的——管理模式,也就是在不依赖个人的能力、魅力和贡献的情况下,特定犬类救援组织仍然可以维持正常的运转。我们在这本书中反复强调,许多犬类救援组织仍然仰仗创始人的激情与能力,尚未转型成制度化、规范化的大型组织。特定犬类救援组织的发展离不开每一位志愿者的主动奉献,在这种情况下,不再以"人"为根基的救援组织是否能够继续发展下去?难道救援组织的成败与这些不求回报、默默奉献的志愿者毫无关系吗?

在本书的结尾,我们仍然对美国犬类救援事业的发展抱有乐观的心态,原因非常简单:我们支持民主政体,相信在实现民主化的道路上前途一片光明。社会运动(如 20 世纪 60 年代末和 70 年代所爆发的一系列运动)让人们看到了新的希望。但这些社会运动的成功其实得益于温和的运动方式。民主只是一种构想,关键要贴近生活。真正的民主可能永远不会实现,但是在民主化进程中出现了一种能够满足实际生活需要的民主。100 年前,与马克斯·韦伯同时代的作家罗伯特·米歇尔斯创作了一部经典巨著《寡头统治铁律:现在民主制度中的政党社会学》(*Political Parties: A Sociological Study of the Oligarchical Tendencies of Modern Democracy*),他在书中探讨了民主化进程面临的挑战和困难。即便是今天,他的观点也仍然具有现实意义。罗伯特·米歇尔斯写道:"民主是一种财富,找是找不到的。但是在我们不断寻找的过程中,在我们不知疲倦地去探索那些不易察觉的事物时,我们会有一定的收获,这种收获也与民主有关。"[10] 作为一系列社会运动的分支,特定犬类救援组织不知疲倦地探索一些不易察觉的现象,呼吁抵制虐待、拒绝暴行。但在实现这样崇高的理想之前,值得我们重视的是实现理想的过程:给予动物援助、安全感以及最重要的:尊严。犬类救援行动值得高度的赞扬和认可,我们仍然乐于见证特定犬类救援组织是如何"让世界更美好"(源于犹太教),见证他们是如何"修复"和"治愈"这个世界的。

注释

[1]　莱斯利·艾维,《如果你要驯养我:理解我们与动物的关系》(费城:坦普尔大学出版社,2004 年),页码:184。

[2]　"每日拯救一只小兔子"联盟,"日行一善,拯救萌宠!"2013 年 6 月 12 日 http://dailybunny. org/2013/06/12/buy-a-shirt-save-a-bun/(2013 年 7 月 16 日)。

[3]　动物星球,"鳄鱼男孩的故事:动物星球"http://animal. discovery. com/tv-shows/gator-boys/about-this-show/about-gator-boys. htm(2013 年 7 月 15 日)。

[4]　美国有线新闻网络(CNN)"我们要如何拯救鲨鱼"2013 年 7 月 15 日 http://www. cnn. com/2013/07/15/opinion/sonenshine-sharks/index. html(2013 年 7 月 16 日)。

[5]　吉姆·鲁滕贝格,"鲨鱼狩猎赛:受伤的永远是它们"《纽约时报》,2013 年 7 月 22 日 http://www. nytimes. com/2013/07/23/nyregion/rethinking-tournaments-where-sharks-always-lose. html?_r=0(2014 年 5 月 1 日)。

[6]　TED 演讲,"迈克尔·阿彻尔:我们要如何复活胃育蛙和塔斯曼尼亚虎"http://www. ted. com/talks/michael_archer_how_we_ll_resurrect_the_gastric_brooding_frog_the_tasmanian_tiger. html(2013 年 7 月 19 日)。

[7][8]　亚当·格兰特,"为什么男性需要女性"《纽约时报》,2013 年 7 月 21 日 http://www. nytimes. com/2013/07/21/opinion/sunday/why-men-need-women. html? pagewanted=all(2014 年 5 月 1 日)。

[9]　苏珊·法露迪,《反击:谁与女人为敌》(纽约:百老汇丛书,2006 年);玛丽亚·伯顿·尼尔森,《女性越强大,男性越喜欢橄榄球》(纽约:乔万诺维奇出版社,1994 年)。

[10]　罗伯特·米歇尔斯,《寡头统治铁律:现在民主制度中的政党社会学》(纽约:自由出版社,1962 年),页码:38。

附录 A

密歇根救援行动调查数据

表 1　线上调查对象的人口特征

特 征 分 类	百分比	总　数
性别		255
女性	235(92%)	
男性	20(8%)	
性取向		251(98%)
异性恋	241(96%)	
同性恋(男/女)	6(2%)	
双性恋	4(2%)	
年龄		255
18~35 岁	63(25%)	
36~55 岁	127(50%)	
56~75 岁	64(25%)	
75 岁以上	1(>1%)	
学历		246(96%)
高中或中专	19(8%)	
私立大学	47(19%)	
大专	25(10%)	
本科	78(32%)	
硕士/博士	77(31%)	
工作性质		219(86%)
全职	152(69%)	
兼职	32(15%)	
自由职业	15(7%)	
退休	20(9%)	

特 征 分 类	百分比	总　数
家庭总收入		255
0~5 万美元	72(28%)	
5 万~10 万美元	117(46%)	
10 万美元以上	66(26%)	
有无子女		254(99%)
无	206(81%)	
有	48(19%)	
居住环境		254(99%)
城市	74(29%)	
郊区	92(36%)	
小镇/乡村	88(35%)	
婚姻状况		251(98%)
已婚或有同居对象,没有离婚经历	125(50%)	
已婚或有同居对象,有离婚经历	48(19%)	
单身	71(28%)	
丧偶	7(3%)	

　*　各组的"总数"并不相等,可能出现了受访者错填或漏填的情况。鉴于表格空间有限,仍有一部分人口特征的分类方式未体现在此表中。

　安德烈·马克维茨与罗宾·奎恩,"女性与犬类救援:以密歇根州为例",《社会与动物》(2009 年),页码:325－342

表 2　受邀参加线下采访和实际参加线下采访的受访者的人口特征

特 征 分 类	受邀人数	实际接受采访的人数 (占受邀总人数的百分比)
性别		
女性	56	36(64%)
男性	4	1(25%)
年龄		
18~35 岁	9	5(55%)
36~55 岁	27	18(67%)
56~75 岁	24	14(58%)

续　表

特　征　分　类	受邀人数	实际接受采访的人数 （占受邀总人数的百分比）
学历		
高中或中专	5	2(40%)
私立大学	12	6(50%)
大专	6	2(33%)
本科	20	14(70%)
硕士/博士	15	11(73%)
其他	2	12(100%)
工作性质		
全职	32	19(59%)
兼职	8	8(100%)
自由职业	3	1(33%)
退休	5	2(40%)
其他	12	7(58%)
是否担任领导职务		
是	26	16(62%)
否	34	21(62%)
家庭总收入		
0~5 万美元	18	10(56%)
5 万~10 万美元	23	16(70%)
10 万美元以上	17	11(65%)

安德烈·马克维茨与罗宾·奎恩，"女性与犬类救援：以密歇根州为例"，《社会与动物17》(2009 年)，页码：325－342

表3　性别对比测试。受访者分为男、女两组，回答下列问题："动物享有与人类相同的基本权利"，"相比于我的配偶/其他重要的人，我更愿意花时间陪伴我的宠物狗"，"我的朋友们在宠物身上花费的时间和我一样多"。测试过程中使用了李克特量表(7 分制)。

	算数平均数	标准差	平均差	T 检验	Sig 值
基本权利			1.01	2.166	0.04*
女性(229 人)	5.26	1.638			
男性(20 人)	4.25	2.023			

续　表

	算数平均数	标准差	平均差	T 检验	Sig 值
陪狗的时间更多			0.68	1.878	0.07
女性(224 人)	4.00	1.508			
男性(20 人)	3.32	1.600			
与朋友相比			0.65	1.909	0.06
女性(226 人)	4.35	1.460			
男性(20 人)	3.70	1.559			

安德烈·马克维茨与罗宾·奎恩,"女性与犬类救援:以密歇根州为例",《社会与动物17》(2009 年),页码: 325 - 342

表4　性别对比测试。受访者分为男、女两组,评估救援工作对他们的影响,"我没有时间做我想做的其他事","我没法完成本职工作","我在电脑上花费了太多时间"。测试过程中使用了李克特量表(7 分制)。

	算数平均数	标准差	平均差	T 检验	Sig 值
没有时间			0.82	2.147	0.04[*]
女性(227 人)	2.77	1.989			
男性(20 人)	1.95	1.605			
本职工作			0.55	4.613	0.000[*]
女性(226 人)	1.65	1.448			
男性(20 人)	1.10	0.308			
电脑耗时			0.73	2.661	0.01[*]
女性(227 人)	2.33	1.868			
男性(20 人)	1.60	1.095			

安德烈·马克维茨与罗宾·奎恩,"女性与犬类救援:以密歇根州为例",《社会与动物17》(2009 年),页码: 325 - 342

表5　性别对比测试。受访者分为男、女两组,谈论他们对救援组织中女多男少的看法:"女性有更多业余时间","女性承担的社会责任少","女性更有爱心,更会照顾动物","女性更关心动物","女性更愿意迎难而上"。测试过程中使用了李克特量表(7 分制)。

	算数平均数	标准差	平均差	T 检验	Sig 值
更多时间			-1.08	2.910	0.004[*]
女性(232 人)	2.22	1.586			
男性(20 人)	3.30	1.750			

	算数平均数	标准差	平均差	T 检验	Sig 值
社会责任少			-1.02	2.485	0.02*
女性(230 人)	1.43	0.972			
男性(20 人)	2.45	1.820			
爱心 & 照顾动物			1.36	3.534	0.000*
女性(232 人)	5.41	1.625			
男性(20 人)	4.05	1.932			
关心动物			1.28	3.285	0.001*
女性(231 人)	5.08	1.656			
男性(20 人)	3.80	1.824			
迎难而上			1.21	2.756	0.006*
女性(232 人)	4.72	1.877			
男性(20 人)	3.50	1.906			

安德烈·马克维茨与罗宾·奎恩,"女性与犬类救援:以密歇根州为例",《社会与动物17》(2009 年),页码: 325 - 342

附录 B

受访者名单

1. 罗宾·亚当斯,特拉华谷金毛寻回犬救援组织,2009 年 7 月 7 日

2. 卡罗尔·艾伦,詹姆斯维尔金毛寻回犬救援组织,美国金毛寻回犬俱乐部救援委员会,2009 年 7 月 7 日

3. 凯伦·安吉尔,密歇根金毛寻回犬救援组织,2008 年 8 月 8 日

4. 托尼·阿普林,亚特兰大犬类救援组织,2010 年 8 月 3 日

5. 博尔特·奥格斯特,田纳西中部金毛寻回犬救援组织,2009 年 7 月 28 日

6. 辛迪·鲍尔,博尔特·奥格斯特,田纳西中部金毛寻回犬救援组织,2013 年 7 月 12 人(邮件采访)

7. 贝利尔·保德,莱戈金毛寻回犬救援组织,2009 年 7 月 29 日

8. 鲍勃·伯恩斯坦,苏娜尔金毛寻回犬救援组织,2010 年 8 月 12 日

9. 伊迪丝·布莱恩,普吉特湾拉布拉多寻回犬协会,2010 年 8 月 12 日

10. 简·卡罗尔,海地贵宾犬救援俱乐部,2009 年 8 月 17 日

11. 帕蒂·卡斯尔贝里,孤星拉布拉多寻回犬救援组织,2010 年 9 月 9 日(邮件采访)

12. 艾米·康普顿,海地贵宾犬救援俱乐部,2009 年 8 月 17 日

13. 克雷格·库克洛夫斯基,金色威斯救援组织,2010 年 8 月 20 日

14. 大卫,迈克·达文和莎伦·达文,黄金救援,2010 年 8 月 23 日

15. 巴布·德梅特里克,金毛寻回犬救援组织(加拿大),2009 年 6 月

23 日

16. 莫林·迪斯特勒,罗康特拉布拉多寻回犬救援组织,2010 年 7 月 28 日

17. 杰克·艾克尔德,安全港拉布拉多寻回犬救援组织,2010 年 7 月 29 日

18. 芭芭拉·埃尔克,亚利桑那金毛寻回犬救援组织,2010 年 8 月 19 日

19. 费尔·费舍尔,诺克金毛寻回犬救援组织,2009 年 7 月 30 日

20. 吉恩·菲茨帕特里克,夏洛特金毛寻回犬组织,2010 年 8 月 17 日

21. 格里·福斯,新英格兰可卡犬救援组织,2009 年 8 月 17 日

22. 劳伦·根金格尔,遇见金毛救援组织,2010 年 8 月 18 日

23. 诺玛·古林斯卡斯,新罕布什尔州杜宾犬救援组织,2009 年 8 月 17 日

24. 德布·哈格蒂,归途金毛寻回犬救援组织,2009 年 8 月 20 日

25. 贝基·希尔德布兰德,落基山拉布拉多寻回犬救援组织,2010 年 7 月 29 日

26. 乔迪·琼斯,归途金毛寻回犬救援组织,2009 年 8 月 20 日

27. 朱莉·琼斯,南加州拉布拉多寻回犬救援组织,2010 年 7 月 29 日

28. 艾伦·乔达诺,保护灵缇犬救援组织,2013 年 6 月 30 日(邮件采访)

29. 安妮·卡勒斯,洋基金毛寻回犬救援组织,2009 年 7 月 9 日

30. 简·诺什,宠爱金毛救援组织,2010 年 8 月 9 日

31. 克莱尔·康托斯,杜宾犬救援组织,2009 年 8 月 3 日

32. 康拉德·克鲁西,兽医,2008 年 4 月 30 日

33. 黛比·卢卡斯克,威斯康星金毛寻回犬救援组织,2010 年 8 月 12 日

34. 麦基,罗博,乔安啊,金毛寻回犬救援组织(加拿大),2009 年 6 月

29 日

35. 凯茜·马勒,拉布拉多寻回犬 4 号救援组织,2010 年 8 月 3 日

36. 乔·马林戈,西南金毛寻回犬救援组织,2010 年 7 月 30 日

37. 艾莉·梅登多普,五大湖金毛寻回犬救援组织,2010 年 8 月 10 日

38. 莎拉·缪尔,哈德孙河谷拉布拉多寻回犬救援组织,2010 年 9 月
6 日(邮件采访)

39. 简·尼加德,莱戈金毛寻回犬救援组织,2000 年 8 月 6 日

40. 妮娜·帕尔莫,得克萨斯拉布拉多寻回犬救援组织,2010 年 7 月
29 日

41. 埃琳娜·佩斯维托,南方之友拉布拉多寻回犬救援组织,2010 年
8 月 8 日

42. 珍妮特·波林,圣地亚哥金毛寻回犬俱乐部,2009 年 6 月 22 日

43. 琼·普格利亚,洋基金毛寻回犬救援组织,2009 年 6 月 30 日

44. 特里什·理查森,弗吉尼亚州西南拉布拉多寻回犬救援组织,2010
年 8 月 9 日

45. 蕾妮·里格尔,代顿拉布拉多寻回犬救援组织,2010 年 8 月 18 日

46. 杰克·施拉姆,明尼苏达比特犬救援组织,2013 年 7 月 10 日(邮
件采访)

47. 玛丽·简·谢尔瓦,梅里菲尔德金毛寻回犬救援与训练中心,2009
年 8 月 17 日

48. 辛迪·西登,亲密朋友灵缇犬领养中心,2013 年 7 月 11 日(邮件
采访)

49. 普里西拉·斯凯尔,凯普菲尔金毛寻回犬救援组织,2010 年 8 月
19 日

50. 塔米·斯坦利,得克萨斯拉布拉多寻回犬救援组织,2010 年 7 月
29 日

51. 鲍勃·蒂雷,德克基金会,2010 年 8 月 18 日

52. 玛丽·范德布卢宁,拉布拉多寻回犬联合会,2010 年 8 月 9 日

53. 乔伊·维奥拉,洋基金毛寻回犬救援组织,2009 年 7 月 16 日

54. 珍·沃森,比特兄弟救援组织,2013 年 6 月 17 日(邮件采访)

55. 苏珊·威尔斯,金毛寻回犬收养服务公司,2010 年 8 月 10 日

56. 汤姆·惠特森,休斯敦金毛寻回犬救援组织,2010 年 8 月 9 日

57. 凯文·威尔科克斯,胡椒树金毛寻回犬救援组织,2010 年 8 月 18 日

58. 拉娜·温特斯,海岸之心金毛寻回犬救援组织,2009 年 7 月 29 日

59. 科琳·怀亚特,卢文拉布拉多寻回犬救援组织,2010 年 8 月 4 人

60. 卡里·扬,亚利桑那灵缇犬领养中心,2013 年 6 月 2 日(邮件采访)

索　引